地質賢宗
丁文江
章鴻釗
翁文灝
李四光
宋瑞祥題

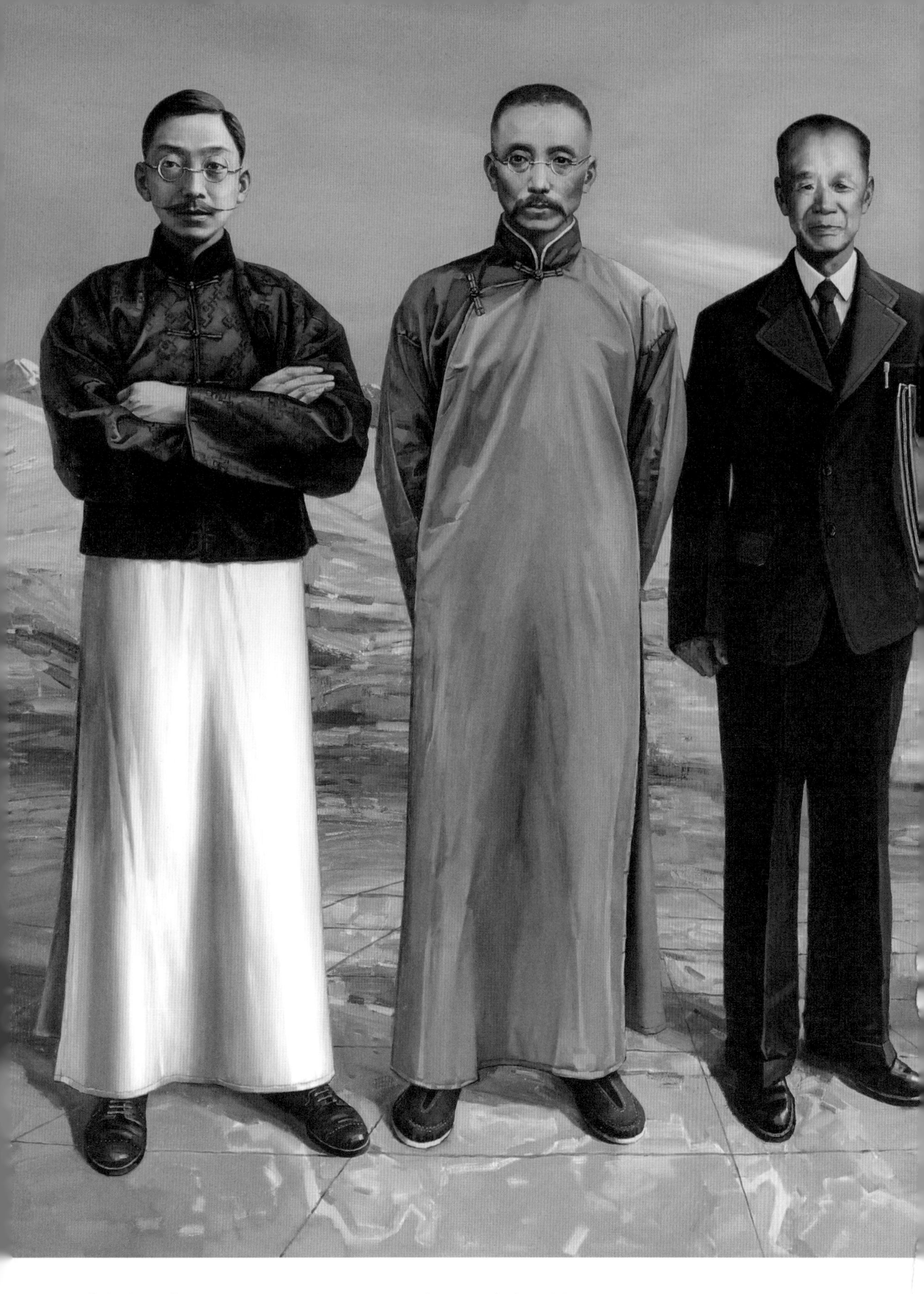

《地质贤宗》油画（宋瑞祥、彭兆远、徐虹策划，刘高峰创作）

左起：丁文江、章鸿钊、翁文灏、李四光

本书编写组 编著

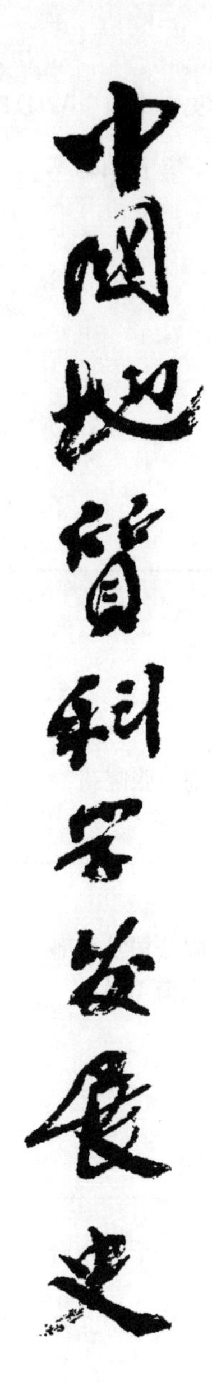

中国地质科学发展史

（上）

中国科学技术出版社
·北 京·

图书在版编目（CIP）数据

中国地质科学发展史．上 / 本书编写组编著．-- 北京：中国科学技术出版社，2022.10

ISBN 978-7-5046-9803-2

Ⅰ.①中… Ⅱ.①本… Ⅲ.①地质学史－中国 Ⅳ.① P5-092

中国版本图书馆 CIP 数据核字（2022）第 171443 号

策划编辑	徐世新
责任编辑	高立波　杨　丽　何红哲
封面设计	红杉林文化
正文设计	中文天地
责任校对	焦　宁　吕传新　邓雪梅　张晓莉
责任印制	李晓霖

出　　版	中国科学技术出版社
发　　行	中国科学技术出版社有限公司发行部
地　　址	北京市海淀区中关村南大街 16 号
邮　　编	100081
发行电话	010-62173865
传　　真	010-62173081
网　　址	http://www.cspbooks.com.cn

开　　本	787mm × 1092mm　1/16
字　　数	1320 千字
印　　张	72
彩　　插	12
版　　次	2022 年 10 月第 1 版
印　　次	2022 年 10 月第 1 次印刷
印　　刷	北京顶佳世纪印刷有限公司
书　　号	ISBN 978-7-5046-9803-2 / P · 217
定　　价	296.00 元（全三卷）

本书编写组

顾　问：宋瑞祥　彭兆远

主　编：孟　琪　李裕伟　赵腊平　詹庚申

副主编：张　恒　杨　辉　夏小博

七律

贺中国地质学会百年华诞

宋瑞祥

西学终成东渐风，
神州狮醒地初萌。
聊将兵马奠基业，
更举旌旗寻矿踪。
何处漂来问扬子，
泰华老为群山宗。
百年回首从头越，
国运兴隆又一重。

二〇二二年八月于大连

序言

2022年，是中国地质学会的百年华诞。回眸中国地质科学发展的百年历史，每一个豪迈而艰辛的步伐，均在中华民族伟大复兴之路上留下了坚实的足迹，书写了精彩的篇章。一部《中国地质科学发展史》，就是一代又一代地质人追求科学报国、实现中华民族伟大复兴的历史缩影和生动见证。

20世纪初叶，正是中华民族觉醒的前夜。一批心系民族存亡、立志振兴中华的有志青年，在西学东渐的时代背景下，毅然决然地选择了地质科学。其中最具代表性并为中国地质科学发展作出了奠基性重要贡献的代表性人物有章鸿钊、丁文江、翁文灏、李四光“四位贤宗”。前人栽树，后人乘凉。可以这样说，正是在这一代地质科学巨匠的引领下，中国现代地质科学方能快速起步，从而取得了今天中国地质科学的骄人业绩。

中华人民共和国成立以后，从计划经济到改革开放，我国的地质工作者始终肩负着“开路先锋”的神圣使命，他们呕心沥血、励精图治、跋山涉水、风餐露宿，为工业化、现代化建设提供了重要的矿产资源保障。地质科学的一个重要特点和特殊规律就是科研与生产一体化。地质工作的过程本质上就是科学研究的过程。地质找矿需要科学理论指导，同时，地质找矿本身也是地质科学探索与实践的过程。在不同的历史阶段，科技创新都始终贯穿地质工作全过程。反过来，这些实践又在不断地丰富与发展地质科学，促进地质科学与时俱进，始终屹立在基础科学的前沿。

当历史的车轮驶入新时代，经济社会可持续发展对地质工作提出了更新更高的要求。党的十八大以来，生态文明理念深入人心。基于大地质的理念，地质工作开始延伸到国民经济和社会发展的各个领域，尤其是在生态文明建设中发挥先行性的功能和强有力的科学技术支撑。历史和现实一再告诫我们：地质科学是探索地球奥秘的重要钥匙，与人类的生存和发展息息相关，不可或缺。过去是，现在是，将来亦是如此。

我是一个老地质工作者，已经进入耄耋之年，但仍以“老骥伏枥，志在千里；烈士暮年，壮心不已”激励自己，想继续为地质事业贡献一点余热。回首自己的职业生涯，最令我难忘、最令我珍爱的，就是曾经经历过的如诗如画的地质生活：钟山脚下南京地质学校求学阶段的如饥似渴；三湘大地野外地质工作的实践历练；西北边陲为政一方的地质情怀；北京西四谋划地质工作发展改革的殚精竭虑……这些，都在我的脑海里留下了难以磨灭的印象。在此期间，我深深地体会到：地质工作是一个小领域，在其从业人数最多的20世纪80年代，仅一百多万人；但在国家发展的每一个历史阶段，都起到提供“工业粮食和血液”的重要基础性作用。因此说，这门学科及这个行业的发展史是值得大书特书的。

古往今来，盛世修史。为英雄树碑、为先驱立传，踵事增华，由细流而大河，大河而汪洋，以为榜样，发扬光大，激励后世，既为中华民族之优秀传统，也是世界通行之惯例。几年前我开始琢磨，要为庆祝中国地质学会成立一百周年做一些有意义的工作。后来，我的思绪聚焦到了一个念头，那就是组织写一部书，以中华民族伟大复兴为背景，系统地回顾、全面地总结中国地质科学的发展历程。

基于上述宗旨，我策划了本书的基本框架和编写思路。现在，经过编写组主编、副主编们的共同努力，终于在中国地质学会成立一百周年之际，我们向广大地质队员献上了这份“厚礼”——一部百万字的巨作《中国地质科学发展史》（上、中、下三卷）。本书从先秦时代写起，直至全面建成小康社会的今天，按时间顺序，围绕中国的工业化、现代化直至生态文明建设的进程展开。依托地质科学发展的主线索，对其间出现的重要人物、重要事件、重要项目、重要成果、重要产地进行了全方位论述。本书回眸历史，立足当下，展望未来，框架博大、构思精巧、语言丰富，不失为地质学史著作编撰的一次有益探索和创新。

历史是一面镜子，是特殊的“人文资源”，每一次智慧的整合均能给人以启发。这部著作，记述和体现了老、中、青三代地质人的梦想，真实地还原了地质科学领域波澜壮阔的发展历程。我国地质科学萌芽阶段的地质宗师、地质大师、地质精英们的民族精神和人文情怀，令人荡气回肠。中华人民共和国成立以来地勘行业凝结的特有的“三光荣”精神，以及为共和国成长提供矿产资源和地质环境保障所作出的特有贡献，又把读者带进那个激情燃烧的岁月。21世纪以来地质工作转型升级的诸多探索与经验，新时期地质工作的新领域、新使命和新担当，更增强了读者对中国地质工作发展前景的坚定信心。

一部好的史书，能够起到“资政育人”的重要作用。地质工作不仅需要知识传承、技能传承，更需要精神传承、作风传承。2022年，正值中国地质学会成立一百周年。中国地质科学和地质事业的百年历史所积累的宝贵经验是一笔弥足珍贵的精神遗产，已经成为红色历史经典的重要内容，将永远激励着我国新一代地质工作者。当前，中国共产党领导全国人民在为实现第二个百年目标而奋斗。因此我认为，本书可以作为全国地勘行业党史学习的推荐性教材。通过这本著作，让更多的地质工作者和普通读者了解地质科学与民族复兴的内在逻辑关系，并从历史中汲取无穷无尽的精神力量，将地质工作汇入中华民族伟大复兴的时代潮流中去。

世界正面临百年未有之大变局。国际形势的变化将影响国际能源、矿产的配置格局。对此，习近平总书记对国家资源安全及地球科学探索作出了一系列重要指示、批示和论述。党的十九届六中全会通过的《中共中央关于党的百年奋斗重大成就和历史经验的决议》中提出了"国家安全观"，并明确提出要加强地质勘查。新一轮找矿突破行动也将启动。因此，地质勘查工作使命光荣，任重道远，前途光明。

总结与回顾地质科学百年发展史，为的是瞄准"两个一百年"奋斗目标，把地质工作更加紧密地置身于中华民族伟大复兴的中国梦当中；为的是"努力向学、蔚为国用"，更好地把握地质工作的发展方向，确保地质工作始终与国家和人民同呼吸共命运；为的是进一步弘扬科学精神、创新科技，促进地质工作为建设人类命运共同体贡献中国智慧与力量。

2022年10月2日，中国共产党第二十次全国代表大会召开的前夕，习近平总书记给山东省地矿局第六地质大队回信。在信中，习总书记站在历史和全球的高度，既高度赞誉了地质工作者的优良作风、历史功绩，更充分肯定了地质工作在经济社会发展和国计民生、国家安全中的战略地位，同时也为新时期地质工作的发展指明了方向。全国地质工作者倍感亲切、备受鼓舞。当前，全国地勘行业正在掀起一场学习习总书记回信精神的新高潮。

我衷心希望，广大地质科学工作者继续以史为鉴、以史为镜，进一步深刻领会和贯彻落实习总书记的回信精神，以饱满的热情投入工作，在开启新征程、奋进新时代，实现第二个百年宏伟目标和中华民族伟大复兴的历史进程中，不断创新发展，作出新的更大的贡献！

宋瑞祥

目录

上 卷

中 卷

下　卷

卷首语

我国拥有五千年文明史，且从未中断。在五千年的历史长河中，先辈们积累了丰富的地学知识，并创造了辉煌的矿业文明。

1840 年以来，随着中西方文化的交流，西方传教士、探险家、地理学家、地质学家等相继来华，地质学传入我国。清政府也派留学生到先进国家留学，聘请外国专家来华担任顾问或教学。与此同时，我国学者秉承科学报国、实业报国的信念，在西学东渐的时代背景下，积极学习西方近现代地质学。以章鸿钊、丁文江、翁文灏、李四光为代表的地质贤宗，以及他们所领导的中央地质调查所、中央研究院地质研究所、资源委员会矿产测勘处等研究机构在较短的时间内完成了我国现代地质科学的奠基，并且实现了与世界地质科学研究的接轨。

从民国初年至中华人民共和国成立之前的近四十年的时间里，我国仅数百人的地质工作者队伍克服重重困难，在地质调查与矿产勘查中仍然取得了一些成果。尤其是在抗日战争期间，他们以强烈的民族责任感积极参与大后方的建设，并为中国民族工业开辟了一片天地。而在革命根据地及解放区，党领导下的地质工作与矿业开发为革命和抗战提供了宝贵的经费，也积累了领导地矿工作的经验。

地质科学的先驱们为中华民族的伟大复兴贡献了特有的智慧，他们的丰功伟绩、科学精神和学术风范永远值得我们辈地质工作者缅怀。

第一篇

古代

在中华文明五千年的历史长河中形成的地学思想，博大精深且历久弥新。地质学的研究对象是人类赖以生存和发展的物质和环境基础。古人通过长时期的观察和实践，提炼形成了不甚系统的地学思想。尽管与源自西方的现代地质科学思想体系有较大的差距，但也不愧为人类文明思想宝库中的瑰宝。

第一章
地学思想萌芽

直至20世纪30年代，我国的地学方演化成地理学和地质学两大子系统。此前的传统学术中地质学和地理学的界限相对模糊。

地质学有别于传统的地理学以及相关的博物学，是以特有的时间（年代）、空间（地层）为逻辑起点，以矿产资源和地质环境为研究对象，以地层学、矿物学、岩石学、矿床学等专业基础学科为支撑，从微观层面的晶体构造到宏观层面的大地构造全面着眼，深入追溯地球过去、现在、未来的基础型和应用型学科理论。1793年，瑞士学者德吕克首次提出具有近代意义的“geology”（地质学）一词。到19世纪中叶，西方地质学科体系基本形成。这一新兴学科的创建，极大地促进了人类认识自然、顺应自然、利用自然的进程。然而不能忽略，中国的地学思想永远是人类文明思想宝库中的瑰宝，博大精深且历久弥新，特别是其哲学的视角，是现代和当代地质学所无法替代的。

第一节　地学经典著述

五千年的中华历史，留下的文献浩如烟海，在类别上划分为诸子类、地志类、山川类、本草类、游记类等。这些留存的著作中不乏地学的先驱之作，昭示着古人在地学领域的哲学智慧和卓越成就。

1.《山海经》

《山海经·山经》，成书于春秋战国时期，是我国最早的一部地学著作。书中有金、铁、铜等矿种的矿产地的记载。

2.《尚书》

《尚书·禹贡》，成书于战国时期，以大禹治水为时代背景，将天下划分为九州，记述了已知区域内的山河、土质、矿产等地学方面的内容。

3.《范子计然》

相传是春秋时代范蠡所著。记载了玉英、黑铅、黄丹、水粉、石硫黄、石胆、赤石脂、凝水石、石钟乳、禹余粮、消石、滑石、矾石、空青、曾青、白青、卢青、石赭、蜀赭、青垩、墨共 21 种矿物。

4.《管子》

成书于战国时期，为齐国学者群托名管仲所写。其中的“地数”篇探讨了植物与矿物的共生关系；“度地”篇专论水利，对河曲等自然现象进行了精辟记述。

5.《史记》

《史记·货殖列传》，西汉司马迁所撰，为我国最早的经济地理专著。将西汉初年的全国划分为 17 个地理区域，列出每个区域的中心城市、地理环境、经济状况、矿产物产、文化背景、民风民俗等。

6.《汉书》

《汉书·地理志》，东汉班固所撰，是我国第一部正史地理志。该书记述了疆域政区沿革。书中首次出现石油的表述，并记载当时有铁官 48 处、盐官 36 处。

7.《尔雅》

为我国最早的解释词义的专著，成书约在战国时期，最早收录于《汉书·艺文志》，无作者姓名。将自然界分为植物、动物、非生物三类，对地质、地理现象进行了分类和记述。

8.《华阳国志》

由东晋常璩撰写，专门记述巴蜀地区历史、地理、人物，共十二卷。书中描述了用天然气煮盐的过程。还记载了盐官 3 处、铁官 3 处。

9.《抱朴子》

东晋葛洪编著，记载金、银、水银、硫黄、丹砂、雄黄、雌黄、矾石、丹阳铜、磁石、铅丹、太乙余粮、滑石、云母、赤石脂、玉、矾石、冰石、铜青、曾青、胡粉、消石、戎盐、卤盐、珍珠共计 25 种。

10.《水经注》

北魏郦道元所撰，开辟了以水道为纲的地理学研究方法。记载了火山、地震、滑坡以及河、海、湖、陆等地质现象，铜、铁、金、玉、雌黄、雄黄、石墨、水银、云母、煤、石油等矿物和产地。

11.《石药尔雅》

唐代梅彪编撰。被英国李约瑟博士誉为“唐代炼丹术语可靠的指南”。书中记述矿物及化合物 68 种，隐名、别名、异名 37 种。其中，铅的隐名 30 种，水银的隐名 21 种。

12.《新修本草》

为唐显庆四年（659 年）苏敬等人奉旨编纂的，由政府正式颁布的我国第一部药典，也是世界上第一部由政府组织编修的药学著作。载药 850 种，收录石药 109 种。其中记载了用白锡、银箔、水银调配成的补牙用的填充剂。

13.《梦溪笔谈》

北宋沈括所撰的笔记。其中关于地学的记述包括地貌及其成因，海陆变迁与平原成因，化石、石油的记述，测量与绘图，等等。

14.《证类本草》

北宋蜀地名医唐慎微所撰。所录药品总计 1748 种，其中无机药物累计 253 种。主要贡献是网罗历代本草及经史方书 247 种，其中 90% 已经散佚。明代李时珍撰辑《本草纲目》即以此为底本。

15.《云林石谱》

南宋杜绾所撰，记载石头品种 116 种，详记产地、采法、产状、光泽、声音、硬度、品评等。为那个时代矿物、岩石知识的集大成之作。

16.《大元一统志》

由元代札马鲁丁、虞应龙等纂。原书在明代已佚，仅有残篇留世。该书有地质矿产方面的记述。例如：“在延安县南迎河有凿开石油井，其油可燃……岁纳一百一十斤。”

17.《本草纲目》

明代李时珍所撰。收录矿物药 260 余种，分为金、石、玉、卤四类，有钠、钾、钙、镁、铜、银、金、汞、锌、锡、锰、铅、铁、硼、碳、硅、砷、硫等。

18.《徐霞客游记》

明末徐弘祖（别号霞客）撰。对地学的贡献表现在对岩溶地貌、山川源流、火山温泉的考察。记有洞穴 357 个，其中亲自考察的 306 个。为世界上最早描述石灰岩地貌的著作。

19.《天工开物》

明末宋应星撰，为工艺类百科全书。其中涉及地学方面的内容有陶埏（制陶）、燔石、五金（冶炼）、珠玉等篇。

20.《读史方舆纪要》

原名《二十一史方舆纪要》。清代顾祖禹撰，共一百三十卷。记述历代王朝的盛衰兴亡和地理大势；分叙名山、大川、重险；专叙禹贡山川的经流源委及漕河、海道；另附《舆图要览》四卷。

21.《自流井记》

清末李榕撰成于光绪元年（1875 年）。为介绍四川自贡自流井的专著，主要描述了盐井的开凿技术。反映了清代地学、矿业，特别是钻探方面的成就。

第二节　地学现象观察

我国传统地质学与现代地质学相比有其独到之处，是宝贵的文化遗产。

一、沧海桑田

古人很早就对地貌的过去、现在、未来做出过基本的判断。其内容大致可分为哲学、文学、科学三类。《周易・谦卦》彖辞中写道："地道变盈而流谦。"东晋葛洪所撰《神仙传》，记述了古代传说中的 84 位神仙，人物对话中的"东海三为桑田""东海行复扬尘"等体现了"陆海变迁"的地学思想。熙宁七年（1074 年），沈括在太行山中发现"山崖之间，往往衔螺蚌壳及石子如鸟卵者，横亘石壁如带"。于是断定："此乃昔日之海边，今东距海已近千里。"徐霞客对碳酸盐岩地貌的考察和研究早于西方学者一百余年，其不仅描述洞穴的形状，而且测量它的高度、宽度、深度。对钟乳、石笋的形成解释为"崖间有悬干虬枝，为水所淋漓者，其外皆结肤为石，盖石膏日久凝胎而成。"

二、矿物岩石

据考古发现，早在石器时代，先民就已利用矿物岩石如石英岩、石灰岩、水晶、燧石、石墨、玛瑙、滑石、叶蜡石、赤铁矿、绿松石、高岭土等几十种。《山海经》中记述了金属矿物 14 种，产地 170 多处；记述了玉、石以及非金属矿物 58 种，产地 270 多处。并根据矿物的硬度、颜色、光泽、透明度、润滑度、敲击声音等性质来识别。其中磁铁矿、赤铜矿、雄黄等十多种矿物的名称一直沿用至今。书中把矿物划分为金、玉、石、土四大类，为世界上最早的一个矿物分类标准。西方最早的一本岩矿专著是古希腊学者狄奥弗拉斯特（前 371—前 285 年）写的《论石头》，其中记述的矿物仅 16 种，时间比《山海经》晚了一二个世纪。更值得注意的是，《山海经》已有关于石涅和磁石的记载。《尚书 · 禹贡》中记载了 12 种矿产的分布情况。古代道家的炼丹者对矿物学的贡献较大。在炼丹的著作中，不仅记载了相关的矿物名称，而且记载了产地及鉴别方法。比如晋代葛洪的《抱朴子 · 内篇》即对黄金、云母、雄黄的鉴别方法进行了描述。例如，对云母，“法当举以向日，看其色，详占视之，乃可知耳。”唐代炼丹著作《金石簿五九数诀》中除了记载矿物的具体鉴别方法，包括颜色、光泽、形状、磁性、透明度、粗细度、火焰色、污染性、反射光色、敲击声音、燃烧气味，等等。至明朝，中国尚未有“矿物”的概念，而是将矿物称作“金石”。李时珍《本草纲目》中将矿物细分为金、玉、石、卤四大类。

三、找矿理论

中国先人在矿业实践中总结出了人类最早的找矿理论，典型的有矿物与矿物、植物与矿物相关联的找矿法。在先秦时代的《山海经》和《管子》中已经有了矿物共生关系的记述。西晋张华《博物志》描述了艾草与铅的共生关系。南朝梁代（503—556 年）《地镜图》中有“山有磁石，下有铜若金”的记载；还进一步地描述了草木和玉、银、铜、铅等矿种的关系，例如“草茎黄秀，下有铜器”“草茎赤秀，下有铅”等。

四、地震、火山

中国是世界上最早有地震记录的国家。从远古到近代，有据可查的地震记录有一万多次，其中破坏性地震有 600 多次。春秋时期晋国史官和战国时期魏国史官所作《竹书纪年》中曾记载黄帝时期的 1 次地震和夏代末期的 3 次地震。《诗经》记载公元前 780 年在陕西发生的一次地震：“百川沸腾，山冢崒崩。高岸为谷，深谷为陵。”中国也是世界上最早进行地震预测的国家。《晏子春秋 · 外篇》中记载，晏子曰：“昔吾见钩星（指水星）在房、心（指房宿、心宿之间），其地动乎？”由此可见，在公元前六世纪，中国古人即将地动与星象进行了关联性研究。候风地动仪被誉为世界上最早测验地震的仪器，由东汉科学家张衡于汉顺帝阳嘉元年（132 年）发明。对此，《后汉书·张衡传》作了详细记载。近代以来，张衡发明的地动仪常常作为中国古代科学技术的重要典范。但近年来，也曾受到一定程度的质疑。但最基本的历史背景不容置疑。张衡是那个时代中国科学文化集大成者，时任太史令，负责掌管天时星历，记录各地的地震报告是其本职所在。其后，南北朝信都芳著有《器准注》，隋朝临孝恭著有《地动铜仪经》，均对地动仪的原理进行过描述。尽管这些著作已经失传，但足以说明古人对地动仪的原理进行过认真、严肃的探究。如果以现代科学技术的标准去研判古人的发明创造，甚至对其予以全盘否定则是极不客观的做法。

典籍中也有关于火山的记载，经现代地质学者考证，所载地区历史上并未爆发过火山，所谓的“火山”可能是文学语言，或是煤层自燃现象。

第三节　地学理念评述

现存的古代地学著作基本体现了传统的地理学理论架构。传统地理学的理论基础是阴阳、五行理论，并且将特有的时间（时辰、季节、生肖年等）和独占的空间（东、西、南、北、中）融为一体。尽管其中科学与玄学难分彼此，但却形成了中国人独有的系统论、控制论、信息论。在相当长的一个历史时期，非但较好地解释了客观世界，甚至满意地解释了人类社会和主观世界。其中最为突出的贡献是，基于天人合一的理念，在人与自然之间架起了一座似是而非的桥梁与纽带，即所谓的风水理论，从某种意义上说是中国人独有的生态学。

然而，一个系统的内涵与外延无论多么完美、博大，系统之外还会存在一个具有颠覆性的新系统。16 世纪，西方传教士把现代地质学的雏形理论传入中国。随后的几百年里西方地质学逐步发展，并逐步成为中国地质学的主流。

地学是研究地球的科学，其内容包括地理学、地质学、海洋学、大气学等分支。在传统学术中，只有系统的地理学，没有系统的地质学。虽然对地质现象有了一定程度的认识，但与现代地质学尚有本质的区别。现代地质学包括九个维度。第一维，直线维。人类沿自己的行走路线观察自然现象。第二维，平面维。这个维度突破的本质是个别人的观察到多数人积累的拓展。因为人类虽然可以在平面上自由行走，但在交通条件较差的中国古代，平面现象的集成一般需要几代人持续的积累。以上两维即是传统地理学所能够充分耕耘的领域。此后接续增加的维度，便是现代地质学的广阔天地了。第三维，立体维。传统地理学只能局限在立足地表观察立体的自然世界，例如仰望高山、俯瞰深谷。至于地下，一般则是点到为止。传统的岩土钻掘技术，能做到挖地三尺就已经十分的不易。即便在地表，中国古人也还没有建立起地层的概念。第四维，时间维。传统的地理学一般不追溯时间，即便追溯，也不过是以年为单位。而现代地质学的基本时间单元则是百万年。第五维，物质维。传统的地理学只可以识别为数不多的能源、金属、非金属矿种。而现代地质学则与化学元素周期表进行了完美的结合。第六维，能量维。传统的地理学已经建立起风、水、阴、阳等能量的概念。但对其无法进行定量的测试。而现代地质学不但开始对能量进行量化，例如，对地震予以定级，更发现了放射性等人类肉眼无法看见的新能量。第七维，宏观维。古人的活动区域十分的有限。地理学尚不能认识到地球是圆的。尽管已经发现或利用天外陨石，但对其的鉴别能力却十分的有限。第八维，微观维。传统地理学只能以肉眼观察岩石，不但不知道岩石与矿物的区别，更不能像现代地质学那样走进了神奇的晶体世界。因此说，中国传统的地理学只局限在第一维至第二维，对第三维至第八维则是触及皮毛而已。但却将第九维演化得活灵活现。第九维，生物维。基于风水的理念，对周围的环境进行了拟人化的动态描述。即便天上陨石降落，也被认为是某个“大人物”的死期即将来临。

第二章
矿业活动

中国自古是典型的农耕国家，农耕经济长期占据社会的主导地位。矿业活动非但得不到倡导，甚至以破坏风水为由受到压抑。但是，矿业却始终是国家皇权及地方诸侯的经济基础，更重要的是能够使政权和政治势力在短时期内迅速聚集财富。因此，矿业一直处在历代皇权的垄断经营之下，所进行的各种矿业活动更是受到严格的管控。

第一节　主要矿种

古人在矿业实践中积累了许多寻找矿产的一般规律。战国《管子・地数》篇中即总结了一些矿床中的矿物分布规律。南北朝时梁代《地境图》、唐代段成式所著《酉阳杂俎》中均描述了某些金属矿产之上的植被特征。更有古人利用矿泉味道、矿物气味找矿的方法。其中的一些观点已被现代矿床学所证实。上述找矿规律为古代的矿业活动提供了较好的技术支持。

1. 金

先秦时期有金矿产地 58 处。汉代有金矿产地 9 处。宋元丰元年（1078 年），金矿分布局于 25 个州，年收入 1 万余两。元代有金矿产地 46 处，产量最高年份在 3 万两左右，高出宋代兴盛时期的 1 倍。明代有金矿产地 65 处。清代前期有金矿产地 34 处，乾隆时期，金的产地主要集中在陕西、甘肃、新疆，云南、黑龙江、贵州、湖南也曾采金。1786 年甘肃金产量曾达 1980 两。

2. 银

《山海经》中列举产银之山有10处。先秦时期有银矿产地9处。汉代有银矿产地9处。宋元丰元年（1078年），银矿分布于68个州，年收入21万两。元代有银矿产地31处，天历元年（1328年）全国银收入量约30万两。明代有银矿产地73处，明天顺四年（1460年），全国产银18.3万两，其中云南约10万两。清代前期有银矿产地48处，从康熙到道光年间，云南全省年平均产银三四十万两。

3. 铜

《管子·地数》说，出铜之山467座。先秦时期有铜矿产地17处。汉代有铜矿产地有9处，主要分布在现今的安徽、浙江、四川、湖南等地，已在山西发现有铜矿遗址。唐代有铜矿62处（不包括云南、贵州），元和初年（806年）收入量26万斤。宋元丰元年（1078年），铜矿分布于22个州，年收入量1420万斤，其中广东韶州占全国总收入量的88%。元代有铜矿7处。明代，全国铜矿53处。清代前期有铜矿产地76处，铜矿业主要分布在云南，乾隆至嘉庆年间云南省年产量为900万～1400万斤。

4. 铁

《山海经·五藏山经》记载，产铁之山有34处。《管子·地数》说，出铁之山3609座。先秦时期有铁矿22处。汉代有铁矿66处。唐代有产铁矿108处，元和初年（806年）铁的年收入量约200万斤。宋元丰元年（1078年），铁场分布于36个州，年收入量550多万斤，其中邢州（今河北邢台）、磁州（今河北磁县）的收入量约占全国的74%。元代有铁矿49处，元初生铁年收入量500万～1000万斤。明代全国有产铁之山133处，明初年全国官铁年收入量1800余万斤，其中江西、湖广两行省收入量约1000万斤。清代前期，全国有产铁之山134处。

5. 锡

先秦时期有锡矿产地1处。汉代有锡矿产地4处。宋元丰元年（1078年），锡矿分布于10个州，年收入量230多万斤。元代有锡矿9处。明代有锡矿产地39处。清代前期有锡矿产地23处，乾隆年间，湖南郴州、宜章两处锡矿年产约15万斤；雍正至嘉庆年间，云南个旧锡年产量150万斤左右。

6. 铅

先秦时期有铅矿产地1处。宋元丰元年（1078年），铅矿分布于32个州，年收入量900多万斤。明代有铅矿产地23处。清代前期有铅矿产地56处，主要分布在云南、贵州、湖南、广西等省，乾隆年间产量约200万斤，其中云南约占1/3。

7. 锌

明代有锌矿产地8处。清代前期有锌矿产地16处，主要分布在贵州、广西、云南，其中贵州最高年产量曾达600万斤，广西年产量约50万斤，云南年产量20余万斤。

8. 汞

先秦时期有汞矿产地4处。汉代有汞矿产地2处。宋元丰元年（1078年），产地分布于9个州，水银、朱砂的年收入量各3000余斤。元代有汞矿5处。明代有汞矿产地26处。清代前期有汞矿产地29处，其中贵州水银最高年产量达到5000余斤。

第二节　矿业技术

1. 铁

中国人对铁的使用最早可以追溯至旧石器时代。两三万年前的周口店山顶洞人用赭红色赤铁矿粉作颜料，涂于装饰品之上，或殡葬时撒在尸体周围。新石器时代，制陶所用的赭红色颜料也源自赤铁矿。铁器的出现，标志着人类历史进入了一个重要发展阶段。然而，铁器何时出现，至今在学术上未能取得定论。传说“炎黄蚩”大战时，先人即开始使用了磁铁。《尚书·禹贡》中，将铁列为进贡的珍贵物品。1972年冬，在河北藁城县台西村商代遗址中出土的一件铁刃青铜钺，经严格的科学鉴定，认定其刃部为陨铁锻成。至今在考古挖掘中未能发现西周时期的铁器。出土的春秋时期的铁器，不但数量极少，而且十分的单薄。考古认为，春秋末期，楚国开始冶铁。在洛阳水泥制品厂出土的春秋战国之际（公元前5世纪）的铁锛，含碳超2%，证明中国比世界其他国家早18个世纪就已炼出了生铁。战国中后期，铁质农具已经得到广泛的应用。汉代，生铁冶炼技术和规模大幅度提升，已发现遗址的古荥镇厂址面积达12公顷，两座高炉长4米、宽2.7米、高6米；并已经使用无烟煤。清代前期，铁矿主要由民间经营，大型铁厂有广东佛山和陕西汉中两处，鼎盛时工人数量均达3000余人。

2. 铜

人类进入金属时代的第一个台阶是铜，原因是其具有易于识别、熔点较低等基本特征。在山东胶县的龙山文化（距今约4500—4000年前）遗址中即出现了原始的黄铜锥。在夏家店文化下层（距今约4000—3500年前）即出现了红铜、青铜器石范。传说，黄帝采首山铜铸鼎。一系列的考古发现证实，中国先人在夏朝（约前2070—前1600年）的早期已经开始使用红铜，夏朝晚期已经开始使用青铜（铜锡合金）。青铜是人类发展的一个时代。所谓青铜，就是在质地柔软的红铜中，按一定比例配制锡、铅。中国虽然不是世界上最早生产青铜的国家，但却把青铜的冶炼、制作技术推向了巅峰。商朝青铜进入鼎盛时代，种类繁多、造型精美已经走到了世界的前列。其铸造方法以陶范铸造为主、失蜡铸造为辅。湖北大冶铜绿山古铜矿遗址挖掘证实，商代就已经进行了坑采，战国时期就已经使用框架支护法进行开采。铜绿山古铜矿遗址已发现古代冶炼遗址场地 50 余处，其中春秋早期炼铜竖炉 10 座。遗址附近人工堆积炉渣近 60 万吨，其平均含铜在 0.7% 以上，而用现代科技炼铜，炉渣含铜量仍有 0.4%。据推算铜绿山古矿冶遗址至少生产了粗铜 18 万 ~ 24 万吨。可以铸造 25 万个司（后）母戊大方鼎。秦始皇兵马俑出土的兵器、礼器依旧以青铜器为主。战场上铜、铁兵器并用。秦统一后，将各国的货币统一为圆形方孔的铜钱。汉朝之后，铜主要用于铸钱。清代前期，铜矿产地主要分布在云南，最多时有 46 个厂，并出现大规模的分工协作手工业工场，盛时有 6 万 ~ 7 万人。

3. 锡铅锌

中华民族的祖先对锡、铅、锌矿的开采、冶炼和利用曾作出过重要贡献。

青铜中的含锡比例，从东周以后不断增加，究竟是多金属中的自然配比，还是提纯以后的人工配比，尚不能得出结论。但在殷墟出土的文物中即发现镀有厚锡的铜盔和锡块。青铜器中的锡来自何处，学界一直未能得出定论。顾琅、鲁迅合作的《中国矿产志》中明确中原地区有锡矿，其中河南 9 处，山西 4 处，山东 3 处，河北 3 处，山东 1 处。但至今未能在这些地区发现可以利用的锡矿。学者推断，可能是古人锡、铅不分，以致将铅称作锡。刘兴诗于 2020—2021 年多次发表个人学术观点，三星堆青铜器所用原材料产于三星堆遗址所在地河流上游的多金属矿。历史上，江西、湖南、湖北、广东等地均曾产锡。

由于铅矿中多含有银，古代为了提取白银，因此大量开采并冶炼铅。西周时期的铅戈含铅达 99.75%。在古代，铅往往被加入铜中成为合金化金属。青铜器中也常见铅的成分。1939 年，安阳出土的商代司（后）母戊大方鼎，其中含铅 2.79%。一些青铜器中的铅含量常常超过 10%，甚至近 20%，超过锡的含量。自古铅用于制药，《神农本草经》中即有记述。古代道家的金丹支系对铅非常关注，五代独孤滔在所著的《丹房镜源》中对铅的特征进行过较详细的描述。

中国是最早发明炼锌的国家，并称锌为“倭铅”。据史料记载，至迟在 10 世纪的五代就已能冶炼锌。锌是炼制黄铜的合金金属，黄铜也被称作微黄金。在古代，菱锌矿被称作炉甘石。中国对金属锌的开发技术比欧洲先进 400 余年。《本草纲目》中称其有“止血、消肿毒、生肌、明目、去翳退赤、收湿除烂”之功效。明清时锌主要用配制黄铜，供铸钱及制造各种器皿用。约在17世纪初开始向欧洲出口锌锭。1745年，从广州装运锌锭的一艘船在瑞典哥德堡触礁沉没，1872年被打捞起的一部分锌锭，经分析锌含量达98.99%。

4. 金银

最早出现黄金饰品的遗址是在与商代同期的三星堆遗址，金杖、金面具见证了那个时代的黄金采冶技术。宋代之前的金基本是源自自然金和沙金。宋朝以后开始开采岩金，开创性活动的主持者是北宋名将潘美，即评书《杨家将》中的奸臣潘仁美。

古代的银基本来自自然银（生银）和辉银矿，多用于制造贵重的器皿或饰品。在战国至汉代的墓葬中即出现银质随葬品。此外更是用银铸造货币。《名医别录》认为它有“安五脏、定心神、止惊悸、除邪气”的功效。

5. 汞

汞有自然汞和辰砂（朱砂）两种。辰砂的成分为硫化汞。宋代以后，因主要产销市场在湖南辰州（现沅陵）故得名。中国是世界上发现和利用汞矿最早的国家。据考古，中国利用汞的历史可以追溯至5000年前仰韶、龙山文化时期。春秋战国以后，在医药和丹术方面得到了较多应用。《神农本草经》称朱砂为丹砂，具有“养精神，安魂魄”之功效。汉司马迁《史记・货殖列传》中记载，从战国到汉初，就有不少人因开丹砂矿而致富，其产地主要在巴、越地区（现重庆、广东）；《史记・秦始皇本纪》还记载，秦始皇陵“以水银为百川、江河、大海”，现代勘测技术已证实秦陵地表汞含量严重超标。可见在秦代汞的生产已成规模。在1973年长沙马王堆出土的《五十二病方》中，就有使用水银治疗皮肤病的记载。

6. 盐

在夏、商甚至更早期，自然盐已被开发利用。商、周时期，对盐业已经实行了等级分封和以贡代税的制度。据《华阳国志・蜀志》记载，“秦孝文王以李冰为蜀守。穿广都（今双流县境）盐井。”汉代，四川的盐业已经相当发达，十多个郡县相继开凿盐井。晋太康元年（280年），江阳县（今富顺自流井）由彝人梅泽开凿的盐井深200尺。至唐朝，四川已有64个县开凿盐井（包括火井）；今陕西、甘肃、宁夏、云南等地也都开凿了盐井。《新唐书・食货志》记载，有盐池18座、井640口。北宋以后，已经能够开凿小口径、深度大的盐井，称为“卓筒井”，并以畜力、水力为动力。1835年，四川自贡盐场利用北宋年间发明的冲击式顿钻钻井技术实现了盐井井深1000米的记录。“卓筒井”的钻井程序已与当代石油钻井的程序基本一致，这种技术在11世纪传入欧洲。19世纪前，世界上的所有深井技术均源自中国，对此英国学者李约瑟曾经给予过高度评价。但由于历代统治者为了扩大盐的税利收入，大都以严刑控制盐的产销，因而束缚了盐业的发展。

7. 硼

中国是世界上主要产硼国家之一，也是发现和利用硼矿最早的国家。720年的藏文《四部医典》一书中就有关于用硼矿入药治病的记载。1563年，中国已经在西藏建立了手工作坊，从事天然硼砂的开采加工，并将产品销往欧洲。

8. 煤

1978年，在沈阳市新乐遗址发掘中，发现精美的煤精制成的工艺品，经辽宁省煤炭地质研究所鉴定为抚顺煤精制成，碳-14同位素测定距今7250年。关于煤，最早见于《山海经》，即"石涅"。汉代《孝经援神契》中有关于"黑单"的记述。东晋王嘉编写的《拾遗记》中有关于"焦石"的记载。直至清初顾炎武《日知录》中方称其为"煤"。关于将煤用作燃料的史书记载，可追溯至西汉。在河南巩县西汉炼铁遗址中发现了经过加工的煤饼。隋唐以后，煤作燃料已相当普遍。《宋史》记载："汴京数百万家，尽仰石炭，无一家燃薪者。"宋朝政府还曾派专职管理采煤，并曾实行专卖。元代马可波罗来中国时对"黑石"感到非常新奇。至明朝，宋应星《天工开物》记载，全国冶铁用煤占十分之七。欧洲采煤最早为13世纪的英国人，而中国规模化采煤，不会迟于汉朝。《天工开物·燔石》对采煤技术进行了系统总结，还记述了排除瓦斯、防治塌陷的措施。

9. 石油、天然气

我国古代记载过石油的史书有数十种，已发现的产地分布在陕西、甘肃、新疆、四川、广东、台湾等十多个省（自治区）。最早为东汉班固《汉书》"高奴（今延安）有可燃水"的记载。"石油"一词，最早见于宋代李昉等14人奉宋太宗之命于太平兴国二年至三年（977—978年）编撰的《太平广记》。沈括撰写的《梦溪笔谈》晚了100余年，但沈括确立了石油在学术领域的地位。对于石油的应用技术，中国古人则完成过多项创造。一是用于照明。延安人早在西汉年间即将石油用于火炬照明；南宋时则制成石烛照明。元朝时，石蜡制烛已成规模，还出现过灌烛工场。明朝则已经掌握了从石油中提炼灯油的技术。二是军事。史书上记载有南北朝（北周）、唐、宋时期将石油用于火攻的案例。三是医药。最早在南北朝时期就有关于石油入药的记载。明李时珍《本草纲目》充分总结了石油用作医药的方法，较详细地介绍了石油的产地。四是化工。汉代以来古人即开始用石油煤烟制墨。五是冶金。早在明代，中国古人即掌握了利用石油对钢铁进行淬火的工艺。至于石油开采，元代就已经在陕西延长县出现专为开采石油而凿的油井；明代在四川嘉州也打出了油井。俄国于 1848 年才打出第一口油井；美国则是 1859 年打出第一口油井（21.69 米）。

天然气是盐井开发的副产品。四川人在凿盐井的时候撞见天然气，并称之为火井。公元前 1 世纪末，西汉杨雄的《蜀都赋》中即有“火井龙湫”的词句。四川的火井以临邛最为发达，隋唐时期将其命名为火井县。清代前期，自贡地区的火井已成规模。最深的井 1000 米左右。1835 年完钻的燊海井，单井日产量达 5000 ~ 8000 立方米。西方学者认为世界上最早的天然气井是 1668 年在英国开凿的，事实上比中国晚 1600 年以上。

10. 岩石及玉石

从“巫山人”（200万年前）起，历经“元谋人”（180万—170万年前）、“蓝田人”（70 万—60 万年前）、“北京人”（79 万—20 万年前），各个时期都会打造和使用石器，一般以质地比较坚硬的石英岩为主。大约 12000 年前中国进入新石器时代，已发现新石器时代遗址 6000 余处。有学者推测，在旧石器时代和新石器时代之间应当存在一个中石器时代，因为旧石器向新石器的跨越不可能在短时间内完成。但是至今未能发现。有学者认为，可能在东部沿海的海底。对此，不仅有海水倒灌的远古传说，更有基于现代地质学理论推测，如渤海的平均深度只有 18 米，第四季冰川融化导致人类文明的发祥地被淹没。最早的玉器出土于辽宁省阜蒙县沙拉乡查海村。其中的玉玦、玉匕、玉管，选料精准、研磨精细、造型规整，从任何一个角度推敲，都够得上十分标准的玉器。经鉴定皆为透闪石玉，距今已 8000 余年。这些玉器，乃至周边地区的红山玉器，所用石材是源于本地，或源于岫岩地区，或来自北部的其他地区还有赖于进一步探究。

中国是世界上识玉、用玉最早的国家。殷墟甲骨文中就有用玉的记载，并将玉人格化为品德、礼仪、权力及价值的标志。《周礼・春官・典瑞》设有专职官员“典瑞”，负责对玉及其制成品的鉴定、分类、保管及使用。此后，历代典籍中对玉的记载和论述更是不胜枚举。不过，中国传统宝玉石的概念与地质科学中的宝玉石概念在内涵与外延上有所不同。国际宝石学及矿物学的通用概念，玉为链状硅酸盐矿物，包括属于碱性单斜辉石的硬玉及属于钙角闪石的软玉。我国的古玉主要是软玉。至于硬玉，一般认为在明末清初从缅甸传入中原地区。

对矿产资源的开采及使用，还被视为划分历史发展阶段的依据。1836 年，丹麦考古学家提出了“三分法”，即石器时代、青铜时代、铁器时代。而在中国，成书于战国时代的《越绝书》将人类早期的历史划分为“以石为兵”“以玉为兵”“以铜为兵”“以铁为兵”四个阶段，也就是石器时代、玉器时代、铜器时代、铁器时代。据考证，其中的玉器时代即对应着新石器时代。环太平洋地区的玉石时代，无疑是人类发展的一个特殊的文明时代，中国最为典型，已成为中国文化的特有符号。

11. 陶土和瓷土

中国最早的陶器出现在约 12000 年前。大约 8000 年前，中国进入陶器时代。陶器是以粘土类矿产为原料，与水、火结合而形成的工艺品。以红色和红褐色为主，并且烧制成了五彩缤纷的彩陶，种类繁多，形态各异。制陶最初是“手制”，到大汶口文化时期（约 6300—4500 年前）已普遍使用“陶轮”。在仰韶文化时期（约 7000—5000 年前）的西安半坡村遗址已出现陶窑场区。商朝中期，已出现批量的原始瓷器，江西清江吴城的出土文物即可证实。西周时已开始制造和使用建筑用瓦。江西景德镇在汉朝末期已开始制瓷。到了唐朝，景德镇即生产出了洁白而半透明的“假玉器”，与此同时在邢州、越州、婺州、鸿州以及四川大邑等地，名窑已经在多地萌芽。明代，景德镇已经成为全国的瓷业中心。明宣德年间（1426—1435 年），官窑有 58 座。据法国传教士所著《中国陶瓷见闻录》，景德镇有窑 3000 座。陶瓷所用坯料为高岭土，明朝以前称其为“白土”。“高岭土”最早可追溯至清初《南窑笔记》。高岭原为地名，位于景德镇正东 45 千米。直至李希霍芬所著《中国》中方才正式使用“高岭土”，现已成为国际上通用的矿物学名称。很显然，中国古人很早就掌握了粘土分离的技术。

12. 地下水及温泉

我们似乎忽略了水井对人类文明的重大意义。水井可以让人类摆脱沿河居住的束缚，更能有效地降低洪涝所带来的风险。据河姆渡遗址第一期发掘报告，大约 5700 年前，河姆渡人即已经开凿水井。《世本》记载，大禹年代的一个名叫伯益的人发明了水井。在公元前 16 世纪的甲骨文中已有“井”字。据《管子・地员》记述，可以根据地表土质、植物种类来推断地下水的深浅、水量和水质。明代徐光启《农政全书》中对凿井之法进行了系统地总结。欧洲第一口自流井是 12 世纪由法国人开凿，与我国相比要晚将近 1000 年。

甲骨文中即有诸多关于泉的记载。关于温泉，传说 3000 年前周幽王即曾享用过陕西临潼的骊山温泉。更有传说，秦始皇年代即开始利用骊山温泉治疗皮肤病。晋朝司马彪《续汉书・郡国志》中记载有用温泉进行农业灌溉的效果。郦道元在《水经注》中列举全国温泉 41 处。明末清初顾祖禹《读史方舆纪要》中记载了全国温泉 500 余处。古人更是关注泉水质量的差异，乾隆曾用银斗称重的方法评价出“天下第一泉”。

第三节　采矿制度

纵观中国古代3000余年的矿政史，其突出的特征是“收放更迭”。矿业可以迅速增加政府财力、改变利益格局，但同时又酝酿了新的社会不稳定因素。在天下大治、天下大乱的交替过程中，矿政这只无形之手发挥了巨大的调节功能，这一点是不能忽视的。只要紧紧抓住“金、银、铜、铁、盐”等少数几个矿种的矿政变化，就可以发现我国古代王朝兴衰的深层原因。

一、先秦时期

先秦时期的矿政机构和矿业政策，已具雏形。铜、铁、银、金、锡、铅、汞等矿种均已得到不同程度的开发。《周礼·地官司徒》中设有管理矿产的卝人，具体任务是“掌金玉锡石之地”。《管子·海王篇》记载，春秋时期的齐国在齐桓公时期即实行了“官山海”政策，通过国家专卖盐铁，以增加财政收入。《管子·地数篇》还记载：“有动封山者，罪死而不赦。”其他各个诸侯国也陆续制定了限制或允许的矿业政策。

二、秦汉时期

秦统一天下以后，实行的是“官营民采、收取税利”的政策。《汉书·食货志》记载：“用商鞅之法，改帝王之制，盐铁之利，二十倍于古。”西汉初期，继承秦制。对秦代盐铁政策，“循而未改”。汉文帝后元六年（公元前158年），解除国家对山泽的控制，与庶民同其利。汉武帝元狩四年（公元前119年）宣布“盐铁官营”，在全国设铁官51处、盐官36处，对私铸铁器和煮盐出售者治罪。东汉章帝章和二年（88年），“罢盐铁之禁”，听任百姓煮盐铸铁，向国家交税。

三、隋唐时期

隋唐时期，矿业进入繁荣期。铁、铜、金、银、锡、铅、汞7种金属的主要开采点280处。隋代将铜矿的开发权收归国有，以控制铸钱的资源。对于盐铁则无专营。

唐朝的矿业政策经历多轮收放。武德元年（618 年）放开盐铁禁令。乾元三年（760 年）和建中三年（782 年）实行盐铁专营。开成元年（836 年），山泽之利归州县，可以留取矿税自肥，国家收到的矿税还不及江南一个县的茶税。建中元年（780 年），将分散到地方的政权的矿税收归国家，由盐铁使管理。

四、宋辽时期

宋代对盐则实行专卖；对金属矿产的政策是民采官税，矿税按产量的 20% ~ 30% 收取。因此矿业发展迅速。北宋神宗元丰年间（1078—1085 年），铜产量增加近 3 倍；锡产量增加近 8 倍。北宋哲宗绍圣元年（1094 年）宋政府对某些金银矿场进行管理，未经允许私自淘取者以盗论。辽、金立国之后，与货币有关的铜矿以及与农具、兵器相关的铁矿受到重视。金代为了铸币也重视铜矿的采冶，令民任买矿坑时，为防治官员以权谋利，曾命令相关人员参与其中。

五、元明时期

元代实行任民采取、收取矿税制度。对从事采矿人员实行“包采制度”。明代晚期，中国的资本主义开始萌芽。矿业发展也开始突破瓶颈期，进入到上升期。据不完全统计，明代的金属产地有 420 处。明太祖洪武二十八年（1395 年）停止官办采铁，民采按产铁量十五分之一收税。英宗正统三年（1438 年）定私煎银矿罪以极刑。神宗万历二十四年（1596 年），命官吏寻找银矿，于是无地不开。并令宦官四处开矿，以致激起民变，直至神宗死后才停止。

六、清代

清代伊始，以《大清律利》为代表的立法活动取得重要进展，但矿业立法却落后于矿业发展。鉴于历次起义造反的教训，国家不敢谈开矿。康熙十四年（1675 年），允许在“委官监管”之下民间可自行开采，后补充规定“采得铜铅二分纳官八分听民发卖”“开采铜、铅抽税十之三”。雍正时期，对矿业开禁无常。乾隆年间，大多数矿冶由商民开办。光绪年间陆续颁布《矿务铁路公共章程》和《大清矿务章程》。

第二篇

近代

中国近代百余年的历史进程中，地质科学从无到有、从小到大，地质工作者在民族工业化的初始阶段承担了拓荒者的角色，在波澜的历史长卷中留下了可歌可泣的业绩。

第三章
地质科学启蒙

中国通史一般以鸦片战争为近代史的起点，而对地质学来说，则应当追溯至明朝末年，确切地说，地质学以西方地质学的引进作为序篇，而正式的开启则是在鸦片战争的前期。出于海外殖民和资源掠夺的目的，西方列强一批批地派遣地质人员到华夏大地进行探险和考察。与此同时，我国胸怀实业救国之志的有识之士，在地质工作这一陌生的领域上下求索。殖民掠夺和实业救国原本对立的两条线交织在了一起，共同谱写了我国近代地质科学史的悲壮篇章。

第一节　地学的传播

现代科学意义上的地质学知识最早由西方传教士传入中国。随后西方列强对我国殖民侵略和资源掠夺不断深化，西方学者在中华大地上开展了超越一般旅游观光意义的系统的地质工作。与此同时，我国一代又一代胸怀强烈的民族责任感的有识之士，开始学习并掌握这一新兴的科学理论。中国的地质科学史，始终与民族工业化、现代化形影相伴。

一、著名学者

中国地质学的起步期是极其漫长和艰难的，在明末至清末的漫长岁月里，王朝的政府机构对现代地质学的作用缺乏认识。

（一）外籍学者

明清时期，来华的外籍地质学者既有受聘来华工作者，也有肩负“特种”使命秘密来华工作者。受聘来华者，或是翻译专业书籍，或是进行地质考察，他们对地质学在中国的传播起到了直接的牵动作用。秘密来华者的成果一般在短期内严格保密，但公开发表后对国人认识成果（如图书）的地质背景起到了间接的影响作用。

1. 汤若望

汤若望（1592—1666年），德国科隆人，天主教耶稣会传教士。明万历四十八年（1620年）来到中国，在中国生活了47年，历经明、清两朝，是继利玛窦之后最重要的来华天主教耶稣会传教士之一。1621年，法国传教士金尼阁携带7000余部西方书籍抵达中国，其中就包括《矿冶全书》。这部书由西方文艺复兴时期的科学巨人、被称为“矿物学之父”的德国人阿格里科拉于1556年出版。全书共12卷，汇总了矿石、岩石、金属等600余种物质。对地质、探矿、选矿、冶炼的方法都做了系统而精彩的阐释，并制作了292幅精美的木刻插图。汤若望翻译了《矿冶全书》，中国人杨之华等人绘图。经过两年多的努力，中文译本于1640年完成，并定名为《坤舆格致》。1643年，崇祯皇帝才同意刻印并下发给地方官员，几个月后明朝灭亡，《坤舆格致》淡出国人视野。直到2015年，有学者在南京图书馆偶然发现一册抄本的《坤舆格致》。

2. 慕维廉

慕维廉（1822—1900年），生于苏格兰，英国伦敦教会传教士，于1847年8月26日乘船抵达上海。在华53年。慕维廉热心传教，并“念中国学者立志于贯通西学”，“二十年中，共成大小书四十余部，单篇更不计其数”。比较重要的有《地理全志》（墨海书馆，1853—1854年）、《大英国志》（墨海书馆，1856年）及译自培根《新工具》的《格致新机》（1888年）等，并于1868年创办《教会新报》，任主要撰稿人。1853年，《地理全志》初版刊行，全书分上、下两编。上编包括“创天地万物记”及正文两部分，讲述五大洲地理位置、山川形势、风土人情、人口朝纲等。下编包括缘起及正文十卷（地质论、地势论、水论、气论、光论、草木总论、生物总论、人类总论、地文论、地史论）。内容几乎涉及自然科学的各个门类。《地理全志》有关近代地质学内容主要是“下编卷一”的“地质论”。慕维廉向中国介绍近代地质学基础知识的同时，在岩石、矿物、地层等地质学术语的翻译上进行了大胆尝试。对矿物类名词的术语大多沿用中国原有名词，侧面反映出慕维廉的中文水平及对中国的了解。慕维廉是使用“地质学”这一学科名词的鼻祖。

3. 庞培勒

庞培勒（1837—1923 年），美国地质学家。1862 年，应清政府邀请来华工作近三年，对东北、华北、华东、华中多个地区进行了地质调查。在庞培勒到中国之前两年，德国人李希霍芬已来到中国，但他是随同外交使团而来，并未在中国做地质调查。因此，庞培勒无疑是中国区域地质考察第一人。庞培勒实地考察的时间约半年，基于零星的文献资料，并且多为非地质人员的报道或游记、耶稣会编制的中国地图。他对中国地质构造的设想与今天已查明的实际情况相去甚远。回国后，他于 1867 年出版了《1862—1865 年期间在中国、蒙古和日本的地质研究》。全书共十章，其中九章是关于中国的。他是由政府主导的以近代地质科学方法对中国进行系统全面研究的第一位学者。他专门论述了中国区域地质特征以及地质构造；在“中国有用矿产产地目录”中列出矿产地 276 处，其中铁矿 112 处、有色金属矿 116 处、非金属矿 48 处。可以说，他是编撰“中国矿产志”的先驱。1924 年，维里士在美国地质学会会志上发表文章，悼念他的老师庞培勒，称他为伟大的探索者，可媲美马可·波罗。

4. 李希霍芬

李希霍芬（1833—1905 年），德国地理学家、地质学家。曾任柏林大学校长。1868 年至 1872 年，他规划了 7 条线路，对大清帝国 18 个行省中的 13 个进行了地理、地质考察，走遍了大半个中国。其间，详尽记录了野外地质资料，采集了大量的化石、岩矿标本，绘制了丰富的地形图、素描图、地质图和地层剖面图等。回国之后，从 1877 年开始，他先后写出并发表了五卷并带有附图的《中国——亲身旅行的成果和以之为根据的研究》(300 余万字），对当时及以后的地质学界产生了重要影响。并作为当时西方人了解中国的教科书而流行一时。传入我国后，成为我国地质学家工作的重要参考书，堪称中国近代地质科学启蒙时期之经典。书中首次提出从洛阳到乌兹别克斯坦曾经存在一条古老的商路，并将其命名为“丝绸之路”。1903 年，李希霍芬将对中国 7 条线路调查的这些成果汇集成两大册，取名《李希霍芬中国旅行报告书》。尽管当时李希霍芬的“旅游”是合法的，但他所做的调查工作却从未依法向中国官方报备。1897 年，德国占领中国的胶州湾。在报请德皇威廉一世批准的军事计划中，德国海军司令多次引用了李希霍芬的考察结论。因此，中国的地质学家在追忆这位杰出地质学家的时候总是怀有极其复杂的心情。

5. 奥勃鲁契夫

奥勃鲁契夫（1863—1956 年），俄国地质学家，19 世纪下半叶到中国调查的俄国地质地理学家中，涉足范围最广、学术影响颇大的学者。1892—1909 年，几度率队来华考察，足迹遍及新疆、甘肃、青海、宁夏、陕西、内蒙古、吉林、辽宁、河北等地。他在 1900 年和 1901 年出版的两卷《中亚・华北与南山》中，对南山（祁连山）研究最详，提出了“祁连山东南之兰州—西宁地带，为祁连山与昆仑山之交接点”等许多有价值的观点。1940 年，又出版了《边境准噶尔地质》一书，详细记述了准噶尔盆地周边地区的岩石、构造和一些矿产。1943 年，在他指导下，苏联编制了《1∶50 万新疆北部及苏联邻区地质图及说明书》。在 1946 年，他又指导编写了《1∶150 万新疆地质图及说明书》。

6. 维里士

维里士（1857—1949 年），美国地质学家。在李希霍芬的建议下，维里士领导美国卡内基研究所远征队于 1903—1904 年间对中国进行了地质调查。考察地域包括山东、东北南部，河北、山西及陕西、四川、湖北的邻接地区，还有扬子江、三峡等地。维里士实际野外工作 5 个多月，回美国后整理出版了《在中国的调查研究》三卷四册，于 1907—1913 年出版，记载了观察所得的地质地理资料，对中国及东亚的地质作了系统的讨论，尤其对中国地层特别是寒武、奥陶系的划分和地质构造的研究都有重要价值。较李希霍芬的研究有较大的提升。

7. 阿涅尔特

阿涅尔特（1865—1946 年），俄国地质矿产学家。1889 年毕业于圣彼得堡凯瑟琳二世矿业学院。1896 年开始，他在俄国皇家地理学会工作，从事俄国远东地区和中国东北地区的地理与地质考察与勘探工作。1901 年，他沿铁路线对齐齐哈尔向西到德兰斯贝加尔边界之间进行地质勘测，发现了查拉勒布朗煤矿。1907 年，他去库页岛对其东海岸的石油进行了首次勘探。1913 年，他当选俄国地质委员会最有权威、资格最老的地质学家。1920 年，他组织了远东地质委员会，并担任穆棱煤矿总工程顾问。1923 年 1 月至 1924 年 6 月，担任国家地质委员会远东地质事务厅厅长职务。1924 年，他移居哈尔滨，担任中东铁路管理局工程师。1928 年出版《“北满”矿产志》，记述了金、银、铅、铁、锰、煤、石灰石、石墨、云母、盐、碱等几十种矿产。阿涅尔特在东北地区从事地质工作半个世纪，中国东北北部的诸多地质成果均是根据他绘制的地质图完成的。他发表了大量极具科研价值的学术著作。1929 年，他被选为中国地质学会名誉会员。1937 年，当选德国科学院名誉院士。1945 年，他就任哈尔滨地方志博物馆馆长。1946 年，阿涅尔特逝于哈尔滨。

（二）中国地学启蒙学人

清朝末期，一批最早接触过现代西方科学的学者，积极宣传和普及地质学知识。尽管他们没有更多的机会取得最原始的地质资料，但却较好地将国外的科学概念转换为术语，并系统梳理了西方学者对中国的地质学考察成果，为地质科学在中国的传播与发展作出了不可或缺的贡献。

1. 华蘅芳

华蘅芳（1833 —1902 年），江苏省无锡县人，数学家、科学家、翻译家和教育家，洋务运动的重要领军人物。华蘅芳青年时期结识了比他大 10 多岁的徐寿，两人都因为对西方近代科学发生兴趣，经常在一起学习和切磋，而且还经常自己动手进行各种试验。经曾国藩推荐，二人在安庆军械所负责制造枪炮和弹药，上海江南机器制造总局成立后到翻译馆工作。他与外国人合译出版了 12 种 171 卷科技著作，内容涵盖数学、地质、矿物、航海、气象、天文等学科。他本人前后翻译地学、数学等书籍十多种。1872—1873 年，玛高温口译，华蘅芳笔述，翻译了美国矿物学家丹那的矿物学经典著作《金石识别》。该书系统论述了矿物的晶体形态、物理性质、化学性质及矿物分类法，首次把西方矿物晶体理论与测试方法介绍到中国。1873 年，他们又根据英国地质学家莱伊尔的名著《地质学纲要》翻译出版了《地学浅释》，最早把“将今论古”的地质学理论和方法全面系统地引进中国。后来，他们又合译了《金石表》（就是后来的《矿物学名辞典》），在中国近代地质科学启蒙中发挥了重要作用。

2. 邝荣光

邝荣光（1860—1962 年），1872 年 8 月 11 日，年仅 12 岁的邝荣光，与詹天佑等共 30 名第一批官费幼童留学生，从上海登船出发，远赴美国旧金山，开始留学学习。邝荣光回国后，分配到河北省唐山开滦煤矿，成为我国第一批矿冶工程师。他参与了许多煤矿的勘测，发现了湖南的湘潭煤矿。他绘制的彩色版《1∶250 万直隶地质图》和《1∶250 万直隶矿产图》，以及古生物图版《直隶石层古迹》，填补了我国矿冶的一项空白；他还积极培养了一大批中国地矿人才，为中国近代的地质矿产调查作出了重要贡献。

3. 顾琅

顾琅（1880—1939 年），原名芮体乾，字石臣，号硕臣。江苏江宁（今南京）人。初到日本时，改名为顾琅。1898 年考入江南陆师学堂附设矿路学堂学习采矿。1902 年，顾琅和鲁迅等以官费生身份赴日本留学，两人先入东京弘文书院普通科江南班（日语学习速成班）学习日文。后顾琅考入东京帝国大学地质系（一说是“矿科”）。1908 年回国。留日期间，顾琅与鲁迅根据日文、英文和德文资料和借自顾琅老师、日本地质学家神保小虎的日本地质矿山调查局在中国地质调查的秘本，合著了《中国矿产志》（上海普及书局 1906 年出版），并翻译了《中国矿产全图》（日本东京并木活版所 1906 年出版）。顾琅除了与鲁迅合著《中国矿产志》和《中国矿产全图》外，还通过大量地质矿产调查，先后考察过江苏、安徽、湖北、湖南、江西、河南、河北、山东、辽宁和吉林等省，撰写出《中国十大矿厂调查记》，对不同矿山的矿床成因类型、矿石质量、矿层分布、开采历史、规章制度、经营管理和工程设施等情况，均有详细记述。1915 年，商务印书馆出版了《中国十大矿厂调查记》，受到中国民族工业、教育事业先驱张謇，北洋政府农商部矿政司司长张轶欧，中国早期矿物学家邝荣光等一批知名人士的高度评价。顾琅从日本帝国大学获得工学学士学位毕业后，回国任天津高等工业学院教务长、奉天本溪湖中日合办之煤铁公司矿业部部长、兼长春矿务监督署首席技正，后调农商部技正。1916 年任采金局主任。1917 年任山东省长公署顾问、山东天源煤矿公司经理及河南新安煤矿公司总工程师。1921 年任山东鲁案督办署专门委员，并任安徽繁昌铁矿总工程师。1923 年调升农商部参事。1925 年转任农商部技监。1927 年任实业部参事。1929 年任青岛鲁大煤矿公司高等顾问。1930 年任奉天省长公署顾问兼奉天复州湾煤矿监理官。1933 年任国民政府实业部专门委员。1934 年任实业部技正。1939 年病逝，时年 59 岁。

4. 鲁迅

鲁迅（1881—1936 年），原名周樟寿、周树人，字豫山、豫才。浙江绍兴人。鲁迅作为中国近代史上著名的文学家、思想家已经是家喻户晓、妇孺皆知。但是，即便在地质行业工作的人也往往不知道鲁迅先生还是中国早期地质学人。鲁迅先生较早对地质学作出规范释义：“地质学者，地球之进化史也，凡岩石之成因，地壳之构造，皆所深究。”1898 年，鲁迅考入了江南水师学堂，一年后，转入江南陆师学堂附设的路矿学堂。这所新式学堂，是在清末洋务运动的背景下设立的。该学堂实际只招生一届，1898 年 10 月至 1902 年 1 月，共 24 人。三年时间里鲁迅系统学了矿学、地质学、测算学、测图学等课程，各科考试成绩优秀，毕业时获得金质奖章。鲁迅的毕业执照（毕业证）上写道：“学生周树人，现年廿一岁，身中面白无须，浙江省绍兴府会稽人，今考得一等第三名。”此后，鲁迅在浙江留日人士创办的宣传先进思想的刊物《浙江潮》上开始发表地质科普文章，其中最具代表性的是 1903 年以笔名“索子”发表的

《中国地质略论》。《中国地质略论》是一篇编译的文章，近万字。可谓早期中国地质学人的代表作。1906 年，顾琅与鲁迅合著的《中国矿产志》，则是晚清首部以当时最先进的科学视角全面介绍、分析中国矿产资源状况的专著，展示了中国 18 个省份的矿产资源及地理分布，且翻译了日本人调查的《中国矿产全图》，并制作了《中国各省矿产一览表》。《中国矿产志》被清末民初的教育部门推荐为国民必读书和中学堂参考书。著名地质学家黄汲清曾评价鲁迅是第一位撰写讲解中国地质文章的学者，称《中国地质略论》和《中国矿产志》是中国地质工作史中开天辟地的第一章。作为中国早期地质学人，鲁迅的地质学成就主要表现在以下两个方面。一是体现了强烈的爱国情怀。在《中国地质略论》序言中说："中国者，中国人之中国。可容外族之研究，不容外族之探捡；可容外族之赞叹，不容外族之觊觎者也。"并在文中阐述了煤炭与国家经济命脉的关系。二是普及了现代地质学术语，对地质科学在中国的传播起到了引领作用。《中国地质略论》中，鲁迅系统梳理了地质、地层、地壳、化石、猿人等今天耳熟能详的词汇；较早使用了太古代、古生代，侏罗纪、白垩纪、泥盆纪、石炭纪、二叠纪、三叠纪、第四纪等地质年代名称。

5. 虞和钦

虞和钦（1879—1944 年），浙江宁波人。1899 年与钟观光（植物学家）等组建四明实学会，致力于物理、化学研究，1901 年，在上海参与创办科学仪器馆，为高等学校提供实验和教学模具。1903 年，参加创办《科学世界》杂志并任主笔，曾介绍过多方面的自然科学知识和新技术、新工艺。1905 年留学日本东京清华学校及帝国大学，1908 年回国被授格物致知科进士。他发表的《化学周期律》一文，是我国最早介绍元素周期律的一篇重要文章。出版的《有机化学命名草案》，没有造一个新的汉字而把重要的有机物用意译的方法予以命名。译作《中国地质之构造》于 1903 年 4 月、5 月发表于第 2、第 3 期《科学世界》上，全文约 4700 字，简述了中国大地构造的基本格架；介绍了中国的地形地貌及其构造成因；简述了中国地质构造运动的周期；对各地质年代的海陆变迁、构造运动、地层分布及成因作了介绍，附有地史系统简表和中国地质构造略图。该文比鲁迅的地质学著述文章还早半年，是 20 世纪初研究中国地质构造的一篇重要著述。

6. 张相文

张相文（1866—1933 年），江苏泗阳人。1899 年，在上海南洋公学任国文教员、地理教员。此后在天津任北洋女子高等学校教务长，兼教地理，再到北京大学等校从事地理教学。1905 年，他据日本学者横山又次郎的《地质学》编著了《最新地质学教科书》。还著有《地文学》（1905 年）、《初等地理教科书》（1910 年）、《中等本国地理教科书》（1910 年）等。1909 年，张相文在天津发起成立中国最早的地理学术团体——中国地学会，并当选为会长。次年创办中国最早的地理刊物《地学杂志》。张相文在我国近代地理学的教育传播、研究内容、研究方式、研究机构、研究刊物五大方面，均作出了重要的成就。他重视学习先进地理知识，注重理论研究，注重将地理知识与实践考察相结合，具有崇高的学习动机，具有持之以恒、刻苦勤奋的精神。

7. 马君武

马君武（1881—1940 年），广西桂林人。著名冶金学家、地质学家、教育家、文学家。他精通化学、地质、冶金、农业、数学。1900 年，他在广州丕崇学院学习法文，后入上海震旦学院学习，后又留学日本西京大学学习工艺化学。1905 年，加入同盟会，担任孙中山临时政府第一任秘书长兼实业部代部长、广州护法政府交通部部长、广西省省长等职务。1911 年，他考入德国柏林大学冶金系，再入柏林农科大学学习农业。在德国留学期间获得工学博士学位。1923 年起，先后担任上海大厦大学、中国公学、北京工业大学、广西大学的校长。培养了大批科学人才，还翻译了大量西方科学著作，包括《矿物学》《化学原理》《平面几何学》《机械学》等。他既懂科学原理，又精通科学技术，在任广西大学校长期间，还兼任一个硫酸厂的厂长。马君武和地质学家李四光早年在日本留学时相识相知，成为形影不离的朋友。当他们回国后在北京邂逅时，多年不见，马君武却追问李四光一些诸如“中国有没有泥盆纪的地层”“寒武纪的地层，中国北方发展到如何程度”等的地质问题。七七事变后，李四光带人到桂林避乱，又见到马君武。他回忆说“多年不见的君武先生，又在一间小屋里会见了。见面的时候，没有俗套寒暄，远望着对河的峰林，他开口便问，这些石山是属于哪个地质年代的？广西地质图还差多少？”李四光了解他的个性，便和他讨论起地质问题。

二、引进过程

1793 年，瑞士学者德吕克把地质从博物学中独立出来，不久地质学的分支学科纷纷确立，“水成论”“火成论”“灾变论”“渐变论”“均变论”等理论大量涌现，地质高等教育和实验室，以及学术团体、学术著作学术刊物先后创办。到 19 世纪中叶地质学已发展成了一门独立的科学。而此时的中国却对西方世界所发生的突变浑然不知，直至鸦片战争的到来，西方列强的坚船利炮敲开了封闭的国门。

（一）来华传教士促进地质科学引进

近现代地质学的雏形始于明万历十年（1582年）意大利耶稣会利玛窦来中国传教，他在传播福音、发展教徒的同时，也在传播西方的科技与文化。1584年，他在肇庆绘制第一张中文世界地图《山海舆地图》，此后的二十几年间，他又绘制出了8种中文世界地图。1623年，传教士艾儒略编译出了最早的中文版世界地理专著《职方外纪》，把世界分为亚细亚（亚洲）、欧罗巴（欧洲）、利未亚（非洲）、亚墨利亚（美洲）、墨瓦拉尼亚（大洋洲）五洲，北舆（北极）、南舆（南极）两极，大西洋、大东洋（太平洋）、小西洋（印度洋）、冰海（北冰洋）四洋。然而，雍正元年（1723年），清政府颁布禁教令，刚刚开启的“西学东渐”大门骤然关闭。而正在此时，西方世界的工业革命催生了现代地质学。

西方传教士们颂扬教义的同时，也在大量传播西方的科学文化。1815年，在马来半岛马六甲城，英国传教士马里逊和米怜创办了第一份具有近代意义的中文报纸《察世俗每月统纪传》，开始宣传现代天文和地学科学知识。此后创办的《遐迩贯珍》《中外新报》《六合丛谈》《中外新闻七日录》《中西闻见录》《格致汇编》等中外文报刊上，也大量刊载有关矿物、岩石、地层、构造、古生物等地质学基本知识。出版的《博物新编》《地球图说》《地球说略》等科普启蒙读物则集中宣传地质科学知识。1853—1854年，墨海书馆印制慕维廉编译的第一部中文版西方地理学百科全书《地理全志》中，首次使用中文“地质”一词。该书勾画了地球演变历程并附有地质年代表，从而使中国人第一次了解到了“地质”的基本概念。与此同时，西方人也将中国的地质与矿产情况介绍给了西方世界。

鸦片战争后，英国逼迫清政府割让香港岛，开广州、厦门、福州、宁波、上海五口通商。越来越多的中国知识分子开始参与传教士的科学出版物的编译工作。其中以宣传、普及现代科学技术知识为主的主要机构有两家。①墨海书馆。由英国伦敦会传教士于1843年在上海创建，1863年停业。为上海最早的一个现代出版社，同时也是最早采用西式印刷术的印刷机构，更培养了一批通晓西学的学者。1857年出版由伟烈亚力主编的《六合丛谈》（月刊）。②广学会。最初为1887年，英美基督教新教传教士在上海创立的出版机构，1892年始称广学会。曾在北京、沈阳、天津、西安、南京、烟台等地设立分支机构。初期主要出版介绍西方科学知识的书籍，宗教书籍偏少。中华人民共和国成立以后仍运营了十多年。

至于地质学作为自然科学的一个专业学科，其确立的过程也经历了约半个世纪的时间。其间作为学科的属性，其概念以及内涵、外延不断变化。早期的自然地理学多译为“地文学”，它也是最早传入的近现代地学术语之一，或许是与天文学相对应。“地文”一词古已有之，早在战国时期的《庄子·应帝王》中就已出现。1847年（道光二十七年）出版的玛吉士著《新释地理备考》中，最早将地学分为“文、质、政”三类。但其中并没有出现“地文”，也没有出现“地质”。直至1853—1854年出版的慕维廉的《地理全志》下编的标题中出现了“地文”和“地质”的概念。最早以“地文学”专指自然地理学的记载见于1896年，梁启超在《读西学书法》一文中曾提到西方将地学分为三类：“西人言地学者约分三宗，风云雷雨等谓之地文学，地种矿石物迹谓之地质学，五洲万国形势沿革谓之地志学。”进入20世纪后，自然地理学被普遍用于取代“地文学”。在20世纪的前20年，“地文学”一词仍很流行。

（二）洋务运动促进地质科学萌芽

19世纪60年代到90年代，晚清洋务派进行了一场引进西方工业和科技的自救的洋务运动。洋务运动开始于1861年奕欣会同桂良、文祥上奏《通筹夷务全局酌拟章程六条》，结束于1894年中日甲午战争。历时30余年的洋务运动虽然最终失败了，但却极大地增强了中国人学习西方科学技术的紧迫感。

洋务运动期间，中国人开始在地质领域翻译、编辑、出版西方的地质学书籍。当时由中国人创办的翻译机构有：北京同文馆（1862年）、上海广方言馆（1863年）、上海江南机器制造总局翻译馆（1868年）等。1865年9月20日，曾国藩、李鸿章在上海设立江南机器制造总局。三年后成立的翻译馆为洋务运动时期第一个，也是最大一个科技著作翻译机构。所翻译出版的译著，数量之多、质量之高、影响之大，走在了那个时代的前列，代表了洋务运动时期中国人了解西方科技知识的最高水平。该馆请了英国人傅兰雅（1839—1928年）主持工作。傅兰雅于1861年来华，1868年入江南机器制造局任翻译，历时20余年，1894年离华任芝加哥大学东方语文学教授。当时参与译书的外国人还有玛高温（美国人）等，中国人有徐寿、华蘅芳等。他们先后翻译出版书籍180余种，内容包括算学、化学、天文、地理、地质、博物、医学、工艺、测量、造船等各个方面，其中地质方面的有8种。

（三）中日交流促进地质科学推广

19世纪末至20世纪初的中日交流中地质类图书发生的动力源来自三个方面。

①留日学生译作。1896年，中国向日本派遣的第一批留学生13人，至1906年增至2万多人。从1898年起开始有人学习地质及相关科学，何燏时、顾琅、鲁迅、马君武、章鸿钊、张资平、董常等人，为引进日本近代地质矿物学作出了积极贡献。1900年，在日留学生创立了第一个译书团体译书汇编社。相继又成立了教科书译辑社、湖南编译社、普通百科全书和闽学会等翻译团体。其中教科书译辑社专译中学教科书，最早翻译的一本书是《新式矿物学》（原著作者为胁水铁五郎）。留日学生的巨型译著《普通百科全书》100册，由范迪吉等译，由会文学社于1903年出版。其中自然科学卷包括富山房著《矿物学问答》和《矿物学新书》。留学生的译作在日本出版，运回国内销售，作为教材使用。这个时期在日本出版的还有林春华著《矿物学教科书》（参考文献为日本图书）。②日本教师带来由国内学生、译员合译。日本一方面接受大批中国留学生，另一方面又向中国派遣老师。到1905年，大批的教师来华担任小学至大学的教职。到1906年，有五六百名。各类学校的地质、矿物学课程基本全由日本教师独揽。教学计划、课程设置等均依照日本，教材也是来自日本。中国学生从译员口中抄录讲义，然后再加整理，即出版作为教材。如湖北省学务处有一套《师范教科丛编》的教科书，共11册，其中第11即为矿物学，是由湖北师范生余肇生、方作舟、邹永修根据日本教师岩田敏雄讲义翻译整理的，1905年2月出版。江苏师范生根据日本教授（可能是大森千藏）讲课笔记编成了《矿物学讲义》，由日本并木活版印刷所出版，被转用为教材。③访日官员和学者引入。清政府与日本交涉留学和访问事宜的官员也通过外交途径引进了近代科学技术，其中贡献卓越的官员有吴汝纶（1840—1903年）和杜亚泉（1873—1933年）。据统计，1902—1911年间，中国出版的47部汉文矿物学著作中，译著38部，其中来自日文的有32部，此外西文6部，中文9部。这些著作中，大部分是中小学教科书。

（四）出版家促进地质科学普及

近代民族出版业也为地质科学推广普及作出了重要贡献，商务印书馆是其中的代表。商务印书馆1897年创立于上海，是中国出版业中历史最悠久的出版机构，与北京大学同时被誉为“中国近代文化的双子星”。1904年，杜亚泉应邀任商务印书馆编译所理化部主任，其后长达28年间，涉足物理、化学、地学、博物等科学。

三、重要书刊

（一）地学图书

近代地质学教科书成为地质学知识传播的主要载体。英国伦敦会传教士慕维廉编写的《地理全志》（墨海书馆，1853—1854 年）首次使用“地质”一词。此后，有关地质学的译著大量出现，成为早期中国人了解地质学最主要的途径。

洋务运动兴起之后，江南机器制造总局翻译出版的一系列的地质专业图书。①《金石识别》。美国丹纳著，美国玛高温口译，华蘅芳笔述，1872 年印行。②《地学浅释》。英国莱伊尔著，美国玛高温口译，华蘅芳笔述，1873 年印行。③《链石编》。英国亨利黎特著，铮高梯、郑昌棪合译，1877 年印行。④《宝藏兴焉》，英国克庐司著，英国傅兰雅口译，徐寿笔述,1884 年印行。⑤《银矿指南》。美国亚伦著，英国傅兰雅口译，应祖锡笔述，1891 年印行。⑥《求矿指南》，英国安德逊著，英国傅兰雅、潘松翻译，1899 年印行。⑦《相地探金石法》，英国噶尔勃特・喀格司著，王汝冉译，1903 年印行。⑧《矿学考质》，美国奥斯彭著，由舒高第口译，沈陶章笔述 1907 年印行。其中，《金石识别》《地学浅释》备受关注。以《金石识别》为例，从 1871 年至 1901 年，至少发行了 7 个版本。两书都由玛高温口译，华蘅芳笔述。玛高温于 1843 年来华，是在上海开业的一名医生。华衡芳以及一起工作的几个中国人外文水平都不很高，一般都是由外国人口译，由中国人笔述。他们译书的许多科学术语，在中国的词语中根本找不到。中国传统地理学与世界现代地质学之间存在一个难以逾越的鸿沟，就是最基本的概念无法接轨。中国人无法将西方的地层、矿物、岩石、矿床等概念翻译成已经约定俗成的阴阳五行等名词。有些矿物名词及化学元素，没有前例可循，只能自己创造。如金属元素，就在中国同音字上加“金”字旁；石质元素，就在中国同音字上加“石”字旁。某些地质名词，如矿物名称、地质年代，则多采取音译的办法，如石英最初译成“科子”；硅酸盐最初译成“夕里开”。

近代地质学教科书大致可分为日式及英美两类。日式教科书是主流。商务印书馆发行的最新中学教科书《地质学》（张逢辰、包光镛，1905 年）是英美教科书的代表。《地质学》译自美国人赖康忒的《地质学概要》，为 20 世纪初出现的重要英美地质学教科书。该书再版多次，直至民国初年还在继续出版。

1904年，商务印书馆亚泉翻译的最新中学教科书《植物学矿物学》和《最新矿物学》。1906年出版了杜亚泉翻译的《矿物学》，到1913年10月发行至第十一版。1908年出版社就田翻译、杜亚泉校订《新撰矿物学教科书》，到1919年5月发行至十版。1912年出版了杜亚泉编撰的《矿物学讲义》，到1916年6月发行至第三版。

此外，国外教会学校也编译出版了若干地质学教科书。例如，美国公理会教士、北京贝满女子学校校长柳拉·迈诺尔编著出版了《普通地质学》(1903年)。北京协和女书院印行的麦美德用古汉语编著的《地质学》(1910年)，是外国人用汉语编写的首部“大中学适用”的地质学教科书。

从清朝末期到全面抗战前期，全国18个出版单位共出版地质矿产方面的教科书100种以上。

(二)地学期刊

1897—1912年间，在国内创建了中文科技期刊30余家。除《地学杂志》外，其他综合类的期刊也不同程度地开展了地质学的推广和普及。1910年，中国地学会创办了中国最早的地理刊物《地学杂志》。在清末民初的地质学推广普及方面产生过重要影响。邝荣光编绘的我国第一幅地质图《直隶地质图》就发表在《地学杂志》创刊号上。

四、教育机构

中日甲午战争以后，地质学说成为中国倡言变法的有力抓手。康有为在广州长兴里创办的万木草堂，即向学生讲授地球及其远古动植物的演化，指出自然界的变化和人类社会的发展有一定的规律。他给学生开列的西学必读书目中有《地学浅释》。同时，他在一系列给皇帝的上书中，也多次引用地质学知识，以论证变法维新的合理性和必要性。梁启超于1896年8月9日发表的《变法通议》中，第一章就引用了地质学的知识：“大地肇起，流质炎炎，热熔冰迁，累变而成地球……藉日不变，则天地人类并时而息矣。”谭嗣同、唐才常等维新派名士的思想也深受近代地质学的影响。

1902年，清政府第一次以政府的名义颁布了《钦定学堂章程》(后称“壬寅学制”)。章程中规定，在大学预备科、政科设中外舆地课程，商科设商业地理，格致科设地质学，其中大学舆地课程包括了地质学、地文学等近现代地学内容。但由于种种原因，该章程未能实行。1904 年，清政府颁布了《奏定学堂章程》，并在全国范围内推行。1905 年，科举制度被彻底废除，一些实用性科学受到了重视。

高等专科教育

到 1911 年，中国本土历年培育的有人名可考的地矿毕业生至少 100 人。其中江南高等实业学堂 21 人，北洋大学堂 19 人，山西大学堂 18 人，湖南高等实业学堂 17 人，其他各学校 25 人。

1. 京师同文馆

1862 年，中国最早的官办新式学堂——京师同文馆诞生，由恭亲王奕䜣主办，最初以培养外语翻译、洋务人才为目的，属总理事务衙门。学制为八年。从第五学年起加设科学馆；第六学年起增设地质矿务等科目；高年级才修金石学（矿物学）课，由德国教师斯图曼博士讲授。1902 年，同文馆并入京师大学堂。

2. 福建船政学堂

1867 年，闽浙总督左宗棠奏准在福州马尾设立福建船政学堂，这是中国第一所海军学堂，设有地质学课程。

3. 广东水师学堂

1889 年，两广总督张之洞奏准在广东水师学堂内增设矿务学堂，聘请英国人为教习，最初招收了 30 名学生。

4. 湖北铁路矿务局

1892 年，湖北铁路矿务局设立了附属矿务学堂，这是中国最早的初等矿业专门学校。

5. 北洋大学堂

1895 年，盛宣怀在天津开办了中西学堂（后改为北洋大学堂）。其中的头等学堂为大学本科，设有矿物科，培养地质、采矿人才。第一班学生于 1899 年毕业，王宠佑为其中的学生之一。

6. 京师大学堂

1898 年 9 月 21 日，历时 103 天的戊戌变法失败，但其中一项成果是 1898 年 8 月 9 日创办了近代新式大学——京师大学堂。京师大学堂设有天学、地学、道学、政务、文学、武学、农学、工学、商学、医学 10 个科，其中地学科中附设有矿学。地质学设正教员 1 人，即德国人梭格尔博士，并从德国购置了一批仪器、标本。1910

年3月31日，举行开学典礼。1912年5月，京师大学堂改称北京大学校，格致科改称理科。“格致科”内设立“地质学门”，有王烈、裘杰、邬友能、陈祥翰、路晋继5名学生（都是由预科德文班毕业升入的）。这一年被称为“中国高等地质教育事业的开局之年”。但由于后来无人报考，仅招收一届便停办了。直至1913年5月，第一届学生毕业2人。

7. 江南陆师学堂

1898—1902年，在南京江南陆师学堂附设矿务铁路学堂（矿路学堂），相当于铁路交通专科学校。鲁迅和顾琅都曾在该校学习。

8. 山西大学堂

1902年创办。1907年在工科学下设矿学。

9. 湖南高等实业学堂

1903年初创时名为湖南省垣实业学堂。1907年招学生一班矿业预科，1908年升格为湖南高等实业学堂，1908年建立路矿本科，学制四年。1913年停办，部分学生转到湖南高等工业学校的矿冶科继续学习。

10. 江南高等实业学堂

1904年设立之初即开设矿科预科，1906年始设高等正科。1913年停办。

11. 京师高等实业学堂

1904年开办之初即设有矿冶科，修业期限为三年。1907年开办本科。1912年改称北京国立工业专门学校时即停办矿冶科。

12. 唐山路矿学堂

成立于1897年的唐山铁路矿务学堂，在1906年应开平矿务局要求增设矿科，共录取矿务工程科学生40名。但因缺乏师资，矿务课程并未完全讲授，开平煤矿公司提出异议，于1908年1月解除了培养矿科人才的合同，学生转入铁路工程科。

13. 焦作路矿学堂

1909年由英国福公司在中国开办，首设矿务学门，学制四年。首招学生20名。1913年12月首届矿务学堂学生毕业后，因英国福公司单方面撕毁合同而停办。

五、海外留学的地矿学人

1872年，曾国藩、李鸿章再次上奏《挑选幼童及驻洋应办事宜》。清政府正式批准1872年至1875年间，分4批每批30人，共120名幼童赴美留学。挑选的留美幼童年龄集中在 10～15 岁。清政府要求他们的家人签订志愿书，要求对在美国期间的死亡、疾病或意外伤害自行承担责任，因此去往美国的留学生大多出身普通人家。原定留美计划 15 年，但是 1881 年突然中断，撤回全部留学生。4 批学童中有 15 名学习地质矿业，他们分别是：第一批的黄仲良、陈荣贵、罗国瑞、吴仰曾、邝荣光；第二批的唐国安、陆锡贵、曾溥、梁普照；第三批的邝景扬、邝贤俦、卢祖华；第四批的吴焕荣、邝炳光、周传谏。其中邝荣光、吴仰曾等人回国后成为当时地质矿产工作的领军人物。

1877 年，清政府派林庆升、池贞铨、张金生、罗臻禄、林日章 5 人赴法巴黎矿务学堂学习矿务。1886 年，李鸿章又派留美归国的吴仰曾至英国伦敦皇家矿冶学校留学，于 1890 年完成学业。

1900 年至 1906 年，中国通过各种渠道派出的留学生人数达到万余人，他们中即便是非地质专业，但也不同程度地了解了当时地质科学的前沿知识，回国后积极传播地质学知识，对推动地质事业的发展发挥了重要作用。其中的代表人物除了周树人、顾琅，还有 1904 年获得哥伦比亚大学矿业学、地质学硕士学位的王宠佑，后来中国地质学界的一代宗师章鸿钊、丁文江、翁文灏等人。1905 年，美国退还部分“庚子赔款”并用于“兴学”。两国协定：“自 1909 年起，每年至少派遣 100 名学生赴美，从第五年起，每年至少派遣 50 名。”其中，学习地质专业并且回国以后对中国地质学发展作出过积极贡献的有王烈、袁复礼、冯景兰等人。

从 1899 年至 1911 年，历年毕业回国的地矿专业留学生 40 人，其中留学日本 15 人，留学英国 12 人，留学美国 6 人，留学比利时 3 人，留学法国 4 人。

六、学术团体

19 世纪末至 20 世纪初，中国出现了多家大大小小的地学学术团体。这些团体多名为学社，与现代意义上的学术团体有所不同，大多从事地图和地学著作的出版工作，但他们在中国近现代地学的普及和传播过程中发挥了重要作用。

1895 年，创立于武昌的舆地学会是中国最早的地学专业学会，由邹代钧创建。邹代钧，湖南新化人，出生于舆地世家。祖父邹汉勋是清代著名的舆地学家。受其影响，邹代钧自幼爱好史地。光绪十一年（1885 年）秋，邹代钧以随员身份出访英国、俄国。在英国期间遍购欧美各国的地理图册书籍，潜心研究西方的地图测绘理论和方法。回国时他带回许多国外科技图书和地图资料，以及制图仪器和机器，并于 1895 年在武昌与当地一些爱好史地的文人学士创办了译图公会，后因清政府禁会，于 1898 年改名为舆地学社，后又称舆地学会。为维持舆地学会的正常运转，邹代钧几乎将所有家产用于创办学会，以至于“炊烟几绝”。邹代钧去世后，由于经费困难，舆地学会无法维持而被迫解散。虽然舆地学会还不是严格意义上的近现代地学学会，但邹代钧本人曾任教于京师大学堂和两湖书院，主讲地理学。因此可以认为舆地学会是中国历史上第一次由舆地学者自发成立的地学专业组织。

1896 年，邹代钧在湖北武昌创立了亚新地学社，抗战期间迁至湖北新化。亚新地学社在当时的各种舆地学社中，“历史之久，规模之大，出版图书之多和影响之广，都是首屈一指的”。亚新地学社的第二任社长邹兴钜曾在东北大学、武昌师范大学主讲地理学。第三任社长邹新垓 1939 年毕业于国立西南联合大学地学系，曾任该系助理教员。

1909 年 9 月 28 日，中国最早的地学学术团体中国地学会在天津成立。张相文、白雅雨、吴鼎昌、韩怀礼、陶懋立、张伯苓等 27 人发起。张相文被推为会长。10 月 6 日，通过了该会会章。其中规定:“本会以联合同志、研究本国地学为宗旨，旁及世界各国，不涉范围之外之事。”当年 12 月 12 日，举行了一次演讲会，邀请美国人德瑞克作了题为“论地质之构成与地表之变动”的演讲。成立次年创办的刊物《地学杂志》，成为中国早期地质学人论文发表的主要平台。

七、参加国际学术会议

国际地质大会是 19 世纪末欧洲地质学家组织的世界地质工作者会议，是国际地质学界规模最大、影响最广的学术盛会。1878 年，法国召开国际博览会期间，第一届国际地质会议在巴黎召开。

1906 年 9 月，在墨西哥首都墨西哥城举办第十届国际地质大会，是中国首次受邀参加的国际地质大会。从邀请参会到遴选代表，官方照会咨文往来不下数十次，是一次相当正式的外交事件。中国政府派驻墨参赞梁询作为政府代表出席。但据大会统计，中国代表团注册人数 1 人，并未到场。

1910 年 8 月，在瑞典斯德哥尔摩举办了第十一届国际地质大会。清政府派驻柏林公使馆外交官金大敏参会。他是清政府总理衙门 1896 年首批派送的 16 名赴欧留学的同文馆学生之一，毕业于德国柏林大学哲学院矿物学专业。作为中国的官方代表，他还担任了大会主席团的副主席。但他没有向大会提交论文，会议的其他活动、考察、评论中也不曾出现他的名字。

第二节　地质考察活动

早在鸦片战争之前20年，少数俄国人与英国人已经在中国的西部边陲偷偷从事零星的地质调查。俄国探险队考察了新疆、青海、甘肃，并采集了大量的自然标本。英国人考察了西藏并发表了论文。鸦片战争之后西方人进一步在中国的西部、北部各省进行地质调查。第二次鸦片战争（1856—1860年）结束后，拓展至华东、华中、华南等地。法国人的重点地区是临近其殖民地的云南、广西、广东地区。日本人的考察在甲午战争（1894年）之后，从东北地区开始，并渗透至华北、华东、华中等地。这些活动的参与者中仅有少数受清政府邀请，大多数不请自来，为入侵掠夺充当急先锋。

一、俄国

早在1820年（清嘉庆二十五年），俄国温科夫斯基探险队即进入我国新疆进行地质考察。1859年（清咸丰九年），斯密特考察团到黑龙江中游考察，发现了嘉荫乌云褐煤。

其中，影响较大的探险家是普尔热瓦尔斯基。他在俄国地理学会和陆军部的资助下，于1870—1885年间先后4次率领考察队来到中国西部探险。考察目的主要是了解中亚地区的自然环境，调查中国西北地区的矿产资源，并收集动植物标本。他在考察中收集的哺乳动物、鸟类、鱼类、昆虫和植物标本数以万计，其中野马、野骆驼等珍贵动物标本更是第一次被带到欧洲。

1892—1894年（清光绪十八年至二十年），奥勃鲁乔夫参加波塔宁领导的蒙古国和中国考察队，穿越了整个中国“三北”（东北、华北和西北），发表了《祁连山山脉概要》一书。

1896—1899年（清光绪二十二年至二十五年），俄国派地质学家阿涅尔特组织考察队进入满洲中部进行地质考察。

1896年（清光绪二十二年）以后，俄国地质委员会派遣米哈伊洛夫、巴契耶比奇、阿米诺夫、比索罗夫等在中国东北北部进行地质调查，并于1911年出版了地质报告及相关地质图。

1899 年（清光绪二十五年），俄国人柯兹洛夫等人用了近 3 年的时间，在青海省进行路线测量 800 里（400 千米），采集了地质岩石标本 1200 余件。

1903 年（清光绪二十九年），埃德尔修丹对南满洲奉天、抚顺、本溪、赛马、辽阳一带进行了矿产地质调查，鲍格达诺维奇在辽东半岛南部进行了地质及海岸带含金层位的调查。

1905—1906 年（清光绪三十一年至三十二年）及 1909 年（清宣流元年），奥勃鲁乔夫又两次进入中国西北地区，提出了黄土的"风成学说"，还论证了准噶尔地区有石油、沥青、煤及金矿富集，并提出通过准噶尔修建从莫斯科到北京的铁路线。

二、英国

19 世纪 20 世纪末至 30 年代初，英国人开始对西藏地区进行地质考察。盖拉德于 1829 年发表了《西藏的石印石》，1831 年发表了《海拔一万七千英尺处西藏发现的化石记录》，后来被地史学者认为是迄今发现最早的关于中国的现代地质学文章。埃弗勒斯于 1933 年发表了《发现于喜马拉雅山脉的贝壳化石记录》。

1848—1851 年，斯特拉奇西藏喜马拉雅地区进行考察。1848 年，发表了《论西藏地质》的文章；1851 年，发表了《论喜马拉雅山脉和西藏地质》的文章。文章介绍了他在西藏西部穿越中印边境的两条地质剖面资料，其中记述了第四纪冰川，讨论了地质构造，并附有地质图和路线地质剖面图。该文被认为是在西藏地区最早进行的区域地质考察。

1861 年，金斯米尔到我国东部、南部从事地质考察，曾做过大运河北段的测量，调查研究过我国的黄土，著有《中国东南省份的边区煤田》《中国东部沿海地质》《中国地质重点在扬子江下游各省》等。1888 年 12 月 23 日，在伦敦地质学会作过"中国之地质"的专题演讲。

三、美国

1862 年，拉斐尔·庞培勒应邀来华，在两年多的时间里考察了华东、华中、华北等地区。1867 年出版了《1862—1865 年期间在中国、蒙古国和日本的地质研究》。

1900 年，芝加哥大学教授伊丁斯访问中国，在途经渤海湾长兴岛时采集了大量寒武纪化石。

1903—1904 年，卡耐基金学会为研究东亚地质派遣维理士、布拉克维尔德到中国进行地质调查。1903 年 12 月，布拉克维尔德调查了辽东半岛地层、岩石和构造线方向，并采集了大量化石。考察结果于 1903 年以《中国研究》分三卷四册结集陆续出版。

四、法国

1865 年，法国工程师罗歇到我国云南省考察，于 1879—1880 年出版了《中国云南省》(两卷)。其中第二卷论及该省各类矿产分布，并记述了铁、铜、锡、银矿等之冶炼方法。

1866—1868 年，罗伯尔曾随安南考察团沿红河进入云南境内考察地质。1873 年发表了考察报告《滇南矿产图略》。

1871—1873 年，劳瑟在云南开远、路南、昆明、建水、楚维、大理、曲靖、宣威等地考察地质。1880 年出版了《中国的云南省》一书、其中记述了云南的矿业和矿产地。

1895 年，法国里昂商会组织的“中国经济考察团”，由越南进入我国云南省，然后又分别进入广西、贵州、四川考察。由矿业工程师杜克罗负责矿产调查，他在 1898 年发表的报告中，详细记述有东川铜矿的情况。

1898 年，莱克利奉法国政府派遣到云南铁路沿线考察。他把云南地层划分为：①第四纪：湖积层，温泉沉积；②第三纪：楚雄层；③侏罗纪；④三叠纪；⑤二叠纪；⑥石炭纪；⑦泥盆纪；⑧寒武纪前；⑨结晶变质岩系。

1909—1912 年，戴普拉曾两次调查云南地质，历时 15 个月，范围北起四川会理，南至个旧、建水，东抵东川，面积约 5 万平方千米。1912 年出版著述《云南地质演义》，并附有 1∶20 万地质图、1∶50 万构造图。记述了他在云南发现的喜马拉雅运动，他还估算了澄江石炭系及大窑寨三叠系的煤炭储量。

五、印度

1865 年前后，印度地质学家迈里科特在西藏喜马拉雅山进行了大量地质调查，指出了喜马拉雅山南界大断层和山前磨拉石沉积的存在。

1907—1911 年，印度地质调查所的勃朗多次考察云南地质。1913—1915 年发表论文，讨论了滇西奥陶纪、志留纪地层，滇西火山岩，以及怒江、澜沧江、大理、普洱、昆明附近的地质。

六、德国

在近代中国，运用现代地质学观点和方法进行地质考察经历时间、路线最长的是德国地理学家和地质学家李希霍芬。1868 年，李希霍芬获得美国加州银行和上海西商会提供的资助，在 4 年间对中国作了 7 次考察，考察时间累计约 20 个月，行程数万千米。1872 年 10 月回德国，出版了 300 多万字的五卷巨著《中国：亲身旅行及据此所作研究的成果》，另有地理和地质图册两集。讲述了他对中国地质、地理的认识，以及他对中国社会经济状况的认识和理解。书中附图包括 1∶75 万比例尺的地质图、地文图，是近代中国覆盖最广泛、最系统、最全面、最丰富的地质图系。

七、匈牙利

1877—1880 年，匈牙利人洛采，曾参加“东亚考察团”，由长江下游经秦岭抵甘肃、青海，然后又折向四川、西康、云南去缅甸。其间对祁连山北坡地质及浅变质岩做了较详的调查，确定西宁、贵德一带的红层时代为上新世，命名为“贵德系”，认为巨厚砂岩与千枚岩可与山西之五台群对比，命名为“南山砂岩”。对中国西南地区的地质矿产、海相三叠纪及奥陶纪地层、腾冲火山也有所记述。1878 年，他还横穿喜马拉雅山东部，于 1907 年发表了第一条显示典型褶皱的喜马拉雅地质构造剖面。

八、奥地利

1878 年，洛川到江西进行地质调查。他自南昌沿抚河进行了路线地质图的测量。

1893 年，著名学者徐士调查分析了喜马拉雅山与欧洲阿尔卑斯山的特征。提出了著名的“特提斯”概念，认为在地质历史上存在着一个横跨欧洲、非洲、亚洲的古地中海。

1911 年，师丹斯基在保德、河曲一带采集上新世三趾马动物群化石，并测制了地层剖面图。

九、瑞典

1899—1908 年，斯文·赫定先后赴西藏西部及北部调查地理，详细测量了诸多盐湖，并在喀喇昆仑山发现白垩纪化石。

1911 年，那林（又称诺林）对太原西山煤系和临县紫金山碱性岩进行研究，并于 1922 年发表了有关太原西山煤系划分的文章。

十、日本

1895 年，巨智部忠承、冲龙雄在辽东半岛进行了地质调查。

1905 年，日本人在“关东州”设立了产业调查会，组织了以东京大学名誉教授小川琢治为首的十多名地质学者在辽宁开展了大规模的矿产地质调查。特别对抚顺的煤矿、鞍山的铁矿、辽东半岛的金矿进行了重点调查。次年由日本关东都督府刊印了《“满洲”矿产调查资料》和《清国辽东半岛金矿调查报告》。

1909 年，福留喜之柱考察了台湾，编绘了“1∶20 万台湾地质图”，以照相版缩图出版。

1911 年，出口雄三、细谷源四郎在台湾考察后，合编了 1∶30 万台湾地形地质矿产图及说明书。

1911—1916 年，东京地质协会野田势次郎等多人到浙江进行广泛地地质矿产调查，写了《浙江沿岸区域报告》等多篇报告，并测制了 1∶40 万地质图。

十一、越南

1903—1904 年，越南矿务局长朗特诺、地质调查所所长古尼隆等分成两路对云南进行考察。一支经建水、通海至昆阳；另一支经开远、路南至昆明。他们提出了云南寒武系、泥盆系、三叠系地层的划分，还发现了路南大断层。

第三节　民族矿业的兴起

鸦片战争以后，历经洋务运动，中国近代矿业破土萌芽。中资、外资及中外合资的资本依托国内外的各种政治势力纷纷抢占中国矿业市场。有鉴于此，清政府奉天公署于1906年（光绪三十二年）设立了矿政调查局，承担调查和管理辽宁地区的矿产以及招商、承办等事务，并下设海龙、兴京、锦州、辽（阳）海（城）复（县）盖（平）、铁（岭）开（原）、本（溪）岫（岩）安（东）凤（城）六个分局，具有现代意识的矿政管理机构开始出现。

一、鸦片战争后期

第一次鸦片战争（1840—1842年）结束后，英国开辟了从大不列颠岛到中国香港、上海的定期轮船航线；美国也开始策划从西海岸经太平洋直达中国的轮船航线。第二次鸦片战争（1856—1860年）结束后，清政府被迫开放北部沿海和长江中下游的通商口岸。英美各国相继在香港、上海设立轮船公司。当时轮船的基本动力燃料是煤炭，至19世纪60年代中期，在中国沿海的外国游轮每年煤炭消耗量达40万吨，基本上是从本国运来，平均价格为每吨10两白银。与此同时外国资本围绕中国的原材料、土特产开始在华建立深加工企业。因此，外国人急需在中国找到可以自己操控的煤炭产地。德国地质学家李希霍芬考察中国的初衷也是在中国发现可供德国轮船补给燃料的煤矿产地。他在《中国》一书中，向德国政府献计献策："中国大陆，均蓄石炭，而山西尤盛。然矿业盛衰，首关运输，惟扼胶州，则足制山西之矿业。故分割中国，以先得胶州为第一着。"他还以当时的勘测技术估算仅山西一省的煤炭储量就有18900亿吨，可供全世界用1300年。1897年，德国政府就强租胶州湾，并千方百计地夺取山西的采矿权。

二、洋务运动时期

（一）时代背景

洋务运动，是19世纪60年代到90年代洋务派进行的一场以维护清朝统治为宗旨的自救运动。1861 年辛酉政变后，慈禧重用洋务派，大规模引进西方先进的科学技术，兴办军事和民用企业。1894 年，甲午战争北洋海军全军覆没，标志着历时 30 余年的洋务运动破产。洋务运动虽然没有使中国走上富强之路，但在客观上刺激了中国近代工业化的发展、并在一定程度上抵制了外国资本主义的经济侵略。自 1861 年到 1894 年，洋务运动中全国创建军工企业 21 家，由此带动了煤矿、铁矿的兴办。1875 年 4 月 25 日，清政府批准试办直隶磁州煤矿，标志着中国近代矿业的开启。

（二）重要人物

（1）唐廷枢（1832—1892 年），广东广州府香山县唐家村人。实业家和慈善家，中国近代化的先驱，清代洋务运动的代表人物之一，兴办企业达 47 家，在中国近代经济史上创造了许多个“中国第一”，其中：创办中国第一家机械煤矿、中国第一条铁路、中国第一台自产火车、中国第一家水泥厂、钻探出中国第一口油井，等等，较大地推动了中国社会的工业化进程。1892 年 10 月，唐廷枢在天津病逝，各国驻天津领事馆下半旗志哀，李鸿章亲自主持葬礼。

（2）盛宣怀（1844—1916 年），江苏省常州府武进县人。洋务派代表人物，著名的政治家、企业家和慈善家，被誉为“中国实业之父”。1898 年，盛宣怀开办萍乡煤矿。1902 年，创办中国勘矿总公司。1908 年，盛宣怀奏请清政府批准合并汉阳铁厂、大冶铁矿、萍乡煤矿，简称汉冶萍公司，同时由官督商办转为完全商办。次年 4 月在上海召开第一次股东大会，推举盛宣怀为总理。

（三）主要矿山

1. 总体情况

在此期间，兴办了多家煤矿和金属矿。

（1）煤矿 16 家。1875 年，创办直隶磁州煤矿、湖北广济兴国煤矿；1876 年，创办台湾基隆煤矿；1877 年，创办安徽池州煤矿；1878 年，创办直隶开平煤矿；1879 年，创办湖北荆门煤矿；1880 年，创办山东峄县煤矿、广西富川县 - 贺县煤矿；1882 年，创办直隶临城煤矿、江苏利国驿煤铁矿、奉天金州骆马山煤矿；1883 年，创办安徽贵池煤矿；1884 年，创办北京西山煤矿；1887 年，创办山东淄川煤矿；1891 年，创办湖北大冶王三石煤矿、湖北江夏马鞍山煤矿。

（2）金属矿 24 家。1881 年，创办热河平泉铜矿；1882 年，创办湖北鹤峰铜矿、湖北施宜铜矿、热河承德三山银矿、直隶顺德铜矿；1883 年，创办安徽池州铜矿、湖北长乐铜矿、山东登州铅矿；1885 年，创办福建石竹山铅矿、山东平度金矿；1886 年，创办贵州清溪铁矿；1887 年，山东淄川铅矿、云南铜矿、热河土槽子－遍山线银铅矿、海南岛琼州大艳山铜矿；1888 年，广东香山天华银矿；1889 年，创办广西贵县天平寨银矿、黑龙江漠河金矿；1890 年，创办吉林天宝山银矿、山东宁海金矿、湖北大冶铁矿；1891 年，创办山东招远金矿；1892 年，创办热河建平金矿；1894 年，创办吉林三姓金矿。

2. 主要矿山

（1）基隆煤矿。台湾手工煤窑历史悠久，因其独特的地理位置和资源禀赋久已被西方列强所觊觎。1847 年，英国海军少校戈登对台湾隆基煤矿进行了初步勘探。1850 年，英国驻华公使全权代表兼香港总督文翰曾致函两广总督徐广缙要求购买和自运台湾基隆煤炭。此后，英美列强经常与清政府纠缠，企图插手台湾煤炭产业。1872 年，英国发生煤荒，价格猛增 60%～100%，依靠洋煤供应的中国军工企业不堪重负。1875 年，沈葆桢奏请清廷开办台湾煤矿，并聘请英国矿师翟萨负责地质勘查。基隆煤矿从打钻到投产仅用 2 年时间。1878 年日产能力达 300 吨，是普通的手工煤窑产量的数十倍。1881 年，年产 54000 吨。1884 年，法国侵犯台湾，台湾当局拆毁机器，炸毁矿井。1885 年，中法战争后开始恢复生产，并探索官商合办。达产后挤出民办，由官办主导，结果再度导致亏损。英商曾想乘虚而入，遭清廷拒绝。民营接管方案也被否定。1892 年，基隆煤矿因长期亏损而倒闭。甲午战争之后，基隆煤矿被日本侵略者占据。

（2）基隆油矿。1861 年，台湾苗栗县出磺坑居民邱苟首先在本地发现了石油露头，并用人力挖了一个深度 3 米多的井，日产油 40 千克用来点灯。1874 年，钦差大臣沈葆桢得知此事，竭力主张收归官办。1876—1877 年，福州将军兼闽浙总督文煜和福建巡抚丁日昌上奏皇上，提出开办苗栗油矿获准，并从美国购回一台以蒸汽为动力的新式顿钻钻机。1878 年春天开钻，用了 1 个月时间成井 115.8 米深，投产 1 个月产原油约 400 担（20 吨）。这是中国用近代钻机钻成的第一口油井。1878 年，两江总督沈葆桢巡视台湾，聘请两名美国技师，采用机器凿井，日产油约 750 千克。1887 年，台湾巡抚刘铭传设立矿油局，因生产不多，入不敷出，四年以后撤销。那时一共钻井 5 口，最深的达 120 米，以后由邱阿玉每月纳税金 30 元，采收旧井涌出的石油，日产约 30 千克。1901 年，日本侵台时期，对台湾进行石油地质调查，次年在出磺坑钻井，两年后第一号井钻探成功。1876—1946 年，累计产油 17 万吨、天然气 5500 万立方米。

（3）开平煤矿。开平煤矿地处直隶滦州开平镇，距天津约 120 千米。明代即有开采，至 19 世纪 70 年代尚有煤窑数十处。1876 年，唐廷枢携英国矿师马立师进行现场勘探，认为开平煤铁矿很有开采价值，于是向李鸿章提交了调查报告。在建议开采的同时，提出拿出80万两白银投资预算的一半修建从开平到芦台的铁路。与基隆煤矿不同的是，其投资主要来自私人募集，官方垫资甚少。1877年，唐廷枢拟定了《开平矿务局招商章程》。这是中国煤矿开采史上第一个具有资本主义性质的商务文件，对后续成立的同类企业具有一定的示范意义。前期招商较为困难，1878年仅募资金20万两白银，主要投资人为唐廷枢、徐润及与他们相识的港粤商人。到1891年，共募集资金220万两白银，其中官方垫资仅24万两白银。1878年开始从国外订购设备，在当地买地造房，并聘请了柏爱特等9名英国矿师和工匠。施工钻孔3个，得出储量即可开采60年。1879年开始凿井，1881年正式投产，当年日产量即达500吨以上。由于投资不足，拟修的铁路线缩短，以加开运河作衔接。中国历史上第一条正式铁路，长7.5千米的唐胥铁路于1881年建成运营。此后，矿井不断扩建，铁路不断加长。至19世纪80年代末，天津已不再进口洋煤。至1894年日产量已达1500吨。到19世纪末，年产量已达80万吨。

（4）中兴公司。中兴公司的前身是山东峄县中兴矿局，于1878年由李鸿章奏请慈禧太后、光绪皇帝批准成立，为开滦煤矿之后中国人自办的最大的煤矿企业。峄县（旧县名，包括今枣庄市的市中区、台儿庄等），位于山东南部沂蒙山余脉之中，煤炭资源丰富，煤质优良，易于开采。中兴矿局创办之初，资金短缺。1881年，在上海、天津等地筹集股银5万余两。到1882年9月，日产煤炭达到120吨。1883年，李鸿章又向清政府奏请给予中兴矿局减税优惠，使中兴矿局的煤炭产销两旺。

（5）汉阳铁厂。在中国近代矿业史上，张之洞揭开了开采铁矿的第一页。对此毛泽东主席对张之洞曾予以高度评价："办钢铁工业，不能忘记张之洞。"开采铁矿的初衷是为筹建的汉阳铁厂供给原料。但筹建铁厂，并未把寻找原料基地放在首位。决策者认为"以中国之大，何所不有"。直到铁厂即刻上马之际，才发现原料无着。幸亏盛宣怀督率英国矿师勘得大冶铁矿，同时又在附近的兴国州（今湖北阳新县）发现了锰矿。1891年，大冶铁矿正式开采，年产量17600吨。从1891年到1896年，总计用560万两白银。官办企业官气十足，大量浪费导致资金捉襟见肘。无奈之下，只得将汉阳铁厂及大冶铁矿改作商办。

（6）平度金矿。1867年冬，几个自称久在烟台的洋人来到平度州，要求当地官员为他们"雇佣百余人"挖掘沙金。经调查他们是美国驻烟台领事化名而来。其后不久，英国烟台领事及其他洋人均来这里随意找矿。一时间闹得沸沸扬扬，引起清政府的重视。1885年，广东巨富、前济东道李宗岱请求开发平度金矿得允。李聘请外国矿师并购买了一台 60 马力的凿矿机，于 1887 年设立平度矿务局，雇佣 600 余人从事生产。1889 年出口沙金 3676 担，值银 116400 两。由于受 1883 年上海金融风潮影响，平度矿的创办资本募集困难。李鸿章拨官款 18 万两白银，又向英国汇丰银行借贷 18 万两白银。到 1888 年，矿务局出现收支严重不平衡情况。1896 年，山东巡抚李秉衡将矿山封闭。

（7）漠河金矿。漠河金矿位于黑龙江省瑷珲西北千余里，1885 年前常有俄国人越界到中方一侧偷挖金矿，清政府多次派兵驱逐，屡禁不止。1887 年，依兰知府李金镛奉命进入矿区作实地调查，证明了漠河金矿的开采价值。经李鸿章向清政府奏请，由李金镛总办漠河矿务。李金镛不畏艰险，仅带少数随从即深入千里边陲，并为筹措开矿资金到处奔走。原拟集资 20 万两白银，受上海金融风潮影响，实际所集股金不足 3 万两白银。只好从黑龙江将军恭镗处筹借官款 3 万两白银，另由李鸿章从天津商人处借银 10 万两白银。最终在漠河、奇乾河两处完成建厂，先后在 1889 年 1 月和 2 月投入生产。除资金困难外，俄国人以交通不便为要挟压低售价，以致不得不远销天津、上海，一个周期需要三四个月，使流动资金周转更加困难。1890 年 10 月，李金镛积劳成疾，病故于边陲小镇，堪称那个时代官员兴办实业的典范。李鸿章随即指定该厂提调袁天化代理局务。从 1891 年起，生产颇见成效。矿务局陆续招得新股 1.2 万两白银，归还了黑龙江官款 3 万两白银和天津商款 10 万两白银。1893 年又在观音山筹建一个规模颇大的分厂，次年仅该分厂便集中矿工 2000 余人。在 1889—1895 年的 7 年间，漠河金矿对清政府的各项“报效”累计竟达 85 万两白银，占同期产值的 38.17%。1900 年，俄国乘八国联军侵华之际，直接派兵抢占了漠河金矿及各厂，直到 1906 年才撤离。其间矿厂遭受的掠夺与破坏难以估量。

三、甲午战争前后

（一）时代背景

19 世纪末至 20 世纪初，帝国主义列强加大对中国矿产资源的武力掠夺和资本掠夺。起始点为甲午战争结束，转折点为日俄战争结束。据统计，1895—1911 年，帝国主义列强胁迫中国签订的有关矿藏的不平等条约、协定、合同多达 42 项。

甲午战争，发生于 1894 年（甲午年）8 月，历时 8 个月以中国惨败而结束。1895 年 4 月 17 日，中日签订《马关条约》。中国不但向日本赔偿白银 2 亿两，还要放弃朝鲜半岛的宗主权，割让辽东半岛、台湾、澎湖等领土。俄、德、法出于各自的利益从中干预，最终清政府以支付3000万两白银的代价赎回辽东半岛。甲午战争前，日本的财政收入每年仅有8000万元，一场战争使日本快速变得“无比的富裕”。在准备战争的同时，又将掠夺来的财富向中国大肆投资，其主要领域为铁路和矿山。与此同时，俄、德、法三国以“还辽有功”为借口，并寻找各种借口向清政府“狮子大开口”，其他各国也积极策应，其中重要内容即是攫取中国的矿产资源。日俄战争，是1904年至1905年日本和俄国为争夺朝鲜半岛和中国东北而进行的战争。1900年7月，俄国利用参加八国联军镇压义和团运动之机，派兵占领中国东北三省。1904年2月8日，日本海军未经宣战突然袭击俄国驻扎在旅顺口的舰队，日俄战争爆发。2月12日，清政府以日俄两国“均系友邦”为由，宣布局外中立。5月，日军占领大连。1905年3月，夺取沈阳。9月5日，日俄双方签订《朴茨茅斯和约》。日俄战争后，日本跨入世界列强的行列。日俄战争虽然只进行了一年有余，但多家帝国主义列强参与其中。其间，虽然所进行的矿业活动极其有限，但其给东北地区工业化进程所带来的影响却是极其深远的。一是俄国修建了中东铁路，日本修建了安奉铁路，为日后东北地区的规模化矿业活动提供了基础设施保障；二是日本乘胜强占抚顺等地煤矿，并迫使俄国将东北地区铁路沿线的财产特权，其中包括采矿权让渡给日本；三是日本长期占领东北，并在日后乘德国战败、沙皇倒台之机，为进一步公然掠夺中国矿产资源作准备。

（二）重要人物

胡佛（1874—1964年）。美国第31任总统。生于艾奥瓦州，毕业于斯坦福大学。工作最初的两年当矿工，工资极其微薄、工作极其艰苦。1897年，英国毕威克－墨林采矿公司招聘具有长期工作经验的地质学家，并要求年龄在35岁以上。当时只有23岁的胡佛通过虚报年龄获取工作。1899年，以美国“白领”的身份前往开平煤矿“打工”，担任矿师，接续担任了煤矿总办张翼的技术顾问。然而，他的兴趣似乎不局限于煤矿专业技术，而全面收集与中国矿业相关的各个方面情报。1900年，他完成了《关于中国天津开平煤矿之调查报告》。以寻找金矿为目的，曾在100名中国骑兵和20名军官的护卫下在山东、内蒙古、山西、陕西和东北三省进行地质考察，却无功而返。八国联军侵入天津后，开平煤矿被俄国军队占领。胡佛亲自策划和参与，骗取了开平煤矿的产权（具体经过详见后文）。因此功劳，1901年2月被提升为中英合办的开平矿务有限公司总办。不久，比利时股东从欧洲其他股东和中方股东手中买下公司大部分股份，并派新经理到任。胡佛因与新经理意见不合而辞职。1902年，胡佛离开中国。

1904年，他还曾为开平公司经秦皇岛向南非斯互金矿输出华工，赚取43万元的佣金。胡佛在中国完成了个人的原始积累，为其日后成为美国总统打下了经济基础。

（三）本国资本

汉冶萍公司。1896年，盛宣怀接办汉阳铁厂，为寻找适于炼焦制铁的烟煤，聘请外国矿师赖伦等沿长江在湖北、江西、安徽等省进行勘探。1898年年初，在安源发现宜于炼上等焦炭的烟煤且储量丰富。于当年集资百万两白银，收买地方小煤窑，设立“萍乡等处煤矿总局”，矿址在安源，俗称安源煤矿。开办之初，向德国购买了大量先进的机器，其装备水平在当时全国煤矿首屈一指。1899年修通萍（乡）安（源）铁路；1902年修通萍（乡）醴（陵）铁路；1905年，修通了醴（陵）株（州）铁路。由安源采出的煤可由铁路直接运至株洲，再由轮船运至长沙、武汉等地。1898年产煤只有1万吨。1907年产煤炭40万吨，产焦11.9万吨。其间，盛宣怀努力向外国银行举债，而德、日、比等国以争夺大冶矿权为初衷踊跃提供，最后日本取得了借款权，中方为此付出了沉重的代价。早在1898年，清政府与日本订立密约，中方每年向日方供铁5万吨，日方则以5万吨煤为酬。据日方称：“在日俄战争之中，我国军舰凡铁条等所用之铁多取自大冶铁矿。”1904年，盛宣怀向日本兴业银行借款300万日元，并签订了为期40年的购买矿砂生铁合同，其中“日本制铁所每年向大冶矿山购入矿石7万吨以上至10万吨”。此后十余年，还曾多次向日本兴业银行、横滨正金银行、三井物产会社借款，总额约2800万日元。1908年，盛宣怀奏请清政府批准合并汉阳铁厂、大冶铁矿、萍乡煤矿成立汉冶萍公司。此后在第一次世界大战期间，铁砂价格已达每吨20元左右，而汉冶萍公司所订10年供给日本铁矿价格仅每吨3元。在整个欧战期间，日方从汉冶萍公司铁矿实获4500万元纯利。另据中方统计，大冶铁矿从1896年至1915年共采矿石约1194万吨，其中的三分之二供给日本。然而，基于本国资本的企业根本无法抵制官场上的种种腐败现象。仅以机构设置为例，萍乡的机关共设置30个处，可以说是巧立名目，化公为私。因此，汉冶萍公司的命运注定是昙花一现。

（四）外国资本

甲午战争之后，国外政治、经济势力大举进驻中国的矿业。一是巧取。中国人开办近代矿山企业，客观困难是矿业技术缺乏，但主观困难则是融资困难，于是最终走向不得不向国外银行借钱。此外，中方在社会动荡的环境中，往往主动寻求外国的“保护伞”，而外国则是软硬兼施。打着合作的幌子，却不惜采用各种欺诈手段，最后实现了反客为主。二是豪夺。明火执仗，武装占领。当然，也不乏能够相对平等合作的中外合资、合作企业。

1. 英国投资

（1）福公司。1896 年，意大利人罗沙第利用牧师身份到中国，对山西晋城、河南焦作一带的煤炭等矿产资源进行了踏勘。回到欧洲后，联合英皇女婿劳尔纳侯爵、意大利首相罗迭尼等人于 1897 年 3 月 17 日在伦敦注册成立了福公司，目的就是实现对中国矿产资源的占有和开采。开办资本 2 万英镑（约 20 万两白银）。同年在北京设立办事处，代理人罗沙来到中国，采取贿赂与威逼的手段，与山西晋丰公司签订借款合同，取得盂县、平定、潞安、泽州、平阳等处的煤铁矿权；以假设的豫丰公司向福公司借款为名，取得怀庆（今沁阳市）左右、黄河以北诸山的采矿权。1898 年，公司资本就增值到 10.6 万英镑。福公司通过对煤矿开采权和铁路修筑权的攫取，成了当时中国显赫一时的外资企业。但同时受到北洋政府、地方官员以及广大民众的极大关注和强烈抵抗。

（2）开平公司。1900 年 7 月，八国联军占领开平煤矿，总办张翼被英军拘押。在德国人德璀琳的斡旋下，张翼获释，为寻求庇护，委托德璀琳担任开平矿务局总代理。德璀琳与英商毕维克 – 莫林公司代表美国人胡佛私密谈判并订立契约，把开平煤矿完全卖给莫林公司。莫林公司又将“卖约”篡改为一份假合同，转手卖给了英国的东方辛迪加投资公司。年底，莫林公司、东方公司和比利时商人蔡斯成立“开平矿务有限公司”，由胡佛出任公司总经理。要求完全被蒙在鼓里的张翼签字，张翼不敢签名。于是胡佛又立了个“移交约”和“副约”。前者等于承认“卖约”，后者则明确“将开平矿务局改为中英公司”。张翼虽然可终身担任该矿督办职务，但事实上已经主客颠倒。威逼利诱之下，张翼终于签了字。胡佛拿着这份契约，从矿上轰走了沙俄军队，从而轻轻松松地得到了开平煤矿及其所属财产的产权。开平煤矿被人骗取，清廷竟然无人知晓，直至 1902 年因英国人不允许在矿上挂中国龙旗，直隶总督袁世凯方知晓此事。1905 年，张翼赴英国诉讼。英国法院虽然判定英商的欺骗行为，但却又判定“三约”有效。清廷无奈之下想出了个“以滦收开”的办法。1907 年 4 月，滦州煤矿公司成立。此后，不乏志士仁人不断提出“收开”的动议。

2. 德国投资

1897 年 11 月，德国以巨野教案为借口出兵占领胶州湾。1898 年 4 月，德国胁迫清政府签订《胶澳租借条约》。其中第二章第四款规定：“德国在山东境内自胶州湾修筑南北两条铁路，铁路沿线两旁各 30 里以内矿产，德商有开采权。”1899 年，德商瑞纪洋行即在山东攫取5处采矿权。

（1）中兴公司。1898年，德国依据《胶澳租界借约》曾4次到峄县枣庄勘查煤矿并商购，遭当地绅民拒绝。1899年1月，直隶候补道张莲芬带领中国矿师邝荣光、德国矿师克礼柯对枣庄旧矿进行了“逐细勘量”，2月20日正式成立商办山东峄县华德中兴煤矿有限公司，简称中兴公司。考虑地处德国人的势力范围，同时也出于引用德国资金、技术的需要，聘请了德璀琳为公司的洋总办，但在关键问题上张莲芬能够大权独揽。拟招募德股40%，后因绅民反对放弃德股。至1902年，公司煤的年产量达到8.5万吨。1908年经清政府批准，公司名称改为商办山东峄县中兴煤矿股份有限公司，同时取消洋总办，改总办为总理，由张莲芬担任。1911年，招足股本300万两白银。至此，中兴煤矿公司成为中国人独资经营的民族煤矿企业。

（2）华德矿务公司。1898年，德国强占胶州湾并逼迫清政府签订《胶澳租借条约》，取得了胶济铁路沿线两侧30里以内的各种采矿权。据此，德国人于1899年在青岛设立山东矿业公司（即华德矿务公司），资本为1200万马克。名义上为中德合办，实权则操控在德国之手。1901年，清廷批准《华德矿务章程》。1899年开采了坊子煤矿，日产煤600余吨；1904年开采了淄川煤矿，至1909年产量达32万吨；博山煤矿1909年产量达40万吨。德方欲继续增加投资、扩大规模，使煤炭日产量达到4000吨，但由于坊子煤矿于1907年8月发生瓦斯爆炸，1913年又发生透水事故，致使目标遂未能实现。

（3）井陉矿务公司。井陉煤田土法开采历史很久。1898年，井陉县张凤起呈请开采得到直隶总督批准，并同德国人汉纳根私订合办契约，成立井陉煤矿公司，资本各25万两白银。公司事务权归中国，矿业实权归德国人掌管。时隔不久，北洋大臣袁世凯将矿权收为官有，特设井陉矿务总局。1908年，直隶总督杨士骧奏准《直隶井陉矿务总局与井陉矿务有限公司办矿合同》，设立“井陉矿务局”，汉纳根代表德股。中德各半资本，井陉矿务以矿务总局为矿主，一切事宜归北洋大臣节制，合同以30年为期，但合办至15年之后，矿务总局有停办此合同的权利。在当时的历史条件下，这个合同还是相对平等并有利于中国的。中德合办时期，日产煤炭1340吨。第一次世界大战爆发后，德商所有股份归北洋政府接管。

3. 法国投资

法国更是同样以借口“还辽有功”而攫取中国矿权。1899年，攫取四川、重庆等6处煤铁矿的开采权。1900年，伙同比利时取得京汉铁路沿线的开采权。1901年，与英商合办的隆兴公司开始经营云南七府的煤铁矿产。

4. 俄国投资

沙皇俄国图谋中国矿权可以说是蓄谋已久。1895 年，俄国与清政府签订《加西尼条约》；1896 年，接连签订了《中俄密约》《合办东省铁路公司合同》；1898 年，再签《东省铁路公司续订合同》，进而攫取了中国东北南部铁路沿线两侧 30 里以内的煤矿开采权。1901—1902 年，沙俄挟制东北三省地方当局签订了开矿的合同条款。俄国关东军总督阿力喀塞克夫声称："各国有欲开办东省之矿者，一经俄人允许，即可施行，中国不必过问，而中国则不得以某国欲开东省矿产商于俄人。"

5. 比利时投资

临城煤矿局位于河北省临城县城西北 6 千米。1878 年至 1881 年，直隶总督兼北洋通商大臣李鸿章委派钮秉臣前往勘查矿点。1882 年，洋务派筹集资金开办石固煤矿、胶泥沟煤矿。1898 年 8 月，中国与比利时首次合办直隶临城煤矿。1901 年，袁世凯出任直隶总督北洋大臣。1903 年，中国与比利时第二次合办直隶临城煤矿，袁世凯先后派唐绍仪、梁效彦与比利时商人谈判，于 1905 年签订了合同。主副井于 1907 年先后建成出煤。成为与直隶开平、山东华德、辽宁抚顺三大煤矿齐名的第四座大型合资煤矿。1912 年该煤矿年产量已达 25.7 万吨，居全国七大煤矿第五位。总体上看，中国与比利时的合作相对平等，但经营不善。按契约规定，15 年后即终止了合作。

6. 日本投资

甲午战后至九一八事变，日本在华投资 8 亿多日元，其中矿业投资 1.8 亿日元，次于铁路居第二位。

（1）抚顺采炭所。抚顺煤矿早在明代以前就有土法开采。清政府以保护皇陵风水为由限制开采。1901 年，商人王承尧和翁寿（俄籍华人）分别向奉天将军增琪请求开采获批。以杨柏堡河为界，河西由王承尧组建的华兴利煤矿公司开采，河东由翁寿组建的抚顺煤矿公司开采，后增琪加入并与俄国退伍军人卢批皮诺夫合办。1903 年，俄国远东森林公司加入，两公司合并。1904 年，日俄在抚顺交战。日方得胜后，以俄国人经营为由，对矿山强行占领，设立抚顺采炭所。日本经营抚顺煤矿之初，日产煤 300 吨左右。1908 年，上升为 49 万吨。1909 年，日本迫使清廷签订《五案条约》，其中明确：日本政府有开抚顺、烟台两个煤矿之权。其间，日本人经营的抚顺煤矿接管了地处辽阳县的烟台煤矿。该矿于 1895 年由英国人投资兴办。东清铁路建成后由俄国人接办。日俄战争后被日本人强占。1909 年，清廷承认日本的采矿权。1910 年，归属抚顺煤矿，至 1936 年产量达 30 万吨。

（2）本溪湖煤铁公司。1905 年，日商大仓喜八郎借日俄战争胜利之势，向关东总督申办本溪湖煤矿的开采。被拒后，日方竟然以该地未撤兵为由强行占领，径自开采。日军撤退后，中日商议合办，并于 1910 年正式签约，成立中日商办本溪湖煤矿有限公司，资本共 200 万元，双方各半。1911 年，中日各增资 100 万元，新增加了庙儿沟铁矿，改名为中日商办本溪湖煤铁矿有限公司。

（五）民族资本

甲午战争之后，在中国的矿业领域，民族资本开始萌芽。在全国各地星星点点，但规模甚小。以煤矿为例，大多数年产不过几万吨。然而，矿业领域里的民族精神却在觉醒。其中，矿权回收运动便在民族工业化进程中写下了浓墨重彩的一笔。

帝国主义在我国疯狂地掠夺矿权，严重侵犯了我国人民的利益，激起了我国人民的强烈愤慨。从上层官绅到平民百姓，回收矿权、自办矿业的呼声一浪高过一浪。1898 年，山西巡抚胡聘之批准山西商务局与英商福公司议定开采山西煤铁矿的章程，在山西一度激起民愤。1906 年，正太铁路即将通车，福公司到平定州等地插标探矿，并请英使照会政府外务部，要按增订章程，凡属潞安、平定、盂县、平阳各矿不准他人开采，当地人所开各矿一律封闭。福公司的蛮横激起了山西全省乃至全国官民的义愤，清廷被迫将出卖矿权的前山西巡抚胡聘之及其属员道台贾景仁、知府刘鄂革职。福公司所攫取的山西矿权，由山西人民自行组织的保晋公司赎回。

1902 年，安徽巡抚聂缉椝与英商凯约翰订立私约，将歙县、铜陵、大通、宁国、广德、潜山六处矿藏卖给英商勘探开采，激起安徽人民的不满与抗争，后清廷外务部与凯约翰商议，将上述 6 处改为铜官山 1 处，期限由 100 年改为 60 年。1909 年，安徽省各界一致呼吁，要求废止铜官山矿条约，由安徽人自办。1910 年，安徽自办了“安徽泾县煤矿铜官山铜矿有限公司”。

与此同时，四川、山东、云南、吉林、奉天、湖北等省也纷纷开展了回收矿权的斗争，并取得一定的成效。这一时期，全国共回收矿权 9 宗。

第四章
地质事业奠基

民国初期的地质事业的发展基于孙中山的实业救国思想与方略。早在 1894 年，孙中山先生就在其《上李鸿章书》中提出了只有通过振兴实业、发展经济才能救中国的经济纲领。辛亥革命后，在著名的《建国方略》中，孙中山先生提出："矿业者，为物质文明与经济进步之极大主因也。"在其《实业计划》的六大计划中，就有一部分是"矿业发展"。孙中山指出，要通过全面开采煤、铁、石油、有色金属等矿藏，实现实业强国的目的。因此，中华民国临时政府一成立，就在实业部设立了矿务司地质科。

第一节　地质大师

一、地质大师述评

民国时期，政府部门尽管已经在地质领域设置了规范的管理、调查、教育机构，但个人在地质学术和产业发展中的引领作用是极其鲜明的。通常认为中国地质事业的创始人是章鸿钊、丁文江、翁文灏，李四光先生被称为中华人民共和国地质事业的卓越领导人。还有一种看法认为章鸿钊、丁文江、翁文灏、李四光是中国地质事业的"四大家"、中国地质学界的宗师。以下对 1949 年前担任过中国地质学会会长的大师进行概述。

（一）章鸿钊

章鸿钊（1877—1951年），字演群，号演存。浙江湖州荻港人。著名地质学家、地质教育学家、矿物岩石学家。中国地质事业的创始人、中国地质学会的创立人。

图 4–1　章鸿钊（南京地质博物馆提供）

1902—1903年，就读于上海南洋公学东文书院。1904年，去广州在两广学务处襄办编辑教科书。1905—1908年，在日本京都第三高等学校学习。1909—1911年，在日本东京帝国大学地质系学习，获理学学士学位。1912年，任中华民国临时政府（南京）实业部矿务司地质科科长，后任北洋政府农林部技正，兼任北京高等师范学校博物系讲师。1913—1916年，任农商部地质研究所代所长、所长。1916—1928年，任农商部地质调查所地质股股长。1918年，在北京大学地质学系任教。1919年，兼任农业大学矿物学讲师。1921年，任北京女子高等师范学校博物系讲师。1922年，倡议成立中国地质学会，被推选为中国地质学会第一届评议会（理事会）首届会长。1927年，赴东京出席东方文化委员会会议。1932年，任农矿部设计委员会委员。1937年，任中央研究院地质研究所特约研究员。1946年，任南京国立编译馆编纂。1948年，当选为国立中央研究院首届院士。1949年，任浙江省财政经济处地质研究所顾问。章鸿钊一生著述300余种，涉及地质科学、地质教育以及天文、历法、算学等古代科学。主要论著有:《杭州府及邻区地质》（1911年）、《农商部地质研究所师弟修业记》（1916年，合著）、《中国锌的起源》（1923年）、《杭州西湖的成因》（1926年）、《石雅》（1921年，1927年再版）、《中国地质学研究小史》（1927年）、《中国中生代晚期以后地壳运动之动向及动期之检讨并震旦方向之新认识》（1936年）、《从原子能推寻地史晚期地质地理同时变迁之源》（1947年）等。1950年，任中国地质工作计划指导委员会顾问。中国科学院地质学科专门委员。南京市人民代表大会特邀代表。1951年9月在南京病逝。

（二）丁文江

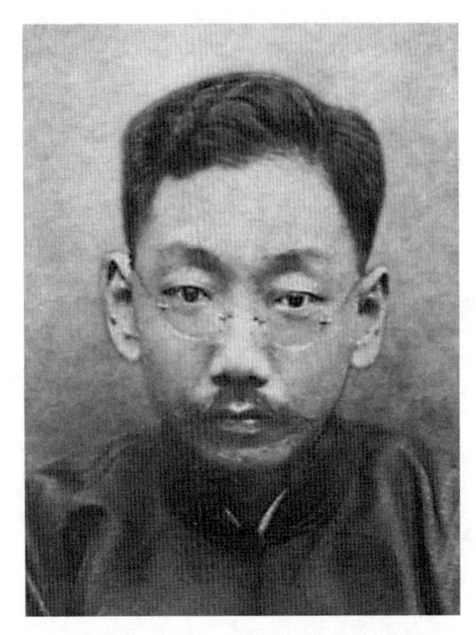
图 4-2　丁文江（南京地质博物馆提供）

丁文江（1887—1936 年），字在君，江苏泰兴黄桥人。中国地质事业的创始人，中国地质学会的创立人。作为中国地质学有开山性质的大师，丁文江不仅打好了中国地质学的基础，还擘画了它健康发展的路径。在中国地质事业初创时期，丁文江淋漓尽致地扮演了“学术界的政治家”的角色。在丁文江等的领导下，中国地质学成绩卓著，早在 20 世纪 20 年代就获得了世界声誉。除地质学以外，丁文江在地理学、人种学、优生学、历史学、考古学、少数民族语言学等领域也有独特贡献，是典型的百科全书式的人物。

1911 年毕业于英国格拉斯哥大学，获地质学、动物学双学位。刚回国，即在滇、黔等省从事地质矿产调查。1913 年起，历任中华民国北京政府工商部矿政司地质科科长、农商部地质调查所所长、地质研究所所长。1916 年，农商部成立地质调查局，张轶欧兼任局长，丁文江、安特生任会办（副局长）。实际主事是丁文江。同年 11 月，丁文江任地质调查所所长兼地质股股长。1919 年，随梁启超赴欧洲考察，并列席巴黎和会。向北京大学校长蔡元培建议聘请美国地质学家葛利普及当时在英留学的李四光到北京大学任教。1921 年担任北票煤矿总经理。1922 年主持召开了中国地质学会第一次筹备会议。1923 年任中国地质学会第二届评议会（理事会）会长。1926 年，5 月，丁文江就任淞沪督办公署总办（相当于上海市市长）。1927 年 1 月，在丁文江领导下，中国收回上海公共租界会审公廨。1928 年，任中国地质学会第六届评议会（理事会）会长。1931 年，担任北京大学地质学教授。1934 年 4 月，国立中央研究院正式聘请丁文江任总干事。丁文江身上集合了科学家、科学事业组织者和科学思想传播者等多重角色。丁文江之精于科学、长于办事，不仅表现在早年科学事业的组织、管理方面，还表现在他后来多姿多彩的经历中：做过北票煤矿公司的总经理约 5 年、淞沪商埠督办公署总办约 8 个月、国立中央研究院的总干事，并且在以上经历中丁文江都作出过影响深远的成绩。丁文江的主要论著有:《正太铁路附近地质矿产报告书》（1914 年）、《芜湖以下扬子江流域地质》(1919年)、《直隶山西间蔚县广灵阳原煤田报告》(1919年)、《中国矿业纪要》(1920年，合著)、《扬子江下游最近之变迁——三江问题》(1921年)、《中国造山运动》(1929年)、《丰宁系的分层》(1931年)、《川广铁道路线初勘报告》(1931年)、《中国的二叠系及其对二叠系地层分类的意义》(1933年，合著)、《中国的石炭系及其对密西西比系和宾夕法尼亚系地层分类的意义》(1933年，合著)、《云南马龙与曲靖地区寒武纪及志留纪地层建造》(1937年，合著)等。1936年1月5日，在湖南谭家山煤矿考察时因煤气中毒不幸殉职。按其遗嘱，葬于长沙岳麓山。

(三)翁文灏

翁文灏(1889—1971年)，字咏霓，浙江鄞县(今宁波)人。中国地质事业创始人、中国地质学会创立人，著名地质学家、社会活动家，对中国地质教育、矿产勘查、地震研究等多方面有卓越贡献。

图4-3　翁文灏(南京地质博物馆提供)

1912年，获比利时鲁汶大学理学博士学位。当年回国，在北洋政府农商部任职。1913年，章鸿钊、丁文江等人一同创办了北洋政府农商部地质调查所、地质研究所。1914年，翁文灏出任地质研究所讲师、专任教员，中国首代地质工作者多出自其门下。1926年，翁文灏继丁文江后正式接任地质调查所所长。曾当选中国地质学会第三届(1924)、第五届(1926)、第九届(1931)、第十八届(1941)会长(理事长)。他是中国第一位地质学博士、中国第一本《地质学讲义》的编写者、第一位撰写中国矿产志的中国学者、中国第一张着色全国地质图的编制者、中国第一位考察地震灾害并出版地震专著的学者、第一份《中国矿业纪要》的创办者之一、第一位代表中国出席国际地质会议的地质学者、第一位系统而科学地研究中国山脉的中国学者、第一位对中国煤炭按其化学成分进行分类的学者、燕山运动及与之有关的岩浆活动和金属矿床形成理论的首创者、组织开发了中国第一块油田。翁文灏的主要著作有:《中国矿产志略》《中国地史浅说》《中国地质构造对地震区分布之影响》《中国山脉考》《中国的人口分布与土地利用》《中国东部中生代以来之地壳运动及火山活动》《中国地理学中的几个错误的原则》《甘肃地震考》《地震》《锥指集》等。

翁文灏是20世纪30年代“学者从政派”中官位最高、经历最曲折者，作为一名杰出的地质学家，先后在地质调查所、地质研究所、资源委员会任职，从事地质研究和地质机构的管理，抗战期间主管矿产资源及生产，以及大后方战时工矿生产管理。1948年，任国民政府行政院院长。同年，当选为中央研究院首届院士。后去法国。1951年，经毛泽东、周恩来的邀请，经香港回国。后任第二至四届全国政协委员，中国国民党革命委员会中央委员、常务委员等职。1971年在北京逝世。

（四）王宠佑

图4-4 王宠佑（江苏省地质学会提供）

王宠佑（1879—1958年），字佐臣，广东东莞人。冶金学家、世界最早的锑冶金专家之一、中国地质学会和中国矿冶工程师学会创立人，中国地质学会第四届（1925）会长。

1895年，考入于同年创立的北洋西学学堂（1896年改名为北洋大学堂）学习矿冶。1899年毕业。1901年，奉派赴美，先在加州大学伯克利分校攻读采矿工程，后转纽约州立哥伦比亚大学学习。1904年，获采矿和地质硕士学位。由于他学习成绩优异，被选为美国矿冶工程学会会员、美国采矿学会会员。此后，他转赴欧洲深造，先后在英国、法国、德国学习。1908年，回国致力于采矿冶金事业。当年，赴法国购买了当时最新取得专利的赫伦史密特挥发焙烧炼锑法，在长沙建立了中国第一座炼锑厂，开创了金属锑的中国生产工业。1908年，在广州担任工商部委员；1914年，任大冶铁矿经理。1916年，任汉口锑业公司总工程师。1918年，任山东煤矿接收委员会主任委员、汉冶萍铁厂厂长、六河沟煤矿经理及扬子江工程局工程师等职。1922年，出任华盛顿会议中国代表团顾问。1925年任中国地质学会第四届评议会（理事会）会长。1933年，任南京国民政府军事委员会国防设计委员会委员及后来资源委员会的专门委员。1934年，兼任汉口商品检验局局长。1938年，由资源委员会派遣出国考察欧洲和美洲的锑、锡工业发展情况。1939—1940年，任云南钢铁厂筹备委员会主任委员。1941年赴美，任华昌公司研究室主任。王宠佑曾捐资充实地质调查所图书馆馆藏，设立葛利普奖章基金。王宠佑的主要著作有：《中国地质矿产文献目录》（1917年、1925年、1933年）、

《矿床与构造的关系》（1924 年）、《海渊和地向斜与矿床的关系》（1924 年）、《煤业概论》（1928 年）、《炼锑事业的发展》（1929 年）、《锑》（1943 年，合著）、《钨》（1943 年，合著）、《锑矿》（1945 年）、《锑矿专著》（1948 年）等。王宠佑与人合著的英文专著《钨》是一本内容丰富、为学术界所瞩目的著作，内容涉及钨的历史、性质、地质、选矿、冶金、分析、应用和经济等诸方面。1907 年，在美国《工程与矿业》杂志发表《中国煤的生产》，是中国地质学者在国外发表地矿论文的第一人。王宠佑晚年移居美国，1958 年在纽约逝世。

（五）李四光

李四光（1889—1972 年），字仲拱，原名李仲揆。湖北省黄州府黄冈县回龙镇下张家湾村人。中国地质学会创立人，著名地质学家、教育家、社会活动家、中国地质事业的卓越领导人。

图 4–5　李四光（江苏省地质学会提供）

自幼就读于其父李卓侯执教的私塾。14 岁那年告别父母，独自一人来到武昌报考高等小学堂。1904 年李四光官费赴日本留学。1913 年远渡重洋，考入英国伯明翰大学，先学采矿，后改学地质，1919 年毕业获硕士学位。1920 年回国任北京大学地质系教授、系主任。1928 年 1 月，任国立中央研究院地质研究所所长。1931 年被英国伯明翰大学授予自然科学博士学位。1932 年任中央大学（现南京大学）代理校长。1948 年，当选为国立中央研究院首届院士。1922 年，中国地质学会成立，被选为第一届的副会长。以后曾当选第七届（1929 年）、第十届（1932 年）、第十六届（1939 年）、第二十二届（1945 年）会长（理事长）。1949 年前，李四光先生的主要著作有:《地球表面形象变迁之主因》（1926 年）、《中国北部之蜓科》（1927 年）、《中国之构造轮廓及其动力学解释》（1935 年）、《中国地质学（英文本）》（1939 年）、《中国冰期之探讨》（1941 年）、《冰期之庐山》（1947 年）。中华人民共和国成立后，李四光先生重新开启了辉煌的职业生涯。

（六）朱家骅

图 4–6　朱家骅（江苏省地质学会提供）

朱家骅（1893—1963 年），字骝先、湘麟，浙江吴兴（今湖州）南浔人。中国早期地质学家、政治家、教育学家。

1914 年 3 月，朱家骅赴德自费留学，10 月入柏林矿科大学采矿工程学系。1916 年 10 月，矿科大学并入工科大学，朱家骅参加考试后升三年级。时值第一次世界大战，无法继续求学，遂于 12 月回国。1917 年年初，朱家骅受聘任北京大学预科乙部教授，成为北京大学最年轻的教授。1919 年 6 月，赴瑞士伯尔尼大学地质系三年级留学。10 月到瑞士沮利克大学地质系研究。1922 年 10 月，朱家骅获柏林大学地质学博士学位。1924 年 1 月 9 日回国，回北京大学复任地质系教授兼德文系主任。之后朱家骅步入政坛，位居国民党中枢，历任教育部部长、交通部部长、组织部部长，还曾任国民党中统局局长，直至“行政院”副院长。然而，他亦是书生，地质学博士、北大教授，中山大学、中央大学校长；倡办中央图书馆、中央博物院（筹）、国立编译馆；抗战岁月，他参与策划、主持国家文物西迁；参与筹建中央研究院，代理院长 18 年。朱家骅曾任中国地质学会第八届评议会（理事会）理事长（1930 年）。当年评议会改为理事会，会长改为理事长、第十九届理事会理事长（1942 年）。1948 年，当选为国立中央研究院首届院士。1963 年 1 月 3 日，朱家骅因心脏病在台北病逝。

（七）谢家荣

谢家荣（1897—1966 年），字季骅，上海人。著名地质学家、矿床学家。在煤岩学、土壤学、石油地质学、大地构造学、矿床学、经济地质学和地质教育领域作出了卓越贡献。中国地质学会创立人。

1913 年，考入工商部地质研究所学习地质学。1917 年被选送留学美国，先后在斯坦福大学、威斯康星大学学习，1920 年获硕士学位后回国，继续在农商部地质调查所任职。1921 年，撰写了《甘肃玉门石油报告》。1923 年，发表了《中国陨石之研究》

等论文，为中国陨石学最早期的探索。1924—1927 年，先后于东南大学、中山大学执教。1926 年，在新创刊的《地质论评》上著文论述了“鞍山式铁矿”这一独特的新类型。1929 年，到德国考察与进修。1931 年，兼任清华大学地学系教授，并曾代理系主任。1935 年，在《地理学报》上发表《中国之石油》。实业部地质调查所主体迁往南京，谢家荣被任命为北平分所所长。1936 年，创办了《地质论评》，并兼编辑部主任。还兼任《中国地质学会志》编辑。1937 年，在地质调查所《地质汇报》上发表了《中国之石油储量》。1940 年 6 月，任叙昆铁路沿线探矿工程处总工程师。同年 10 月，该处改名经济部资源委员会西南矿产测勘处，谢家荣仍任处长。中国地质学会第十一届（1934 年）、第二十三届（1946 年）理事长。1948 年，谢家荣当选为国立中央研究院首届院士。发表了《铀矿浅说》一文，标志着中国铀矿地质学研究的起步。1949 年后，谢家荣先后被任命为南京军管会、华东工业部和中央财经委员会矿产测勘处处长。

图 4–7　谢家荣（南京地质博物馆提供）

（八）叶良辅

叶良辅（1894—1949 年），字左之，杭州人。地质学家、岩石学家、我国地貌学开创者之一，中国地质学会创立人。

1913 年，考入工商部地质研究所学习地质，1916 年毕业后进入农商部地质调查所任调查员。工作伊始便执笔写成了《北京西山地质志》（1920 年）。1920 年留学美国，获哥伦比亚大学理学硕士学位，1922 年回国，仍在地质调查所工作。后兼北京大学地质系教授。1927 年任广州中山大学地质系主任。1928 年任国立中央研究院地质研究所研究员。中国地质学会

图 4–8　叶良辅（南京地质博物馆提供）

第十二届理事会理事长（1935年）。主要论著有:《浙江北部长兴煤田》（1919年）、《中国接触变质铁矿地区的闪长岩类岩石学》（1925年）、《长江巫山以下地质构造与地文史》（1925年，合著）、《安徽南部铁矿的种类与来源》（1926年）、《浙江平阳之明矾石》（1930年，合著）、《浙江沿海之火成岩》（1930年）、《地质学小史》（1931年）、《南京宁镇山脉火成岩发育史》（1934年）、《地形研究指要》（1940年）、《矿物与世界和平》（1947年）等。1949年5月杭州解放，任浙江大学地理系主任。同年病逝。

（九）杨钟健

图4-9　杨钟健（江苏省地质学会提供）

杨钟健（1897—1979年），字克强，陕西华州人。著名地质学家、古生物学家、中国古脊椎动物学开拓者和奠基人。

1923年，毕业于北京大学地质系，1927年获德国慕尼黑大学哲学博士学位。1928年2月，应翁文灏之请回国，任地质调查所技师，主持周口店发掘工作。1929年12月，杨钟健的助手裴文中在周口店发现中国猿人第一枚头盖骨化石。杨钟健曾连任中国地质学会第十三届理事会（1936年）和第十四届理事会（1937年）理事长。1940年10月，应邀兼任重庆大学名誉教授。1947年兼任北京大学地质系教授。1948年任西北大学校长。1948年，当选为国立中央研究院首届院士。1949—1952年，任中国科学院编译局局长。1953年，任中国科学院古脊椎动物研究室主任。1955年，当选为中国科学院生物地学部学部委员，光荣加入中国共产党。1957—1979年，任中国科学院古脊椎动物与古人类研究所所长。1959年，兼任北京自然博物馆馆长。1979年1月15日因病在北京逝世，终年82岁。一生发表学术论文及其他著作六百多篇，以古生物学内容为主，涉及地层学、地史学、气象学，研究了大量化石，记述了鱼类、两栖类、爬行类、鸟类及哺乳类共209个新属新种，是中国古脊椎动物学的开拓者和第四纪地质研究的奠基人。第一至五届全国人大代表。

（十）黄汲清

黄汲清（1904—1995 年），四川仁寿县人。著名地质学家、构造地质学家、地层古生物学家、石油地质学家。

图 4-10 黄汲清（江苏省地质学会提供）

1928 年，毕业于北京大学地质系，获理学学士学位，进入北平地质调查所任调查员。1932 年夏，由中华教育文化基金会选派到瑞士留学，先后就读伯尔尼大学、浓霞台大学。1930 年至 1932 年，黄汲清陆续发表了《秦岭山脉及四川地质研究》《中国南部二叠纪珊瑚化石》等 6 部专著。1935 年写成的博士论文《瑞士华莱县素女峰破金峰地区之地质研究》，引起瑞士地质学家瞩目。1936 年，黄汲清回国，被任命为中央地质调查所地质主任室主任，发现了具有重要经济价值的湖南资兴煤田。1937 年黄汲清组织西北石油考察队，发现玉门油田。1937 年 12 月底，黄汲清被任命为地质调查所所长。1938 年 2 月，黄汲清当选中国地质学会第十五届理事会理事长。1938—1940 年任中央地质调查所所长。1941—1943 年，带队调查甘肃、新疆的石油地质。1940 年夏，黄汲清辞去中央地质调查所所长职务，任《中国地质学会会志》主编。1942 年，黄汲清兼任中央大学教授。1945 年年初，完成《中国主要地质构造单位》一书，至今仍是研究中国大地构造的经典著作。1946 年，撰写了《新疆油田地质调查报告》，提出陆相生油和多期多层生储油论主编完成了 14 幅 1∶100 万国际分幅的中国地质图和 1∶300 万中国地质图。其间，兼任北京大学教授。1948 年，黄汲清当选为中央研究院院士。

（十一）尹赞勋

尹赞勋（1902—1984 年），河北人。著名地质学家、古生物学家（图 4-11）。

1919 考入北京大学，先后在预科及中文系、哲学系学习。1923 年，自费留学法国，进入里昂大学理学院学习地质学和古生物学。1931 年，获博士学位。同年回国，任实业部地质调查所调查员。1933—1935 年，在北京大学和北平中法大学兼任讲师。1937—

图 4-11　尹赞勋（江苏省地质学会提供）

1939 年，任江西省地质调查所所长。1938 年兼任北平研究院地质研究所研究员。1940—1949 年，任中央地质调查所研究员兼代所长和副所长。1940 年，当选中国地质学会第十七届理事会理事长。早期的主要论著有:《中国北部本溪系太原系之腹足类化石》（1932 年）、《中国古生代后期之菊石化石》（1935 年）、《云南施甸之奥陶纪与志留纪地层》（1937 年）、《云南东部坡脚页岩泥盆纪动物群》（1938 年）、《中国南部志留纪地层之分类与对比》（1949 年）。1949 年后，历任中国地质工作计划委员会副主任、北京地质学院副院长兼教务长。1954—1982 年，连任三届中国古生物学会理事长。1955 年，被选聘为中国科学院生物地学部学部委员、副主任。1957—1981 年，任中国科学院地学部主任。

（十二）孙云铸

图 4-12　孙云铸（南京地质博物馆提供）

孙云铸（1895—1979 年），江苏高邮县人。古生物学家、地层学家、地质教育家、中国地质学会创立人。

1914 年，考入北京大学预科。1916 年，升入北洋大学采矿冶金学门。1918 年，转入北京大学地质学系。1920 年，毕业留校任教，并任职农商部地质调查所生物研究室。1926 年，留学德国。1927 年，获哈勒大学理学博士学位，回国后任北京大学地质学系教授。1937 年，任西南联合大学地质地理气象系主任。1946 年，任北京大学地质学系主任。1929 年，主持创立中国古生物学会，并被推选为首届会长。1943 年，被推选为中国地质学会第二十届理事会理事长。1948 年，当选为国际古生物学会副主席。

1923 年，发表了《古生物学在科学上之地位》。1924 年，出版《中国北方寒武纪动物化石》，是在《中国古生物志》上中国学者撰写的第一部大型古生物学专著。1926 年，在第 14 届国际地质大会作《中国的寒武系、奥陶系与志留系》报告。1931 年，发表《中国含笔石地层》。1943 年，发表《就中国古生代地层论划分地质年代之原则》。1948 年，发表《云南古生物地层问题》和《关于中国寒武纪地层界线问题》。孙云铸是一位卓越的地质教育家，从 1920 年到 1952 年，在北京大学等高等学校执教。1927 年开设“中国标准化石”课程，并且将达尔文进化论引入古生物学的教学和研究。在西南联合大学讲授古生物学和地史学，开设“地层学原理”等高级理论课。1949 年后，担任地质部教育司司长。1955 年，被聘为中国科学院地学部委员。

（十三）李春昱

李春昱（1904—1988 年），河南省汲县人。区域地质学家、构造地质学家。

图 4–13　李春昱（廖含英提供）

1922 年，考入北京大学理科预科。1924 年，入地质学系本科，积极参加北京大学地质研究会活动。1928 年毕业，考入农商部地质调查所任调查员。1934—1937 年，到德国柏林大学留学。1937 年，获博士学位。回国后筹建四川省地质调查所。1938 年，任所长。1939—1941 年，兼重庆大学地质学系教授。1941—1942 年，兼中央大学地质学系教授。1942—1949 年，任经济部中央地质调查所所长。1944 年、1949 年，被推选为中国地质学会第二十一届、第二十五届理事会理事长。1949 年前的主要论著有《京粤铁路地质矿产报告》（1930 年，合著）、《西康东部地质矿产志》（1931 年，合著）、《四川盐业概论》（1933 年，合著）、《四川石油地质概论》（1933 年，合著）、《中国古生代造山运动》（1948 年）等。其间，预测了重庆中梁山隐伏的大煤田，为四川石油与天然气开发提供了地质资料。他在担任中央地质调查所所长期间，设立了西北分所和台湾省地质调查所。1949 年后，任地质部北方总局总工程师、地质部地质科学研究院区域地质室技术负责人等职务。1980 年，当选为中国科学院地学部委员。1982 年，获全国科学技术奖一等奖。曾任第五届和第六届全国政协委员。

（十四）俞建章

图 4-14　俞建章（江苏省地质学会提供）

俞建章（1899—1980 年），安徽省和县人。著名地层古生物学家。

1920 年，就读于北京大学地质学系。1924 年，毕业后受聘于河南中州大学。1928 年，入国立中央研究院地质研究所工作。1933 年，被派往英国布里斯托尔大学深造，完成《中国南部丰宁系珊瑚》博士论文。1936 年，获博士学位，同年回国。1937 年，任中央大学兼职教授，1939 年，任国立中央研究院地质研究所研究员。1941 年，任重庆大学地质学系教授、系主任。1945 年，任国立中央研究院地质研究所代理所长。1948 年，被推选为中国地质学会二十四届理事会理事长。1949 年前的主要论著有《湖北北部襄阳、南漳、宜城、荆门、钟祥和京山地区地质》（1929 年，合著）、《中国中部奥陶纪头足类化石》（1930 年）、《中国下石炭纪珊瑚》（1933 年）、《中国南部丰宁系珊瑚》（1937 年）、《广西桂林及其附近之泥盆纪化石》（1948 年）。1949 年后，长期执教于长春地质学院。1955 年，被选为中国科学院生物地学部委员，担任过长春地质学院副院长。曾任第四届、第五届全国政协委员。

二、外籍地质大师

辛亥革命以后，中国政府及学术团体开始聘请外籍地质学家来华进行地质调查和科研教学工作。这些学者与短期在华考察的工作者不同，他们是中国政府或机构的雇员。在华期间，他们与中国学者密切协作，并且勤奋敬业、诲人不倦，为中国的地质事业发展作出了积极的贡献。

（一）梭尔格

梭尔格（1877—1965 年），德国地质学家。经北京大学校长蔡元培推荐，1913 年，北京大学聘梭尔格为教授。1913年，丁文江等人成立地质调查所和地质研究所时，梭尔格襄助最力。同年，梭尔格随丁文江赴河北考察地质。1914年5月，他在江苏吴县洞庭西山做煤矿调查（预查）。1916年被解职。日俄战争期间，梭尔格应征参加德军，去青岛与日军作战，后被俘。

（二）新常富

新常富（1879—1963年），原名托尔斯滕·埃里克·尼斯特勒姆，瑞典地质学家、教授和作家。1900年，毕业于位于斯德哥尔摩的瑞典皇家工学院。1902年，任山西大学堂教授，自然科学院的院长，是化学实验室的建立者和负责人。辛亥革命期间，他参加了瑞典英国联合组织，以及瑞典单独组织的营救探险，营救在中国工作的家庭。1914年到1917年，在中国地质调查所工作。北洋政府采纳他的建议，于1914年高薪聘请了两位著名的瑞典地质学家安特生和丁格兰任顾问。他们一起调查了北京附近及华北的矿产资源，并对宣化、龙烟地区发现的铁矿进行了深入研究。1919年，获得了斯德哥尔摩大学地质学和矿物学的哲学学位。1920年，他回到山西大学，出任地质系主任，并创建了山西研究会。新常富能讲汉语，是英国皇家地理学会会员，于1954年返回瑞典定居。

（三）安特生

安特生（1874—1960年），瑞典地质学家、考古学家。中国地质学会创立人之一。出生于瑞典的谢斯塔（Kinsta）。1901年，毕业于乌普萨拉大学，取得地质学专业的博士学位。他先后两次参加南极考察活动，曾任万国地质学会秘书长。1914年，受聘任北洋政府农商部矿政顾问，在中国从事地质矿产调查和古生物化石采集。《中国的铁矿和铁矿工业》和《华北马兰台地》两部调查报告也正是在这段时间完成的。1920年，安特生与地质调查所的助手董常到南京，对南京的火山群进行地质考察。1921年，安特生与地质调查所两位地质学者考察了南京凤凰山铁矿沉积。安特生的地质调查报告《中国北部之新生

图4–15　安特生（江苏省地质学会提供）

界》中专门叙述一章:《南京“火山锥”》，讲述了1920—1921年，他们在南京方山，六合灵岩山、冶山、洪山，溧水浮山，以及浦口等地从事火山群、矿产调查的情况。1921年，他与地质调查所袁复礼先生在河南渑池村发现了以磨制石器和彩陶为特征的仰韶文化，揭开中国田野考古工作的序幕。他对周口店化石地点的调查，促成了后来北京直立人遗址的发现。回瑞典后任远东古物博物馆馆长。著有《中国远古之文化》（1923年）、《中国史前史研究》（1934年）等。安特生于1960年逝世，享年86岁。

（四）丁格兰

图4–16 丁格兰（江苏省地质学会提供）

丁格兰（1884—1980年），芬兰瓦沙人，瑞典地质学家。1914年受聘来华，任农商部地质调查所地质师。1917年回瑞典。1921年，再度来华，受聘为开滦矿务总局地质咨询师。后在奉天（沈阳）开办矿务咨询事务所。1928年回瑞典。丁格兰在华多年，曾获得北洋政府颁发的三等嘉禾勋章，是多国多个科学和技术学会的会员，所著甚丰。代表作有《中国铁矿志》（两卷，附地图册，1923年）、《江苏省铜山县贾家汪煤矿报告（徐州市，预查）》。

（五）桑志华

桑志华（1876—1952年），法国著名地质学家、古生物学家、考古学家，法国科学院院士。1914年，以法国天主教耶稣会神甫的身份来华，在中国工作了25年，足迹遍及中国北方各省，行程5万多千米，采集地质、古生物标本达几十万件，创建了北疆博物馆（天津自然博物馆前身）。1923年夏天，他与德日进发现和发掘了水洞沟遗址，使之成为中国最早发现、发掘和进行系统研究的旧石器时代晚期文化遗址。曾与德日进联袂于1924年、1927年对直隶、东北进行了地质考察。著有《中国东北的山区造林》《华北（黄河及北直隶湾其他支流流域）十年查探记》，与他人合著《华北及蒙古人种学上的探险记》《北疆博物馆的鸟类及北疆博物馆收藏的树木标本》。

（六）葛利普

图 4–17　葛利普（南京地质博物馆提供）

葛利普（1870—1946 年），德裔美国地质学家、古生物学家、地层学家，中国地质学会创立人之一。1870 年，生于美国威斯康星州塞达堡。少年时当过订书店学徒、波士顿自然历史学会矿物采集部助理员、该学会博物馆科普报告员。1896 年，毕业于麻省理工学院，获理学士学位，留校任古生物学助教。1900 年，获哈佛大学理学博士学位。1901 年，任哥伦比亚大学教授。1920 年，应聘到中国，任农商部地质调查所古生物室主任，兼北京大学地质系古生物学教授。1929 年，任中央研究院地质研究所通讯研究员。1934 年，任北京大学地质系系主任。在科学研究方面，葛利普早年注重矿物学、生态学、地貌学研究，特别对珊瑚、腕足动物和软体动物化石有很深的造诣。中国最早的一批地层古生物学者大都出自葛利普的门下。在学术论著方面，他一生发表近 300 种学术著作，内容涉及古生物学、古人类学、地层学、地史学、古地理学、地貌学、生态学、矿物学、沉积岩石学、构造地质学、矿床学、石油地质学等方面。1922 年，他协助丁文江创办了《中国古生物志》，于 1922—1936 年间亲自撰写发表了 8 部《中国古生物志》专著，内容主要涉及珊瑚、腕足类、瓣鳃类、腹足类等各门类化石，为我国古生物学研究奠定了坚实的基础。他所著的《中国地质史》（直译为《中国地层学》，1924 年第 1 卷，1928 年第 2 卷）和 36 幅亚洲古地理图，是对中国地层和亚洲古地理的系统总结。1941 年 12 月，太平洋战争爆发，他被侵华日军关进北平集中营。1945 年，抗日战争胜利后恢复自由。1946 年 3 月 20 日，在北平病逝，安葬于北京大学校园内。

（七）德日进

德日进（1881—1955 年），古生物学家、考古学家、地质学家，法国耶稣教会教士。1919 年，在巴黎自然博物馆从事科学研究，1922 年，获博士学位。1923 年，来中国参加法国天主教神父桑志华在天津开展的古生物、地质考古工作。1929 年起，担任地质调查所新生代研究室顾问。他与杨钟健、裴文中、卞美年等人对周口店猿人遗

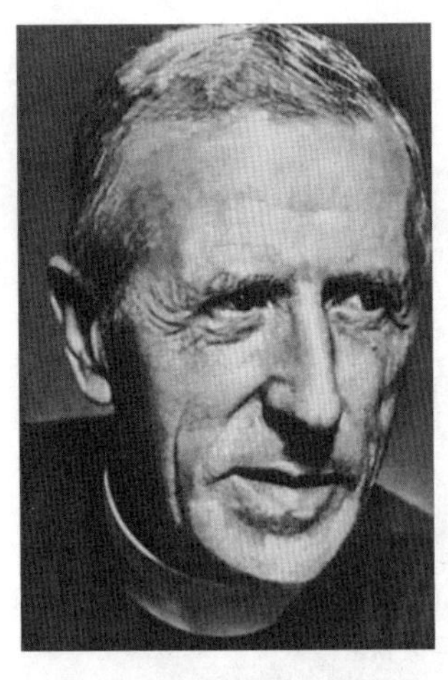
图 4–18　德日进（江苏省地质学会提供）

址的哺乳动物进行了系统的研究。1946 年 3 月，离华返法。1951 年，当选法国科学院院士。他提出的“智慧圈”，成为现代研究人类与环境相互关系的一个重要的思潮。他对中国西北地区作了广泛的调查及大量的发掘工作，对地质学特别是第四纪地质学有卓越的研究。他提出大陆地质这一概念，并提出中国的干旱化的思想。他和杨钟健一起对黄土提出了新的地层划分。德日进在中国从事古生物、地质研究长达 22 年，为中国地层古生物学特别是古脊椎动物学作出了杰出的贡献。

三、地质大师人文精神评述

民国时期的地质大师，非但专业知识精湛，而且具有崇高的爱国情怀和历史担当。他们的人文精神，体现在以下若干方面。

（一）民族精神

章鸿钊先生保持民族气节。章鸿钊先生安贫乐道。1941 年，他左足踝骨骨折，经济拮据，日本侵略者屡次赴门敦请，他始终拒绝同日本人合作，宁愿将整套地质书籍变卖也不向侵略者低头。1950 年 8 月，中国地质工作计划指导委员会成立，周恩来总理任命章鸿钊为该委员会顾问。同年 11 月，章鸿钊专程从南京去北京参加中国地质工作计划指导委员会第一届扩大会议，并致开幕词。他说：“我从事地质工作已经 43 年，从来没有像今天这样愉快。希望大家努力团结，为中华人民共和国的大事业而努力。”1951 年 9 月 6 日，章鸿钊在南京病故。追悼会上，李四光评价说：“章先生为人正直而有操守，始终不向恶势力妥协，站在中国人民一边，多次拒绝与日本人合作，对中国地质事业的贡献尤大。”

李四光先生一生追求光明。李四光早年在日本留学期间，结识了近代民主革命家宋教仁，年仅 15 岁的他即成为中国同盟会的首批会员。1911 年，辛亥革命爆发，年仅 22 岁的他即出任湖北军政府实业部长。李四光因为 1948 年代表中国地质学会到伦敦参加第十八届国际地质大会而暂时留在英国。1949 年年初，根据周恩来的指示，郭沫若致信李四光请他早日回国。李四光排除干扰，绕道意大利，经过 6 个多月的跋涉，终于在 1950 年 4 月 6 日成功回国，再次开启了他波澜壮阔的职业生涯。

（二）科学精神

在民国的地质学大师身上，闪耀着科学精神。

最具代表性的人物是丁文江。蔡元培对他有过这样的评价：“丁先生是一个纯粹的科学家，他平时对于宗教家的迷信，玄学家的幻想，是一点不肯假借的。”丁文江先生短暂弃学从政，但仕途曲折坎坷。1926 年，他担任直系军阀五省（苏浙皖赣闽）联军总司令孙传芳统辖的淞沪商务督办公署总办，饱尝失意的苦楚，当时也一定程度地影响了他的个人口碑。但他对中国地质事业的影响确实极其地深远。即使在上海总办任上，丁文江也因领导收回会审公廨、谋划上海市政规划和公共卫生事业，而在历史上留下了一段佳话。丁文江先生最突出的功勋之一是与翁文灏先生一道，筹建地质调查所新生代研究室，在北京周口店找寻北京猿人化石、支持瑞典地质学家安特生仰韶文化发掘及共同研究仰韶文物等，为中国古生物学、古人类学研究作出了历史性的贡献。此外，丁文江先生将科学精神植入中国的地质学工作者身上。早年带领学生实地考察时，力倡“登山必到峰顶，移动必须步行”，“近路不走走远路，平路不走走山路”之准则，为中国地质学者树立了实地调查采集的工作典范。丁文江留下的记录及图件特别丰富，但他对于出版报告，却十二分慎重。黄汲清回忆说：“他曾发表的地质论文，恐怕还不及实地工作的十分之一。”更可贵的是，丁文江先生工作期间对自己更是严格要求。贾兰坡回忆说：“丁先生在三十年代前半期，常带领北京大学地质系的学生到周口店参观和实习。1931 年，为了发掘方便，在周口店北京人遗址附近建了一座四合院。房子并不缺，可是丁先生虽然一般只住一夜，但从来不享受一点特殊待遇，总是和学生们挤在三间南房居住，也总要和学生们一起吃一汤一菜便餐。”丁文江在地质学、地理学、地图学、人种学、优生学、历史学、地层古生物学、考古学、少数民族语言学等领域均有独特贡献。

朱家骅是中国近代教育家、科学家，政治家，中国近代科学事业的奠基人之一，中国现代化的先驱。中国国民党内亲德国派人士。曾任国立中央研究院总干事、代理院长，国民政府教育部部长、交通部部长、浙江省政府主席等职务，还曾任中国国民党中央执行委员会调查统计局局长。他是 20 世纪 20—40 年代中德合作中的重要人物。朱家骅自辛亥革命起即参与了中国的历次重大政治事件，是中国近代史上叱咤风云同时也饱受争议的政治人物，因此影响了其在地质专业领域里的更大作为，但其对中国地质学的发展却产生过重要影响。

（三）献身精神

民国以来，大多数地质工作者表现出了极其优秀的职业和生活操守。以地质调查所为例，奠基者在知识传承、经验传承的同时更展示了作风传承。学生们回忆说：“领导我们的老师是章鸿钊、丁文江、翁文灏三位先生，他们极少用言辞来训导，但凭以身作则在潜移默化”；他们“奉公守法，忠于职务，虚心容忍，与人无争，无嗜好，不贪污，重事业，轻权力”。地质工作者的业绩是极其显赫的，但所付出的代价也是巨大的。以地质调查所为例，短短 30 余年，数十人编制的团队，以身殉职者及英年早逝者达 11 人之多。他们遭受到了其他职业所无法想象的灾难与风险。

1. 野外遇害

旧中国不但时局动荡、政治关系复杂，而且安全保障缺失。那时的社会对地质工作缺乏最基本的认知。对野外工作者，兵常视其为匪，匪常视其为兵，民则常视其为盗。

赵亚曾 1923 年毕业于北京大学地质系，在地质调查所工作 6 年，发表论文和论著 18 种、百余万字。1929 年 3 月，赵亚曾与黄汲清去野外工作。丁文江听说四川到云南的路上不太平，曾经给赵亚曾打电报，叫他改变行程。赵亚曾回电说：“西南太平的地方很少，我们工作没有开始就改变路程，将来一定要一步不能出门了，所以我决定冒险前进。”11 月 15 日夜间，在云南昭通的一个客栈中被土匪杀害。据杨钟健记载：“闻匪徒至时，他不设法避去，而竭力保护地质调查所的地质图。匪人闯入小屋，误以为化石标本箱内装有金银，即行抢劫。他与土匪争夺，竟遭杀害。”

1944 年 4 月 24 日，许德佑、陈康、马以思在贵州西部做野外考察，遭土匪枪击遇害。其中，毕业于重庆中央大学地质学系的一代才女马以思是那个时代唯一的女地质学家，兼通英、法、德、俄、日等文字，遇害时年仅 25 岁。

此外还有张莘夫等 8 人，也因故遇害。

2. 意外事故

1936 年 1 月 5 日，丁文江在湖南衡阳考察时因煤气中毒殉职。

1938 年 2 月 8 日，吴希曾乘坐的客车在长沙被军车撞翻，与同伴被大火烧死，年仅 29 岁。

3. 积劳成疾

那个年代的地质工作者，不但工作和生活条件极其艰苦，情感世界也备受压抑。在英年早逝的地质工作者中，有两位学者让学界同仁多年难以忘怀。

朱森（1902—1942 年），湖南郴县人。1928 年毕业于北京大学地质系，进入国立中央研究院地质研究所工作。1936 年，获哥伦比亚大学硕士学位，再入德国波恩大学进修，1937 年回国。曾任重庆大学教授、地质系主任；中央大学教授、地质系主任。他不苟言笑、不沾烟酒、清廉简约、洁身自好，更不奔走权贵、阿谀奉承。由于在中央大学、重庆大学同时兼职，其夫人误领了 5 斗平价米，国民政府教育部当局不顾其申辩，下令通报处分，自尊心受到极大伤害，最后抑郁而终。

计荣森（1907—1942 年），北京人。1930 年，毕业于北京大学，进入实业部地质调查所工作。从事多门类古生物的研究，同时致力于地质图书馆的管理及学术刊物编校出版工作。1930 年，获北平研究院首届地质矿产奖金。1935 年，获赵亚曾研究补助金。1940 年，获丁文江纪念奖金。他 30 余岁即学富五车、著述等身，最终积劳成疾。病中住院期间，神志错乱、举止失常，死前还念念不忘去美国深造的梦想，可以说是那个时代知识分子的悲剧。

第二节 地质调查机构

中华民国临时政府成立后，在实业部矿务司设立了地质科，章鸿钊任科长，这是中国最早以“地质”命名的政府机构。此后，又有一些专业化的地质调查机构相继建立。尽管这些机构存续时间短，工作人员数量少、经费匮乏，但却是中国地质事业的奠基石，为民族工业的崛起立下了不朽的功勋。

一、民国政府矿政管理机构

1912 年，南京临时政府设立实业部，下设农政、工政、商政、矿政四司，余焕东任矿政司司长。1912 年 1 月，中华民国南京临时政府实业部矿务司成立地质科，章鸿钊任科长。1912 年 3 月，南京临时政府北迁，存在仅一个月的实业部矿政司随即撤销。章鸿钊担任科长前后不过数月，但却描绘了中国地质事业发展的第一张蓝图。他撰写的《中华地质调查私议》一文发表在《地学杂志》1912 年第 1、3、4 期上，其要点概括为：“专设调查所，以为经营之基；树实利政策，以免首事之困；兴专门学校，以育人才；立测量计划，以制舆图。”

1912 年 4 月，迁都北京的临时政府将实业部分为工商部和农林部，工商部下辖总务厅、商务司、工务司和矿务司，何燏时担任矿务司司长。1913 年年初，司长张轶欧

（早年留学比利时习采矿）聘请丁文江任地质科科长。1913 年 12 月，北京政府原农林部和工商部合并为农商部，张謇任农商总长，下辖矿政局、农林司、工商司和渔政司，原工商部矿务司改为农商部矿政局，后于 1914 年 7 月改为农商部矿政司。此后，农商部矿政司的机构在北京政府统治时期保持稳定。

1914 年 3 月 31 日，中华民国政府发布《矿业条例》。包括：总则、矿区、矿业权、用地、矿工、罚则、附则等内容。同时发布了《矿业条例施行细则》。5 月 3 日，中华民国政府发布了《矿业注册条例》。5 月 6 日又发布了《矿业注册条例施行细则》。

民国初期，何燏时、张轶欧两位学者在宏观决策上为中国地质事业发展作出过贡献。

何燏时（1878—1961 年），浙江省诸暨县人。1898 年清政府选派留日，1902 年考进东京帝国大学工科采矿冶金系，1905 年 7 月毕业，获工科学士学位，是最早毕业于日本正规大学的中国留学生。1906 年回国，任浙江省矿务局技正。1912 年，任工商部矿政司司长，积极筹备地质科。1912 年 12 月至 1913 年 11 月任北京大学校长，曾拟办地质教育不果，后支持丁文江、章鸿钊创办地质研究所。1913 年秋天，教育部为减省经费，几次要停办北京大学，欲将之并入天津北洋大学，遭到何燏时及全校师生的反对。全面抗日战争时期，积极参加抗日民主活动，被推举为游击区的人民代表，曾两次被国民党特务逮捕入狱。1949 年 9 月 21 日，他作为“特别邀请人士”赴北京参加了中国人民政治协商会议第一届全体会议。

张轶欧（1881—1938 年），名肇桐，又字翼后，号一鸥。无锡北门外江尖渚人。1897 年考入上海南洋公学，因参加驱逐美籍校长福开森活动被开除出校。1901 年留学日本早稻田大学。在日本参加兴中会，并与秦毓鎏、稽镜等组织留日学生革命团体青年会。1903 年回国，复入上海震旦学院学习拉丁文及法文。1904 年，张轶欧考取公费留学，赴比利时海南工科大学学习采矿冶金，成为中国早期地质学人之一。1911 年，他毕业回国。1912 年 1 月 1 日，南京临时政府成立，张轶欧“备员南京实业部之矿政司”。1912 年 9 月 5 日，张轶欧被任命为技正；22 日，又被任命为“矿务司技正”。后任职于北京政府工商部、农商部。1913 年 1 月 5 日，张轶欧任矿务司司长。1914 年 2 月 19 日，张轶欧被委任为“矿政局会办并兼领第一科科长”。1917 年任江苏实业厅厅长。1925 年，任临城矿务局工程总办。1928 年，任南京政府工商部商业司司长。1929 年，任中国航空公司理事。1935 年，任实业部技监。张轶欧所著《地质调查报告》《实业资料汇编》《轶稿》等刊行于世，并集合矿冶人才，购置图书、设备，建立矿冶研究所。他还发起成立中华博物馆同志会、中国矿冶工程学会等学术团体，为开展我国地质矿冶研究作出了贡献。1913 年，章鸿钊提出筹设地质研究所的设想，在张轶欧任司长之后才得以付诸实施。张轶欧首先函招丁文江至北京工商部矿物司任职。当时，任北洋政府工商部矿政司司长的张轶欧沿袭了原南京临时政府的建制，在矿政司里也设地质科，任命章鸿钊任科长。1913 年 6 月，在北洋政府工商部同意、张轶欧支持下，丁文江将原系管理机构的“工商部矿务司地质科”正式改名为工作机构“工商部地质调查所”，并亲自任所长。至此，中国第一个近代地质研究机构地质调查所诞生。同时，专门培养地质人才的地质研究所在张轶欧大力鼓呼，由张轶欧、丁文江二人共同擘画，由丁文江具体付诸实施成立。稍后，两位中坚人物章鸿钊、翁文灏也先后被张轶欧罗致而来，“于是地质调查事宜，乃如鼎之有足”。张轶欧曾自喻为中国早年地质界的伯乐，他曾极为自信地说过，“民国凡百设施，求一当时可与世界学子较长短，千百载后可垂名于学术史者，唯地质调查所而已。”又说：“丁、章、翁诸君子，日进有功，幸能实余言，而余每以不能同奔走甘苦为恨。丁君戏余曰，子有鼓吹之劳，吾必使子之名见于吾之书。余辄复之曰，宁止是哉？荐贤受上赏，吾盖中国地质学家之伯乐，子之功皆我之功也。”张轶欧亲自在地质研究所兼课，讲授冶金学。张轶欧还大力推动和督促地质报告的刊行。1938 年 5 月 24 日，张轶欧逝世，终年 57 岁。张轶欧对中国地质学创立和中国地质事业的发展厥功至伟！

南京国民政府时期，矿业工作活动得到积极推进。1930 年，制定和颁布了《中华民国矿业法》。其要点是：矿质（矿产资源）定为国有；“个人和政府均有权申请采矿权但政府优先；允许中外合资办矿，但股份、董事应以中国人为半数以上，且董事长和经理应以中国人充任等”。当时的采矿活动主要由私人企业进行，而四分之三的矿山企业掌握在外国资本家手中。因此其中的维护本国利益的条款难以落实。此后，又对《中华民国矿业法》进行了九次修正。在此基础上，还制定了一系列配套实施的矿业法规。1930 年，制定了《矿业法施行细则》；1931 年，制定了《矿业登记规则》《土石采取规划》；1932 年，制定了《矿场警察规程》；1936 年，制定了《矿场法》；等等。南京国民政府制定了近百种矿业配套实施法律。

二、国民政府主要地质机构

（一）地质调查所

地质调查所是中国成立最早的全国性地质机构，也是同时期规模最大、成果最多、组织最为健全的地质机构，从 1913 年成立到 1951 年撤销，前后历时 38 年。在这 38

年的历史中，地质调查所调查了中国大面积的国土，发表了大量的研究成果，积累了丰富的工作经验，树立了良好的工作作风，培养了中华人民共和国48位中国科学院和中国工程院院士、大批地学人才，产生了广泛的国际影响。老一辈地质学家以无私奉献的精神，在战乱和动乱之中艰难地从事地质探索，维系、推动着中国地质事业的发展。

1. 机构沿革

1913年6月，原作为管理机构的“工商部矿务司地质科”正式改名为工作机构“工商部地质调查所”，丁文江任所长。地质调查所是当时唯一的从事地质矿产调查和科学研究的国家级事业单位。以后隶属关系多次变动，但对外联系常冠以“中国”的头衔，人们习惯地称其为“中国地质调查所”。

图4-19　北京兵马司胡同九号地质调查所旧址（引自《中国地质图书馆史》）

1916年1月4日，经政事堂下令批准，地质调查所于2月2日正式升格为由农商部直属、实行独立核算的“地质调查局”，由原矿政司司长张轶欧任局长。丁文江和农商部瑞典籍顾问安特生为会办（副局长）。按《农商部地质调查局规程》，该局设四股一馆，即地质股、矿产股、地形股、编译股和地质矿产博物馆，定额为39人，年预算为68000元。章鸿钊、翁文灏分别任地质、矿产两股股长。1916年10月，地质调查局恢复矿政司地质调查所之名，丁文江任所长。同年，地质调查所迁入北京西城兵马司九号（图4-19）。1916年10月24日，中国第一部《地质调查所章程》颁布并获得批准。此后在极其动荡的年月里，坚持地质调查和研究，对我国地质科学的发展作出了极大的贡献。蔡元培评价其为“中国第一个名副其实的科学研究机构”。

1935年，地质调查所迁往南京（图4-20）。1937年全面抗战爆发后，地质调查所被迫颠沛于湖南长沙、重庆北碚（图4-21），所做的主要工作侧重于国家急需的矿产勘查。抗战胜利后的1946年，地质调查所迁回南京原所址。

图 4-20　地质调查所南京珠江路 700 号（原 942 号）旧址（南京地质博物馆提供）

图 4-21　地质调查所重庆北碚旧址（侯江摄）

地质调查所还曾建立过北平分所、西北分所、长春、桂林、昆明工作站等分支机构。

（1）北平分所。1934 年 10 月，地质调查所由北平迁往南京，利用原地和留在北平的一部分人，成立了北平分所，所长由谢家荣担任。1936 年，谢家荣离开北平南下，所长由杨钟健担任。北平沦陷后，杨钟健潜离北平，北平分所的工作也就宣告停顿。至 1945 年，日本投降以后，总所先后派王竹泉、高振西恢复分所，所长由高平担任。

内设地质矿床、矿物岩石、地层古生物、新生代、地震及土壤等研究室及化验室、陈列室、图书馆等，共约 40 人。

（2）西北分所。1943 年 9 月，在原西北矿产调查队（甘肃省政府与中央地质调查所合办）基础上，于兰州成立。当时开发西北的呼声很高，成立这个分所的目的，也就是要加强西北地区的地质调查工作。所长为王曰伦，下设地质矿产、测绘、化验、陈列、图书等室，编制为 39 人。

（3）长春、桂林、昆明工作站。抗日战争胜利后，中央地质调查所奉令接收东北的“大陆科学院地质调查所”，并拟成立东北分所，后因种种原因改设工作站，以岳希新为主任，其留用原有工作人员十余名，对残存的图书仪器做了些整理工作。1938 年 8 月，地质调查所辗转内迁时曾设立过桂林、昆明两个工作站。桂林工作站主任王恒升，昆明工作站主任杨钟健。两个工作站分别于 1939 年 4 月和 1940 年 10 月宣布撤销。

2. 两大宝库和三个研究部门

地质调查所有图书馆、博物馆两大宝库和新生代研究室、土壤研究室、沁园燃料研究室三个重要研究部门。

（1）图书馆。地质调查所创办前，丁文江先生从清末京师大学堂里接收了一部分地质图书。馆内的部分藏书上还盖着京师大学堂的印章。1916 年地质调查所开展全国性地质调查时，在北京丰盛胡同三号设有三间图书室，约有书刊 400 多册。1920 年，由当时的大总统黎元洪及开滦煤矿公司约 30 个企业和个人捐款建立地质调查所图书馆，于 1921 年建成。现在，兵马司九号原图书馆楼内还残存着一块石碑，其上镌刻着捐款的单位与个人，以及捐款金额。1922 年 7 月，图书馆和陈列馆正式落成开馆，大总统黎元洪、农商部总长张国淦、次长江天铎等政府高官还亲临祝贺，并与全所同事合影留念。此时藏书已增至 4000 多册，其中有不少是从国外购入的。此后藏书不断增加，其来源除购置外，还有相当一部分是靠地质调查所出版物交换征募得来的。到全面抗战前夕，交换的国家已有 51 个，交换的单位已近 400 个。全面抗战时期，经费困难，购书很少，国外交换书刊几乎全部终止。图书馆于 1935 年随地质调查所从北平迁往南京，1937 年一度迁至长沙、重庆市区，又于 1938 年迁到重庆郊区北碚。抗战胜利后，于 1946 年全部迁回南京。尽管搬迁频频，但图书却未损失。1949 年中华人民共和国成立前夕，地质调查所的同事们为保护这一部分重要财产，不仅昼夜值班巡逻，而且全体动员，搬砖运土，封砌书库各个门窗，以防流弹射入，烧毁图书。1954 年，地质调查所图书馆从南京迁到北京，建立新馆。后来又扩建为中国地质图书馆。

（2）博物馆。1913 年，地质调查所刚刚成立时，就将地质研究所师生在野外工作所采集到的矿物、岩石、古生物以及地质现象等各种标本，陈列在丰盛胡同三号院内南部六间大厅里。1935 年 8 月，位于南京珠江路的地质调查所大楼建成，共三层，面积约 1500 平方米。二、三楼是地质矿产陈列馆，盛莘夫任主任，展出内容渐趋充实、完备。1937 年年初，已有矿物岩石、矿产、燃料、土壤、区域地质、动力地质、植物化石、无脊椎动物化石、脊椎动物化石、古生代地层、中生代及新生代地层、史前文化 12 个陈列室 11000 余件化石标本正式对外开放。南京沦陷前，重要标本迁往重庆。日军占领陈列馆，馆内驻兵，院内养马，珍贵标本丢弃严重。20 世纪 40 年代，日军在南京珠江路地质调查所大楼设立了“图书委员会”，其实就是一个专做从中国各地掠夺文化物品的转运站。抗战胜利后，地质调查所迁回南京，恢复陈列馆，又增加了一些新的陈列内容。由侯德封担任地质矿产陈列馆主任，中华第一龙禄丰龙陈列，以及普通地质、古生物、地层、矿物、岩石、土壤等陈列室又渐次恢复陈列。

（3）新生代研究室。在时任地质调查所所长的翁文灏和步达生积极推动下，1929 年 2 月 8 日，地质调查所新生代研究室成立于北京协和医学院，行政事务由地质调查所所长管理，经费由美国洛克菲勒基金会提供。新生代研究室主要从事周口店北京猿人遗址的发掘及化石研究，以丁文江为名誉主持人，步达生为名誉主任，杨钟健为副主任，德日进为名誉顾问。此后，杨钟健、裴文中等逐步主持新生代研究室的工作。新生代研究室的成立开拓了中国新生代研究的新局面，直接促成了北京猿人头盖骨化石等一系列重大发现，培养造就了中国地层古生物、古人类研究学科的第一、二代科学家。它在北京人遗址发掘和综合研究基础上，围绕人类起源、文化发展及其古环境条件为中心，开展了以华北第三纪晚期和第四纪地质、地貌、古生物为重点的考察和发掘，取得了许多重要成果，大多发表在《中国古生物志》《中国地质学会志》和《地质专报》等刊物上，在国际学术界赢得了很高的声誉。

（4）土壤研究室。自 1930 年开始，中华教育文化基金董事会资助，委托地质调查所调查全国土壤。地质调查所设立了土壤研究室。到 1949 年前的近 20 年间，对全国除西藏地区外的国土土壤都做过不同程度的调查，并出版了《土壤专报》《土壤季刊》及《土壤特刊》等刊物。还编制了 1∶300 万的《全国土壤图》（未能出版）。中华人民共和国成立后，全部人员及设备均转移到南京，成立了中国科学院土壤研究所。

（5）沁园燃料研究室。1930 年，北京实业家金绍基先生以其父金焘的字“沁园”名义，捐资为地质调查所建筑一栋三层楼房，成立沁园燃料研究室，研究石油及煤岩等。全面抗战时期，燃料研究人员一部分转到重庆动力油料厂，研究植物油裂化汽油；一部分到玉门石油公司。

3. 重要刊物

（1）《地质汇报》。创刊于1919年7月，为不定期刊物。到1948年为止，共出版37号。主要刊载各地地质调查报告，其中一部分是外文。

（2）《地质专报》。创刊于1919年，为不定期刊物，分甲、乙、丙三种。甲种共出版21号，主要刊载区域地质专题研究报告，以英文为主；乙种共出版10号，主要刊载与地质有关的记述或研究报告；丙种共出版7号，为历年之矿业统计，即“中国矿业纪要”。

（3）《中国古生物志》。创刊于1922年，为不定期刊物，分甲、乙、丙、丁四类，所用文字以英文为主。甲类为古植物化石，共出版6号，计10册；乙类为古无脊椎动物化石，共出版18号，计48册；丙类为古脊椎动物化石，共出版24号，计51册；丁类为古人类化石及其文化、共出版11号，计16册。

（4）《地震专报》。创刊于1930年，截至1935年，共刊行3卷。所用文字为英文。它主要刊载我国地震活动性研究、地震现象观测调查记录。

（5）《地球物理专刊》。创刊于1941年2月，为不定期刊物。到1945年止，共出版3号，刊载地球物理探测报告或论文。

（6）《燃料研究专报》。创刊于1930年，为不定期刊物。到1938年为止，共出刊31号。内容多摘自其他地质刊物，主要是煤、石油、油页岩等燃料矿产的研究和试验方法等方面的论文。附有英文摘要。

（7）《土壤专报》。创刊于1931年，为不定期刊物，共出版24号，刊载土壤方面的重要研究成果。

（8）《土壤》。创刊于1940年，为季刊，到1948年为止共出版7卷。主要刊载土壤调查报告及有关土壤方面的专题研究论文。

（9）《土壤特刊》。创刊于1934年，为不定期刊物。分甲、乙两种。甲种共出版5号，乙种共出版4号，刊载土壤调查报告或专题研究论文。

（10）《制图汇刊》。不定期刊物，共出版过4号。

地质调查所还出版了10余种图书，主要包括:《中国地层》（葛利普著）2册、《丁文江先生地质调查报告》《锥指集》（翁文灏著）等。此外还出版了1 : 100万分幅地质图14张。

4. 主要成果

在1913年至1949年间，地质调查所历届所长为丁文江、翁文灏、黄汲清、尹赞勋、李春昱，职工最多时曾超过100人，地质调查所也取得了一批国际学术界公认的、具有开创性的地质科研成果。

1）地质理论与中国地质图的创新

燕山运动。20 世纪 20 年代，地质调查所所长翁文灏在研究分析中外地质学家对中国东部和华北地区的野外调查和室内研究基础上，对该地区区域地质构造特征和构造运动时代进行了总结，创立了“燕山运动”理论，以及与之有关的岩浆活动和金属矿床成矿理论，被认为是对中国地质学影响深远的重大贡献。“燕山运动”被国际地质学界接受和认可，沿用至今。

多旋回构造理论。1945 年，黄汲清发表《中国主要地质构造单位》，采用地槽—地台学说，对我国大地构造特征做了初步总结，提出了多旋回构造理论，该理论具有重要和广泛的国际影响。

地质图件的编绘。由丁文江、翁文灏、曾世英编撰的《中华民国新地图》（又称“申报地图”）被誉为继康熙年间绘制的《皇舆全览图》之后又一部划时代的地图作品，开中国现代地图之先河，推动了中国地理学向现代发展的进程，当年欧美地理权威均给予很高的评价；地质调查所绘制了 1 : 100 万全国地质总图 10 余幅（附有说明书）；分省或分区的 1 : 5 万至 1 : 50 万不等的地质图三四百幅（多附于各种调查报告中）。

2）矿产资源勘探

这是地质调查所取得成果最多的领域，既有翁文灏、谢家荣等人的矿产地质理论研究成果，更有对玉门油矿的调查勘探，以及白云鄂博、攀枝花、淮南煤矿等许多重要矿产地的发现。在煤、铁、石油以及其他金属、非金属矿产调查方面开展了大量深入、细致的工作。1949 年以前，全国开采的煤矿中，有 80% ~ 90% 是经地质调查所的学者调查勘定的。1923 年，印行了翁文灏的《中国铁矿志》。20 世纪 40 年代初期，通过对西北部地区的多次石油地质调查，提出了陆相地层生油论。

3）古生物、考古及古人类学研究

包括中外地质学家合作研究取得的重大成果。1921 年，安特生、袁复礼等对河南渑池仰韶村的考古发掘，揭开了中国现代考古学的序幕，仰韶文化的发现使得考古学界由此开始了对中国新石器时代的了解和建构；20 世纪 20 年代以来，安特生、步达生、德日进、施丹斯基先后对周口店的发掘和研究；1929—1936 年，裴文中、贾兰坡等对北京周口店“北京人”头盖骨的发掘和研究，取得了世界领先、世人瞩目的学术地位。

4）地震科考与研究

地质调查所不仅开创了中国最早的地震科考工作，而且建立了世界一流、东亚唯一的专业地震观测机构鹫峰地震台，其印行的地震学术刊物和地震观测预报备受国际学术界的重视。翁文灏关于甘肃大地震的研究，在国际上率先将断层与地震联系起来，开辟了地震地质研究的新方向。

5）土壤调查与研究

20 世纪 30 年代起，地质调查所先后在山东、河北、陕西、甘肃、广西、广东、江西等省，开展了我国近代史上规模最大、范围最广的土壤资源调查，采集了万余件土壤标本，编绘了百余幅中国土壤图，发表了大量的调查报告和研究成果，开创了中国现代土壤学研究，培养了中国第一代土壤学家。

6）聚集并培养人才

地质调查所之所以能够创造出众多令世人瞩目的研究成果，有两大重要原因，一是与国际地质学界的广泛交流合作和国际地质人才的引进，另一个就是它汇集了一批当时中国地质学界最杰出的地质学家，并且不断培养和造就一批批优秀的年轻地质人才。从中国近现代地质学创始人章鸿钊、丁文江、翁文灏于 1913 年创办地质调查所、地质研究所开始，到 1949 年前，地质调查所的章鸿钊、丁文江、翁文灏、谢家荣、叶良辅、杨钟健、尹赞勋、孙云铸、俞建章、李春昱十人，担任过 25 届中国地质学会理事会的会长（理事长）中的 18 届。近 40 年来，地质调查所始终把培养年轻地质人才当作最重要的工作，在这些地质大师们指导下，一批批刚入科学大门的年轻人锻炼成长为学术骨干，乃至学科领袖。闻名遐迩的地质研究所毕业的谢家荣、王竹泉、叶良辅等“十八罗汉”都是长期在地质调查所工作，后来又分布在国内各个科学机构之中的。如叶良辅为中山大学地质系主任、国立中央研究院地质研究所代理所长；谢家荣为北京大学地质系主任、资源委员会矿产测勘处处长；朱庭祜为两广地质调查所所长、贵州地质调查所所长。还有黄汲清、杨钟健、尹赞勋、李春昱、裴文中等一大批大师级学者。1948 年，国立中央研究院首届院士中，地质学领域中共 6 人，有 4 人出自地质调查所，即翁文灏、黄汲清、杨钟健、谢家荣。曾在地质调查所工作过的地质学家，1949 年以后，有 48 位成为中国科学院和中国工程院院士。1955 年，中国科学院首届学部委员中，地学部 24 名学部委员有 17 位来自原中央地质调查所，这些成就都是同时期任何一个科研机构都无法与之相比的。

7）推动了地质学科发展，创造了经济社会效益

在 1949 年前的中国地质学界，地质调查所无可争辩地居于学术中心地位。由于地质调查所创办最早，后来的地质学科研机构和大学地质系成立时，该所几乎都会派出人员参与创办、教学。如李四光筹备国立中央研究院地质研究所时，翁文灏所长即派地质调查所叶良辅、徐渊摩参加工作；朱家骅筹办两广地质调查所时，叶良辅、谢家

荣又南下协助。后来相继成立省级地质调查所时，作为国家地质调查所又奉命抽调技术骨干支援，在组织规程、仪器设备、工作计划等方面给予帮助和指导。如地质调查所朱庭祜先后任两广地质调查所和贵州地质调查所所长，李春昱任四川地质调查所所长。丁文江、翁文灏、谢家荣、孙云铸等也长期在北京大学任教。

与此同时，地质调查所还推动了国内地质学相关学科，如地理学、气象学、古生物学、考古学、土壤学、地震学等学科在国内的传播发展。它的出色工作为国家和社会创造了显著的经济和社会效益。尤其在全面抗战时期，地质调查所地质学家在大后方从事地质矿产的调查和勘探，发现了一批国家急需的煤炭、金属矿山，特别是承担了开发玉门油矿有关的地质工作，地质调查所的燃料研究室更是直接为玉门油矿炼油厂提供了技术服务，为抗战作出了重要贡献。

（二）国立中央研究院地质研究所

1. 成立与发展

1927年年底，国立中央研究院院长蔡元培指定徐渊摩、翁文灏、李四光、朱家骅、谌湛溪任地质研究所筹备委员。1928年1月，国立中央研究院地质研究所在上海成立，李四光兼任所长。他马上在上海闸北区宝通路租用民房为地质研究所临时用房。7月，地质研究所搬到霞飞路1346号。11月2日，国立中央研究院购得曹家渡圣约翰大学附近廉泉、吴芝瑛夫妇在小万柳堂的花园别墅，地质研究所入驻。1932年1月28日，淞沪会战打响，曹家渡处在战线附近，几经商洽，地质研究所搬到极司菲儿路中国科学社图书馆两间会议室办公。1933年秋，李四光亲自选址，聘请杨廷宝设计，由朱森记营造厂建造的地质研究所办公楼在南京鸡鸣寺国立中央研究院院内建成。地质研究所才有了固定办公场所。新楼建筑分两层，设有各研究室、图书馆、陈列馆、摄影室、天秤室、化验室、岩石制片室等，还有标本储藏室和职员宿舍各一所（图4–22）。

图4–22　国立中央研究院地质研究所旧址（詹庚申摄）

1937年全面抗战爆发后，地质研究所内迁江西庐山，后又迁至桂林雁山、贵阳洛湾镇,1945年迁到重庆小龙坎黄葛湾。抗战胜利后，于1946年秋迁回南京鸡鸣寺。1949年，中华人民共和国成立时，该所大部分人员及仪器、图书都留在南京未动。

国立中央研究院地质研究人员不多，但比较精干。初期职员中，专任研究员8人，兼任研究员1人，特约研究员4人，助理员11人，绘图员2人，图书管理员兼庶务1人，文书2人。以后人员虽有更迭，但人数变化不大，到1948年6月，全所的研究人员33人，其中专任研究员13人、兼任研究员10人、通讯研究员6人，专任副研究员4人。上海时期，在该所任职的地质专家有叶良辅、李毓尧、李捷、徐渊摩、孟宪民、赵国宾、俞建章、斯行健、舒文博、何作霖、陈旭、许杰、刘祖彝、丘捷、喻德渊、张更、李璜、李毅、吴筱明、江涤玄等。由于所长李四光经常在外，院长乃正式任命叶良辅为代理所长，主持日常工作。全面抗战时期，由于经费短缺，部分研究人员曾留职停薪，借聘到别的单位去工作，如朱森到重庆大学和中央大学，张更、陈旭到中央大学，孟宪民、喻德渊、张祖还到资源委员会，李毓尧到湖南大学，许杰到云南大学，俞建覃是先借聘到中央大学，后来又到重庆大学。抗战胜利以后，被借聘的人员陆续回所。这一时期，所长李四光经常在国外，代理所长职务的是俞建章。

2. 工作特色

对国立中央研究院地质研究所的工作方向，李四光曾明确提出:“本所的研究工作，应特别注重讨论地质学上之重要理论，……目的在解决地质学上之专门问题。而不以获得及鉴别资料为满足。”他认为这是地质研究所与国内各地质调查机关“略有差别”之处。同时，李四光也很重视实地调查，他说:“野外调查是研究地质之张本。”他还非常注意同其他地质机关的协作关系，他要求在派调查人员时，要“事先与国内其他地质机关协商联系，减少同一地区之重复和人力物力之浪费”，并规定地质研究所除致力于地质学专门问题之研究外，还尽量接受公私机关委托解决的有关经济地质方面的问题。事实上，国立中央研究院地质研究所、中央地质调查所和资源委员会矿测勘处的地质人员也常彼此在这三个单位工作或兼职。如1919年第一次世界大战结束后，世界各国在巴黎召开和平会议。丁文江随北京政府特派员梁启超、蒋百里等人赴欧洲考察战后形势，旅途中仍不忘中国的地质教育事业。他在英国找到了李四光，建议他回国任教。李四光接受了他的建议，不久即回国任教。在丁文江促进下，北洋政府农商部1919年11月13日第一三一号令“技正上任事李四光派在地质调查所办事”。李四光回国后，去北京大学任教前就在地质调查所工作了几个月。谢家荣先后是地质调查所技正、国立中央研究院地质研究所研究员、资源委员会矿产测勘处处长。

国立中央研究院地质研究所的研究分成古生物地层、古植物、矿物岩石、矿床、地质构造及地质力学、地形地文及冰川 6 个组。虽然分了组，但遇到有关联的问题时，各组人员便通力合作。另外，所内还设有矿物实验室、古生物实验室、化学分析室及陈列室。抗战胜利后，又接收了日本在上海设立的自然科学研究所的一部分图书仪器。

3. 主要成就

国立中央研究院地质研究所从 1928 年成立到 1949 年中华人民共和国成立的 20 余年中做的工作主要如下。

1928—1929 年，应湖北省政府建设厅之请派员三队调查该省各矿区的地质矿产。

1929 年冬，与中央地质调查所合作，派员考察秦岭山脉的地质构造。

1930—1931 年，着重研究长江下游各省的地质，首先完成了宁镇山脉之构造及地史的研究。

1935 年，派两个队分赴云南省西北部，考察区域地质及矿产资源。

1939 年，曾派出数队赴广西考察煤、铁、锡、铋及钨等矿产，以求解决迫切需要的问题。

1942—1943 年，为弄明白南岭山脉及川鄂两省间与湘黔两省间各山脉的地层、构造及矿产，曾先后派出数个队赴山区进行考察，取得了相应的研究成果。

李四光创建了一个新的学科——地质力学。

李四光在庐山及其他许多地方发现第四纪冰川。

在金属矿产方面，广西钟山县糙米坪铀矿的发现，江西南部钨矿的调查与研究，湘西砂金矿的普遍考察与研究，鄂西铁矿床与铜矿床的发现，湖南水口山铅锌矿的研究，临武香花岭锡矿的研究，云南个旧锡矿的研究，云南会泽铜矿床的研究。

古生物研究主要成果有：江苏及其他各处古生代植物化石研究，中国后石炭纪珊瑚化石的广泛采集与研究，长江下游笔石化石的大量采集与研究，泥盆纪的腕足类化石、二叠纪的䗴科化石及三叠纪的菊石化石采集与研究。

测绘广西全省 1 : 20 万地质图，共 36 幅。

地质研究所还出版了一批出版物。①《中央研究院地质研究所集刊》，创刊于 1928 年 11 月，为不定期刊物。至 1949 年止，共出版 12 号，刊载该所重要研究成果和一部分调查报告。正文后附有西文的内容摘要。②《中央研究院地质研究所西文集刊》，创刊于 1930 年，为不定期刊物。至 1948 年止，共出版 9 号（编号为 9–17），刊载该所重要研究成果，其中多数为古生物方面的论著，全部用英文发表。③《中央研究院地质研究所专刊》，创刊于 1930 年，为不定期刊物，分甲、乙两种。甲种共出版 7 号，刊载古生物方面的重要论著；乙种共 2 号，刊载地质方面的重要论著。④《中央研究院地质研究所丛刊》，创刊于1931年3月，为不定期刊物，至1948年止共出版8号，刊载该所研究人员所做地质调查报告和专题论文，多数均用英文写成。⑤图书出版，主要有《龙潭地质指南》（朱森等）、《庐山地质图》（李四光、喻德渊）、《费氏旋转台工作方法》（何作霖）、《扭秤工作方法》等。抗战期间，中央研究院地质研究所的各种刊物全部停刊，仅出版不定期《简报》，总共约出过24号，刊发地质研究工作短文及简要报告，以及有关地质学方面学术问题的讨论。

（三）资源委员会矿产测勘处

1. 成立背景

资源委员会的前身是1932年11月在南京成立的国防设计委员会，是蒋介石授意建立的旨在“对国防经济进行调研，以此为基础工业建设做规划，为经济动员做准备”，就是为即将到来的抗战做工业和经济的准备。它分为8个部门：军事方面、国际关系、教育文化、财政经济、原料制造、交通运输、土地粮食、人才调查。它的工作重点是研究国防经济，在全国范围内调查矿业与重工业，制订统制计划；进行矿业、冶金、电力的技术研究。1935年4月，改隶军事委员会的资源委员会。初期由蒋介石自任委员长，翁文灏、钱昌照主持会务。1938年3月资源委员会改隶经济部，由部长翁文灏兼主任委员，钱昌照任副主任委员。1946年3月改隶行政院，后由孙越崎任主任委员。

资源委员会为国民政府设立的一个专门负责重工业建设的机构，下辖121个公司，近1000个生产单位，拥有技术和管理人员3.2万人，技术工人22.6万人。全面抗战期间，在极其艰苦的条件下，发动并资助上海民族工业150余家内迁武汉，又辗转迁往川滇各省，形成后方军需民用的生产力。同时在川滇等省建立国营重工业基地，支援抗战。

资源委员会的历史性贡献之一是带领全国地质同仁，在极其艰苦的条件下，以前所未有的爱国激情为抗战的胜利提供充分的矿产资源保障。与此同时，也在最短的时间里推进了全民族的工业化进程，更是较大程度地改变了东西部发展不平衡的现实问题。在这场事关民族生死存亡的战略选择中，地质工作始终走在全社会的最前列。南京政府的对日备战工作始于1932年11月参谋本部成立国防设计委员会。此时，翁文灏率先提出，“人才尤为推进一切事业之动力”，“欲动员人力，首须为现有技术人才之调查”。为此，国防设计委员会秘书厅调查处设“全国专门人才调查组”，对全国科技人才进行了首次摸底性普查。其间编制印发了《全国专门人才调查表》，对在全国各级各类的政府机关、教育机构、科研机构及工矿企业里的担任技术及管理职务，具有大专以上学历的人员进行了全面、广泛的问卷调查。基于收回的约8万份调查材料，统计分析了全国科技专门人才的数量与职务、专业，初步掌握了全国科技人才的分布及使用情况，并定期印发动态调查表，了解其是否学用一致，以及一旦发生战争如何调配人才等。编印了《全国专门人才调查报告》第1号（矿冶卷）、第2号（机械卷），提交政府相关部门参考，以为战时人才总动员之用。后又将其中部分内容编成《中国工程人名录》，由商务印书馆公开出版。通过对1932—1937年间，全国10万左右中专以上文化程度的人才进行了调查。调查结果显示，截至1937年5月，国内外地质和矿业科毕业生共计2495人。

2. 发展阶段

作为资源委员会重要部门的矿产测勘处历经五个发展阶段：1938年成立的江华矿务局（广西）；1940年6月成立的叙昆铁路沿线探矿工程处（昆明、昭通）；1940年10月成立的经济部资源委员会西南矿产测勘处（贵阳、重庆）；1942年成立的经济部资源委员会矿产测勘处（重庆）；1946年成立的资源委员会矿产测勘处（南京）。1940年6月15日，叙昆铁路沿线探矿工程处成立，其背景是根据前叙昆铁路矿业合作合同由资源委员会与有关机关合办。后来由于国际形势变化，叙昆铁路沿线矿业合作合同暂时无法执行，于同年10月11日宣告将其改组为西南矿产测勘处，其工作范围限于云南、贵州、四川三省。1942年10月1日，又将其改组为矿产测勘处，测勘范围不仅限于西南三省，而是一个全国性的矿产测勘机构，为资源委员会下属机构之一，处长始终由谢家荣担任。矿产测勘处为全面抗战时期的地质调查、勘查找矿、内迁企业、战时生产等做了大量的工作，有力地支援了抗战。

矿产测勘处设有总务、测绘、地质、工程、物理探矿、试验、会计7课。工作人员开始时多由江华矿务局及地质调查所借用，人数不过20余人，到1946年时，达到78人，其中技术人员约为管理人员的一倍。先后在这个单位工作的地质人员有李庆远、王植、南延宗、郭文魁、殷维翰、赵家骧、刘国昌、赵宗溥、贾福海、董南庭、严济南、沙光文、张兆瑾、刘汉、曹国权、马祖望、杨开庆、汤克成、业治铮、柴登榜、陈庆宣、杨庆如、余伯良、王承祺、马子骥、燕树檀、颜轸、杨博泉、何瑭、申庆荣等。矿产测勘处成立于全面抗战时期，经费困难，设备简陋，图书仪器更是缺乏。回到南京后，才买了一部分仪器和化学药品，成立了一个实验室，同时订购了十几部用汽油发动、装金刚石钻头的岩心钻机，可钻深度200～500米。

3. 取得成果

矿产测勘处主要目的就是要找矿。在“学理与应用并重”的原则指导下，作了大量具体工作：测量矿区，勘查地质，估计矿量；计划工程，代办探矿；鉴定矿物岩石，代制岩石薄片，制作矿山模型；绘印各种地图；代编工矿统计及其他咨询或委托事项，等等。1940—1950 年间，矿产测勘处取得了丰硕的成果。

1940 年，派出 10 队人员，到叙昆铁路沿线昆明至威宁段的个旧、保山、腾冲、兰坪，完成叙昆铁路沿线昆明威宁间十万分之一地质矿产图，详测威宁铜矿、个旧花岗岩、兰坪油田、滇西保山腾冲间地质矿产。

1941 年，派出 19 队人员，赴云南镇雄、威信、盐津、大关、彝良、威宁、昭通、鲁甸、水城、会泽、巧家、昆明、文山、祥云、弥渡、宾川、蒙化、龙陵、镇康、云县、猛勇，完成云南贵州各县区域地质矿产图 8 幅，详测昭通褐炭、威宁水城煤铁矿、乐马厂铅银矿、文山钨矿，概测滇西矿产、昆明附近铝土矿。

1942 年，派出 19 队人员，赴湖南桂阳、常宁、临武、郴县，贵州遵义、金沙，黔西修文、贵筑、大定、毕节，云南师宗、罗平、永善、巧家、东川、禄劝、武定、富民、嵩明、易门、玉溪、峨山，完成滇西滇东滇中黔西湘南若干区域地质矿产图，详测贵阳附近铝土矿、水城观音山铁矿。

1943 年，派出 11 队人员，赴湖南资水流域，常宁、永兴、新田、宁远、祁阳、江华，湘黔边境，贵州都匀独山间，贵阳、修文，云南彝良、昭通、鲁甸、水城、东川、昆明，西康南部，完成西康南部十万分之一区域地质矿产图。贵州云雾山分层采样，发现高级铝土矿。

1944 年，派出 8 队人员，赴贵州修文、开阳、贵阳、平越、平坝、都匀独山间。详测云雾山铝土矿、都匀独山间煤田。

1945 年，派出 9 队人员，赴四川长寿、巴县、简阳、隆昌，贵州都匀、修文、贵筑，云南富民、个旧，台湾。从事四川中部油田地质、台湾油气矿床、贵阳附近煤田调查。发现云南中部白色高级铝土矿，并证明黄色者由白色者风化而成。

1946 年，派出 15 队人员，赴河北开滦，安徽淮南盆地、当涂，江苏东海、南京附近，湖北大冶，福建漳浦，江西大余，湖南新化，广东乳源、乐昌、曲江，广西富川、苍梧、宾阳，四川绵阳、遂宁、巴县、汉渝公路沿线、隆昌，云南个旧，详测开滦煤田、东海磷矿、福建漳浦铝矿、大冶铁矿、广东广西钨矿、四川中部油田、钻探淮南新煤田。发现淮南八公山新煤田。

1947 年，派出 24 队人员，赴辽宁海城，河北临榆、唐山、开滦，江苏铜山、东海、六合、江浦，安徽滁县蚌埠间，江西庐山、宜春萍乡间，台湾新竹，福建漳浦，湖南新化、安化，广西钟山、河池南丹间，田东、田阳、西林、西隆，广东云浮、新会、阳春、阳江，河南英豪，四川巴县、遂宁渠县间，南川、绵阳、江油、荣昌、永川、隆昌、威远、自流井、犍为、灌县，西沙群岛，从事地质矿产调查。完成主要工作包括东北铀矿、台湾新竹煤田、广西铀矿、钻探湖南新化锑矿、湘江煤田、淮南煤田、详测四川中部煤田。打钻总尺度3000多米，发现淮南新煤田更多的矿量、凤台磷矿、福建漳浦铝矿、凤台山金家煤田。

1948年，派出24队人员，赴江苏南京、镇江、江阴、无锡，浙江吴兴、杭州、绍兴、江山，安徽宣城、凤台、淮南，江西万年、丰城、分宜、萍乡、永新、泰和、瑞昌、湖口，广东英德，海南，雷州半岛，广西富贺钟区、右江，四川巴县、中江，湖北武昌。完成台湾地下水、江西鄱乐煤田、丰城余干间煤田、广西稀有元素、钻探土地堂煤田、凤台磷矿、西湾煤田，打钻总尺度4877多米。发现南京栖霞山铅矿、江苏句容下蜀钼矿、桂西菱铁矿。

1949年，派出9队人员，赴江苏江宁、栖霞山、宁镇山脉，安徽当涂、淮南、铜陵，山东招北、掖县、莱阳。完成鲁中南区域地质矿产图、大淮南盆地地质矿产，详测玲珑金矿、山东粉子山菱镁矿、莱阳石墨矿、铜官山铜矿、槽探栖霞山铅矿，证明当涂大黄山矾石矿，发现山东南墅蛭石矿。

1950年，派出12队人员，赴东北鞍山、本溪、夹皮沟、老牛沟，淮南八公山、定远，安庆以北，鲁南新蒙，胶东东西两部，南京附近，钻探八公山煤田、定远理想煤田，金岭镇铁矿、铜官山铜矿、栖霞山铅矿。完成各区域路线地质图，矿区地形地质详图，共拟钻探7900米，迄8月底，完成2036米。证明八公山新煤田储量可达10亿吨。发现金岭镇北金招铁金、栖霞山黄铁矿闪锌矿方铅矿、南京附近磷矿，沥青矿及硅藻土矿、杭州西湖磷矿（与浙江省矿产调查所合作）。

1950年，曾任矿产测勘处处长的谢家荣在接管会上说："矿产测勘处成立10年来，用数字来说，发现了1000万吨以上的黔滇一水型铝土矿，10亿吨的淮南八公山新煤田，260万吨的凤台磷矿，60万吨的漳浦三水型铝土矿，以及矿量还没有确定的栖霞山黄铁矿等。从1946年我们开始做钻探工作到今天，四年半来我们一共钻了12000米的钻眼。这个数字，可算是中国人在中国境内打钻所完成的最高纪录了。"

4. 出版刊物

《矿测近讯》，为月刊，1941年年初创时为油印，只报道一些地质勘测方面的消息。从1945年11月份第51期起改为铅印，并开始刊登地质探矿方面的论文及报告。到1950年年底，矿产测勘处结束时，总共出了118期。每期一般只有3～5篇文章，10多个页码，但报道却很及时。

《临时报告》，为油印，多刊野外调查报告，从1941年创刊到1950年止，共出

100余号。

《经济地质丛刊》，为西文刊物，创刊于1944年，只出过两号，刊载地质探矿方面的论著。

《年报》，创刊于1940年，到1947年共出版8号，概略介绍矿产测勘处（图4-23）每年的工作进展情况，包括事务、测勘、室内工作等各个方面。

图4-23 资源委员会矿产测勘处旧址（詹庚申摄）

（四）省级地质调查机构

1. 河南省地质调查所

成立于1923年，是最早成立的省级地质调查所。隶属于河南省政府建设厅。1927年以前，先后有吴霭臣、陈叔玉、魏中谷、曹云章、张鸣韶等担任所长。1927年冬，因经费困难停办。1931年5月再度恢复，所长由张人鉴担任。该所有地质技术人员六七名。该所曾调查矿产种类达20种，编印各种地质图50余幅。当时该所出版的刊物有：① 1932年7月，河南省地质调查所创办《河南省地质调查所汇刊》，系年刊，共办5期，主要刊载河南各地地质矿产的调查与研究报告、钻探记录以及地质学有关问题的论述。1937年1月停刊。②《河南省地质调查所地质专报》，创刊于1934年，2集，刊载河南地质调查报告及矿业专题研究论著。③ 1933年11月，河南省地质调查所创办《河南省地质调查所地质报告书》，系不定期刊，共办7期，主要刊载河南地区的地质矿产调查报告。1936年停刊。④出版《河南省矿产志》《河南省铁矿志》

《河南省煤矿志》。

2. 云南省地质矿产调查所

早在 1925 年，即成立了云南省实业厅地质调查所，朱庭祜任所长，1927 年年底停办。1937 年再度创办，不久即停办。1942 年，西南联合大学地质系教授与云南省政府合作成立云南省地质产调查所。所长由建设厅厅长张邦翰兼任。所内分总务、地质、矿产、陈列、出版等课。成立后第一年，调查了滇越路沿线地质矿产，由孙云铸、袁复礼、冯景兰、张席禔分头进行。第二年详查了昆明地区的地质及矿产。第三年建设厅委邓履方为所长，调查区域为滇北各县。1945 年西南联合大学北迁，地质矿产调查所相对停顿。

3. 湖南省地质调查所

1927 年春，湖南省地质调查所成立，隶属于湖南省政府建设厅。初期在长沙上黎家坡 33 号，抗战时期曾迁至黔阳。第一任所长为李毓尧，此后刘基磐、田奇瑰曾接任过所长。出版的刊物有：① 1927 年 12 月，湖南省地质调查所在长沙创办《湖南地质调查所报告》，为不定期刊物。它分《地质志》《矿业专报》和《经济地质志》3 种。至 1936 年 12 月停刊止，共出版 18 期，其中有《地质志》3 册、《矿业专报》3 册、《经济地质志》12 册，均为对湖南地区进行地质矿产调查所得的实际成果。②《湖南省地质调查所专报》，分甲、乙两种。甲种创刊于 1934 年 9 月，截至 1938 年 8 月，共出版 4 号，内容为湖南铁、锰、钨、锑的矿产志；乙种创刊于 1936 年 6 月，只出过 1 号，为长常区地质志。湖南地质调查所开展了长沙、湘潭泥盆系研究，测制了调查区的 1 : 15 万至 1 : 100 万地质构造图，分别出版了调查报告。

4. 两广地质调查所

1927 年 9 月，两广地质调查所成立。该所最初隶属于广州政治分会，1929 年 4 月改隶中山大学。先后担任该所所长的有朱家骅、朱庭祜、何杰、杨遵仪、潘钟祥等。出版的刊物有：① 1927 年，两广地质调查所在广州创办《两广地质调查所年报》，系年刊，共出版 5 期，1934 年停刊。内容为两广地区地质、矿产、地层及煤田方面的调查与研究论文，此外还有部分关于浙江地质及煤田、铁矿、铜矿、萤石矿的文章。②《两广地质调查所特刊》，创刊于 1929 年，不定期出版，到 1941 年止，共出版 19 号。专载地质矿产、矿物、岩石、古生物、地震等方面的专题研究报告。研究地区除两广外，还涉及四川、云南、内蒙古等地。③《两广地质调查所古生物志》，创刊于 1930年，为不定期刊，仅出了1卷2册，发表了广东地区古生物研究论文2篇。④《两广地质调查所集刊》，创刊于 1943 年，系不定期出版，仅办 2 期，专载地质矿产调查报告及研究论文。1949 年停刊。⑤《地质矿产报告》，与广东省政府合作创办，创刊于 1943 年，系不定期刊物，一年之内，共办 6 期，都是广东地区地质矿产调查报告。当年停刊。⑥《金矿报告》，与经济部采金局合作，创刊于 1943 年，只出过 2 号，内容为广东连山和开平石井山砂金的调查报告。

5. 江西省地质矿业调查所

1928 年 10 月，江西地质矿业调查所成立，卢其骏、尹赞勋、高平先后任所长，隶属于江西省建设厅。先后开展过大、中、小不同比例尺的地质、矿产、土壤调查及专题研究计 95 项，提交各类调查报告达百余份，其中编制了 14 幅 1∶20 万区域地质图和地质矿产调查报告，调查面积约 4 万余平方千米。编制了 1∶100 万《江西省地质图》和《江西省矿产图》。该所出版物有《江西省地质矿业调查所年报》《江西省地质矿业调查专报》《矿声》《赣南地质矿产调查报告》《江西省地质矿业调查所地质汇刊》。

6. 浙江省矿产调查所

1928 年，浙江省矿产调查所成立，所长为蒋尊第，任职的人员有燕春台、李陶、金维楷等人。开展了一些区域的地质测绘及矿产调查工作。1932 年，浙江省建设厅矿产调查所改名矿产事务所。李陶、金维楷沿着铁路线进行矿产调查，范围包括萧山、诸暨、金华、兰溪、江山、建德、遂昌等地区 10 多个县，观察的矿产地达 80 多处，编写了《浙江省杭江铁路萧山、兰溪段沿线之地质矿产》《浙江省杭江铁路兰溪、江山段沿线之地质矿产》《浙江省建德铜官铁矿报告》等调查报告。同年出版过《浙江省地质矿产调查汇报》，共 2 号。1937 年春，曾成立浙江矿产调查团，全面抗日战争爆发后工作停顿。直到 1949 年 8 月杭州解放，才再度成立浙江省地质调查所，所长朱庭祜，副所长盛莘夫。

7. 中国西部科学院地质研究所

1930 年 9 月，爱国实业家卢作孚在四川北碚创建中国西部科学院，它是中国第一所民办科学院。全面抗战时期，中国西部科学院为内迁北碚的经济部中央地质调查所、中央工业试验所，国立中央研究院动植物研究所、物理研究所、心理研究所，中国科学社及中国科学社生物研究所等学术机关提供仪器、设备、图书乃至房屋的帮助。中国西部科学院为科学发展、经济建设和科普教育作出了巨大贡献。1932 年 7 月，中国西部科学院地质研究所成立，常隆庆任主任。经费来源为重庆民生公司、川康银行、美丰银行的捐款以及四川当地政府及实业部地质调查所的补助。主要工作为调查四川、西康的地质矿产资源；进行嘉陵江下游以及川东、川南、川西等地地质构造调查。其间，积极与四川省建设厅、中央地质调查所、四川省地质调查所等机构合作，共同进行四川及西康的地质矿产调查研究。1938 年 2 月，并入新成立的四川省地质调查所。中国西部科学院与四川省地质调查所以合作者身份共享发表成果。至 1938 年 2 月，该所并入四川省地质调查所。出版刊物两种：①《中国西部科学院地质研究所丛刊》，创刊于 1933 年，为不定期刊物。到 1937 年止共出版 3 号，主要刊载西南地区地质矿产考察研究成果及有关论著。②《中国西部科学院地质研究所集刊》，创刊于 1933 年，只出过 1 号，内容主要为川南重庆间地质志。

8. 晋绥兵工测探局矿产课地质调查室

1932 年开始，在山西成立西北实业公司矿业部，为山西省地区性的地质调查机构，后改为晋绥兵工测探局矿产课地质调查室。工作人员有侯德封、周德忠、李士林、任绩、杨步云等。先后对山西省大部分县进行了系统的路线地质调查，并编制了 1∶20 万区域地质（略）图及说明书。

9. 贵州省地质调查所

1935 年 9 月，贵州省地质调查所成立，所长为朱庭祜。1936 年秋，隶属关系由省政府改为建设厅，由厅长胡嘉诏兼任。工作无进展。1941 年，成立贵州矿产探测团，由省建设厅与贵州企业合办，负责人为乐森璕，成员有蒋溶、罗绳武、张祖还等。曾先后测勘梵净山的金，铜仁松桃的铅银，威宁水城的铜、铁、煤，平越、贵定、龙里、贵筑、开阳、清镇等县的煤铁，龙头大山的煤、瓷土、玻璃砂，道义的锰，正安的芒硝，雷公山以及独山、都匀、麻江、贵定等县黔桂铁路沿线的地质和矿产，并发现贵筑、修文、清镇等县的铝矿。至 1945 年，矿产探测团因经费困难，工作停顿。1946 年，又重新设立地质调查所，地址在贵阳贵州科学馆，所长乐森璕，技术人员仅三四人。

10. 四川省地质调查所

早在 1936 年，成立了四川省地质矿产调查委员会和四川矿产调查团。1938 年 2 月，成立四川省地质调查所，地质设在重庆小龙坎。李春昱、侯德封、常隆庆先后任所长。出版物有《四川省地质调查所地质丛刊》《四川省地质调查所西文专刊》《四川省地质调查所矿产专报》。

11. 西康地质调查所

1939 年 8 月，西康地质调查所成立，地址设在康定。第一任所长为张伯颜，1945 年后由崔克信继任。该所曾于 1941 年出版《西康地质调查所地质汇报》1 号，其中刊有康定附近、川康公路雅南段、天全县西部地质矿产方面的论著。此后，相继派出张兆瑾、任泽雨、胡熙赓对四川康定附近的地质矿产进行了调查，调查报告载于西康地质调查所《地质汇报》第一号（1947 年）。

12. 福建省地质土壤调查所

1940 年，福建省地质土壤调查所成立，隶属福建省建设厅，地址最初设在永安，抗战胜利后迁往福州仓前山洋墓顶。第一任所长为周昌芸，1947 年后由丘捷继任。测制全省 1∶50 万及 1∶20 万地质图，并研究地层系统、地质构造及火成岩等。燃料及急用矿产，以及贵重矿产及全省矿产的普遍调查。测制各种比例尺的土壤图，并择重要农区及荒土区测制土壤利用图、垦殖设计图等。主要刊物有：①《福建省地质土壤调查所地质矿产报告》，创刊于 1942 年 12 月，为不定期刊，至 1950 年 3 月停刊止，共出版 14 期。②《福建省地质土壤调查所土壤报告》，创刊于 1941 年，系不定期刊，至 1948 年停刊止，共出版 11 期。③《福建省地质土壤调查所专报》，创刊于 1943 年 5 月，系年刊，共办 6 期，1947 年停刊。④《福建省地质土壤调查所年报》，创刊于 1942 年 12 月，到 1947 年 5 月停刊止，共出版 6 期。

13. 新疆省地质调查所

1943 年 12 月 31 日，新疆省地质调查所成立，地址在乌鲁木齐（当时称迪化）和阗街 88 号，所长为王恒升，成员有 30 人左右，骨干有韩修德、胡厚文、李之玉、何铭钰、孔繁文、杨晓亭等，分事务、调查、化验等室。完成的有据可查的地质矿产报告 117 份，还撰写了一些有价值的学术论文。大部分都刊于该所的出版物中。①《新疆省地质调查所专刊》，创刊于 1945 年，为不定期刊，共出 13 期。②《新疆省地质调查所地质调查报告》，创刊于 1943 年，系不定期刊，共办 25 期，从第 4 号起更名为《新疆省地质调查所地质矿产简报》。1946 年停刊。

14. 台湾省地质调查所

1946 年，在接收日本在台湾所建地质调查机构的基础上建立地质调查所，地点在台北北投温泉，毕庆昌任所长。内部组织有总务会计、普通地质、金属矿床、非金属矿床及制图，有职员 20余人。曾于 1947 年创办不定期刊物《台湾省地质调查所汇刊》，出过一两期，刊载了台湾地区地质矿产调查与研究著作，并有台湾地震记录等。

15. 察绥地质调查所

1947 年成立，1948 年改为察哈尔地质调查所。

16. 湖北省实业厅

1925 年，湖北省实业厅创办《湖北地质矿产专刊》，共办 6 期，1926 年停刊。

此外，还有一些省区也相继成立了地区性的地质调查机构，或存续时间短，或所做工作少。例如，福建建设厅矿产事务所，1935 年成立，1937 年撤销；宁夏地质调查所，1946 年成立，1948 年撤销。

三、国立中央研究院相关研究机构

早在全面抗日战争爆发以前，国立中央研究院就委托李四光筹办地理研究所。1940 年，在中英庚款董事会的资助下，在北碚设立中国地理研究所。中国地理研究所下设自然地理、人生地理、大地测量、海洋 4 个组。自然地理主要从事地貌、土壤、气候、地质和综合自然地理等方面的研究。在建所初期即开展了嘉陵江流域、汉中盆地、川东地区、大巴山区等地的地理考察。考察报告多发表在《地理》杂志上。《地理》在当时以中级刊物的面貌出现，到 1949 年，先后共出 6 卷，刊载了 100 多篇文章。

四、陕甘宁边区等根据地的地质机构

（一）管理机构

1. 军委军事工业局第一科

该机构又叫工厂管理科。科技人员仅汪家宝一人。汪家宝，1937 年清华大学地学系毕业。1940 年年初任军委军事工业局工程师，参与过延长石油厂、蟠龙铁矿、延安陶瓷厂等厂矿的地质和采矿工作。

2. 边区建设厅工矿科

该机构主要负责煤矿、岩盐、碱矿的地质和采矿工作。科长孙霁东是留德归国的采矿工程师。工作人员有范幕韩，北京大学 1939 级学生。

（二）调查机构

陕甘宁边区时期，有一个特殊的学术团体和一个特殊的教育机构，即甘宁边区地质矿冶学会和延安自然科学院地质采矿系。对这两家机构的性质不能望文生义，它们并非传统意义上的一般性的科教组织，而是肩负着为陕甘宁边区地质调查和矿产开发提供服务的特殊使命。

1. 陕甘宁边区地质矿冶学会

1941 年 11 月，陕甘宁边区自然科学研究会设置了陕甘宁边区地质矿冶学会（简称地矿学会），由陕甘宁边区政府、军事工业局和自然科学院等几个系的地质技术干部组成。武衡被选为会长。成员有莫汉（范慕康）、胡科、孙霁东、汪鹏（汪家宝）、张朝俊（张俊）、佟城等人。地矿学会的工作是在边区大生产运动高潮的特殊背景下启动的。地矿学会成立伊始便开始研究边区的地层，搜集岩石、矿物、古生物标本；在延安中山图书馆附近布置了两间陈列室，向所在地区普及地质矿产知识。当时陕甘宁边区的地质调查工作，主要是由地矿学会组织进行的，在边区地质矿冶人才极其短缺的条件下，对促进边区的经济发展发挥了积极作用。

2. 延安自然科学院地质采矿系

1939 年年底，延安自然科学院成立。第一任院长是李富春。该院设初中部、高中部、大学部。大学部下设物理（后改为化学工程）、生物、地质采矿等几个系。1940 年 9 月正式开学。地质采矿系主任是学采矿的张朝俊（张俊）。学员有胡琦、黎扬、黄墨滨、张炘、欧阳炎等人，地质学教员只有武衡一人。没有图书、仪器和设备，只有铁锤、罗盘、放大镜，标本靠自己采。专业课有地质学、矿物学、古生物地层学。教材都是由教师自己编写。尽管武衡在 1943 年延安整风运动中受到不公正待遇，地质采矿系被撤销，但却在解放区播下了地质教育的种子。

（三）调查活动

1. 对陕北盆地进行地质普查

1941 年 9 月，地矿学会组织东、北两路地质普查活动，历时约一个月。东路由汪家宝带领，从延安去延长、延川、蟠龙、永坪一带；北路由武衡带队，从延安去安塞、清涧、绥德、米脂一带。后来武衡又与汪家宝在永坪会合考察。这次地质矿产调查大致地了解了陕北盆地地质情况及边区的煤、油、铁、油页岩等矿产情况。

2. 石油资源地质调查

1941 年组织的调查活动对石油的了解较为深入。考察成果表明，陕北油田大致有延安、永坪、延长三层，延安层居上，属下侏罗统；永坪层居中，属上三叠统；延长层居下，属上或中三叠统。其中，除延长老油区生产石油的自然条件较好外，永坪有明显的有利于储油的背斜和断裂构造，而延安产油的地质条件差。因此建议把工作重点放在永坪和延长地区。同年，汪鹏在延长西部七里村一带找到了一个新的储油构造。先后打井五口，其中两口是自喷井，使延长油田原油产量大幅度增长。1944 年，佟城也调查了延长油田地质情况，并发表论文多篇。

3. 铁、煤资源地质调查

1941 年，在炼铁实验取得成功的同时，为了给炼铁厂寻找铁矿、煤矿和耐火粘土等原料基地，军工局委派地矿学会到关中地区执行地质调查任务。关中衣食村至赤水，是一条长五十多千米的煤带，俗称“陕西黑腰带”。在这一地区发现了可以炼焦的烟煤，还有较好的铁矿、耐火粘土以及熔剂灰岩、硅石等。1944 年，在陈云同志领导下，西北财经办事处组织了由陈郁带队，佟城、莫汉、汪鹏等人参加的地质调查团，先后调查了幡龙铁矿和瓦窑堡的煤田、铁矿。根据群众提供的线索，在秦家塔一带发现当地不仅有大约六米厚的煤层，而且还有铁矿。经研究，决定在瓦窑堡建设西北铁厂。

4. 其他矿产地质调查

几年间，地矿学会还对石英砂岩、锰、盐、碱、石膏、芒硝等进行了地质调查。

（四）科普活动

1943 年，陕甘宁边区举办了工业展览，其中的地质矿产馆备受瞩目。毛泽东主席对在边区发现的一件鱼化石标本表现了较大的兴趣。当时的《延安日报·科学园地》上经常发表地质矿产方面的科普文章。

（五）领军人物

（1）武衡（1914—1999 年），延安时期地质工作的领军人物。出生于江苏徐州。1934 年，在清华大学地学系学习。1936 年，加入中国共产党。1939 年，在延安任中共中央青年工作委员会秘书、联络处长。1941 年，担任延安自然科学院地矿系教员。1949 年，担任东北工业研究所所长。1952 年，担任中国科学院东北分院秘书长、党组书记。1954 年，担任中国科学院副秘书长、院党组副书记。1955 年，参加了中国科学院学部的筹建工作，并当选为地学部的学部委员。1972 年，任中国科学院党组副书记。1977 年，任国家科委常务副主任、党组副书记。武衡为建立中国科研机构管理制度、研究生制度、科学奖励制度、科技情报事业和专利制度等做了大量开拓性工作。2004 年 3 月 6 日，国际天文学联合会小行星提名委员会正式批准将国际编号为 56088 的小行星正式命名为“武衡星”。

（2）宋应（1916—1975 年），河北枣强人、地质学家。中国地质工作计划指导委员会副主任、原地质部副部长兼全国储量委员会主任，国家地质总局顾问。1932 年，宋应参加党的外围组织——反帝大联盟，任支部书记；1933 年考入北京大学地质系，毕业论文《地质学在军事上的应用》获得各方好评并刊登在北大刊物上。1935 年，宋应组织并参加“一二·九”运动。1936 年入党，曾担任北大“民先”分队长、北大学生救国委员会执委和中共北大中心支部书记。七七事变后他被党派到山西，担任晋西北临时省委秘书长和临县中心县委书记、临县地委书记等职。1952 年年初，经李四光举荐，宋应调任中国地质工作计划指导委员会副主任。在拟订第一个五年计划时，为武汉、包头两大钢铁基地的建设与苏联谈判，苏联方面认为中国地质资料不足，在是否列入援建项目上不敢定夺。他亲往莫斯科与苏联专家洽谈，分析大量资料、数据透彻入理，苏联专家极为佩服，终于做出援建决定。为此，毛泽东主席赞扬他立了一大功。1960 年，宋应因病去海南休息，此间他实地考察了海南地质情况，写了大量论文。1963 年，出版《地质勘探若干问题》一书。

（3）佟城（1912—1996 年），辽宁沈阳人。1933 年考取北京大学地质系，师从我国著名地质学家李四光、谢家荣及孙云铸等教授。1935 年参加“一二·九”运动，1937 年北京大学地质系毕业，次年 4 月在山西入党，与北大、清华共七名进步同学奔赴山西抗战一线。从 1938 年年初到 1943 年春，佟城先后在太行太岳地区、晋冀鲁豫边区敌后开展抗日工作，还根据边区需要开展了地质矿产调查，组织开采了黄铁矿、煤矿和铁矿，建铁厂炼铁，铸造地雷、手榴弹。1942 年，佟城在太行地区八路军总部配合黄崖洞兵工厂找铜、铁矿，解决军工武器用原料以支援抗日前线。1944 年春，陕甘宁边区建立西北炼铁厂，在陈云同志领导下，佟城与其他同志组成的地质调查团先后开展煤炭、铁矿、耐火粘土和炼铁辅助原材料的找矿工作。1945 年夏天，终于打到了厚两米的理想煤层。建成了瓦窑堡第一座炼铁厂。1944 年，佟城调往延长石油厂，开展石油普查，发表三篇论文，即《延长石油地质概况》《对于延长附近旧井位位置的评论》《新确定井口位置的说明》，为延长石油的开发提供了宝贵的资料。佟城等地质学家经过近半年的辛勤劳动，初步摸清了延长石油蕴藏情况，打出了高产油井。这也打破了美孚石油公司自 1907 年以来长期在中国未打出高产油井的纪录，轰动了边区。1944 年，毛泽东主席为延长石油厂题写了“埋头苦干”四个大字以资鼓励。延长油矿直接保障了延安地区军民用油，为抗日战争提供了物资保证，为解放区石油开采谱写了光辉的一页。1946 年，佟城跟随胡耀邦同志率领的队伍从延安出发，奔赴东北。1946 年 4 月，组织委派佟城去接管中国东北科学院及长春地质调查所。另外，根据东北工业部的部署派科技人员赴鞍钢协助建立化验室，以帮助鞍钢恢复生产。1953 年，佟城受地质部委派率精干地质队奔赴青海进行地质普查工作。他们共调查了十九处矿产地，找到锡铁山特大型铅锌矿。1954 年，国家计划委员会及中国科学院派佟城等人组成铀矿考察队考察铀矿地质，这是中华人民共和国最早组成的第一批铀矿地质队。1955 年 2 月，佟城调到二机部三局从事铀矿地质工作。1958 年，中央领导召见佟城，下达紧急任务。在接受任务的当晚，二机部三局召开紧急会议，决定由佟城组织实施。

具体由三〇九大队一一分队完成。佟城同研究技术人员就萃取法进行了理论探讨和反复的实验研究。该队派出150名技术人员和工人盖起了工棚，历经多次试验后，土法炼铀终于成功。佟城从始至终组织参加了这个项目的实施。为我国1964年10月试爆第一颗原子弹解决了急需，争取了时间，作出了贡献。

（4）黄劭显（1914—1989年），山东即墨人。1931年到北平上高中，参加进步学生抗日救亡运动。1932年，他参加了反帝大同盟。1934年，考入北京大学地质系，并加入了中共地下党，在1935年的“一二·九”运动中表现积极。1937年，抗日战争全面爆发后，他离开北平，到大后方甘肃工作了两年。1939年，他到云南昆明的西南联合大学地质地理气象系复学。1940年毕业，投身地质事业。1949年前他先后在资源委员会矿产测勘处、中央地质调查所西北分所等单位工作，在西南、西北大后方进行区域地质测量、填图及石油等矿产调查，取得了很大的成绩。1955年，黄劭显被调到第二机械工业部（后来“核工业部”），参与筹建中苏合作的中国第一支铀矿地质队——三〇九队。黄劭显作为中方地质技术负责人，任副总地质师。20世纪60年代，黄劭显在中国首先突破花岗岩型和碳硅泥岩型两种铀矿类型，提交了中国首批铀工业储量，建立了首批铀矿山，建成了首批核工业基地。为1964年我国成功试爆第一颗原子弹，提供铀原料立下了大功。1980年，黄劭显当选为中国科学院院士（地学部委员），成为我国铀矿地质领域第一位院士。

第三节 地质学术团体

一、中国地学会

1909年，中国地学会创建于天津。1912年，从天津迁至北京。该会很重视国际交往，外派联络人员常驻国外，与国际学术组织保持联系。1928年，派姚士鳌参加柏林地学会百年纪念大会。1930年，派人参加英国皇家地理学会百年纪念大会。学会所创办了《地学杂志》月刊，1913年迁至北京。后来因经费困难改为双月刊，以后又改为季刊、半年刊。1923年后，曾几度停刊，直到1928年才得恢复。办刊经费主要靠募捐，杂志编辑无报酬。为了筹措经费，创办人张相文时常四处奔走。1937年停刊，前后出版25卷，181期，发表的地质类文章约160篇，矿产类文章约80篇，各种地质矿产图共22幅。章鸿钊早年写的几篇文章几乎都发表在《地学杂志》。翁文灏、谢家荣、谭锡畴、李春昱、王恒升、丁道衡等地质学家，都曾在该刊上发表过文章。详细报道了第十一届、第十二届国际地质大会以及中国地质学会成立大会，是早期地质学界的重要学术平台。

二、中国地质学会

包括地质学在内的近代科学技术自19世纪传入我国以来，在中国大地上掀起了19世纪中叶的“师夷之长技”、20世纪初年的“科学救国”“实业救国”热潮。早在1912年，章鸿钊就呼吁成立地质学会，他说：“地质学会者，为国人学术团体，其于地学范围内，不惟纯粹学理，即凡有裨补社会、指导政府等事，均宜集思广益，全部规划，督促进行。”1909年成立的中国地学会，1913年成立的地质调查所、地质研究所，中国地质学已渐有发展，地质学者组织起来，相互切磋学问，争取社会各界对地质工作的支持。

为了加强国内地质工作者之间的联系，与国外地质学会进行学术交流和交换刊物，1921年，受丁文江、翁文灏委托，时任北洋政府农商部地质调查所技师的袁复礼和谢家荣商议成立地质学会、草拟《中国地质学会章程》。起草的章程后由葛利普教授修改，交翁文灏定稿。于是，由章鸿钊正式发起，邀请地质调查所的地质学家、北京高等学校地质系教师和来北京工作的中外地质学家们共商成立学会的计划得到积极的响应。

1922年1月27日，26名中外地质学家在北京兵马司九号农商部地质调查所集会，讨论成立中国地质学会事宜。会议由丁文江主持。与会人士逐条讨论了学会章程。丁文江提议成立一个筹备委员会，由章鸿钊、翁文灏、李四光、王烈、葛利普5人组成。参加此次会议的26名中外地质学家即为中国地质学会的创立会员。有专家研究，创立会员26人中有几人尚在国外留学，未能到会。

1922年2月3日，中国地质学会在北京举行成立大会（图4-24），章鸿钊主持会议。大会通过了学会章程，宣告中国地质学会正式成立。大会选举出1922年度学会职员，章鸿钊为会长，翁文灏、李四光为副会长，谢家荣为书记（相当于秘书长），李学清为会计。《中国地质学会会刊》同时创刊，丁文江当选评议员兼编辑主任。

中国地质学会26位创立人分别是章鸿钊、翁文灏、李四光、谢家荣、李学清、安特生（瑞典）、董常、丁文江、王宠佑、王烈、葛利普（美国）、叶良辅、袁复礼、赵汝钧、钱声骏、周赞衡、朱焕文、朱庭祜、李捷、卢祖荫、麦美德（女，美国）、孙云铸、谭锡畴、仝步瀛、王绍文、王竹泉。这 26 名创立会员中，除王烈、麦美德等 3 人外，其余 23 人都是服务于农商部地质调查所，袁复礼、李四光、葛利普和孙云铸亦在地质调查所兼职。

图 4-24　1922 年中国地质学会部分创立会员合影（马思中、陈星灿供图，祖茂勤修图）

《中国地质学会会章》规定：“凡地质学家和其他对地质学有兴趣的科学家，得为会员；凡学习地质学及其关系科学成绩优良的大学生，得为会友。”1923 年 1 月召开中国地质学会第一届年会时，有会员 68 人、会友 9 人。1932 年 8 月，有会员 233 人，会友 43 人。1941 年 4 月，有会员 375 人，会友 103 人。1947 年 11 月，有会员 436 人、会友 78 人。中华人民共和国成立前夕，中国地质学会会员总数为 510 人。在发展和演变过程中曾出现过创立会员、永久会员、普通会员、团体会员、通讯会员和名誉会员等不同类别。其中通讯会员和名誉会员是专为外籍学者规定的会员资格。在第二届年会上通过的通讯会员有 15 人，名誉会员 1 人。

根据会章规定，会长（理事长）任期是一年，连任不得超过三次。到 1949 年，一共选举出 25 届会长（理事长）。1930 年前为会长，1931 年后改为理事长。各届会长（理事长）见表 4-1。

表 4-1　中国地质学会第一至二十四届会长（理事长）

届	年份	会长（理事长）
第一届	1922	章鸿钊
第二届	1923	丁文江
第三届	1924	翁文灏
第四届	1925	王宠佑
第五届	1926	翁文灏
第六届	1927	丁文江
第七届	1929	李四光
第八届	1930	朱家骅
第九届	1931	翁文灏
第十届	1932	李四光
第十一届	1934	谢家荣
第十二届	1935	叶良辅
第十三届	1936	杨钟健
第十四届	1937	杨钟健
第十五届	1938	黄汲清
第十六届	1939	李四光
第十七届	1940	尹赞勋
第十八届	1941	翁文灏
第十九届	1942	朱家骅
第二十届	1943	孙云铸
第二十一届	1944	李春昱
第二十二届	1945	李四光
第二十三届	1946	谢家荣
第二十四届	1948	俞建章
第二十五届	1949	李春昱

1922 年，学会创办《中国地质学会志》（英文），重点刊载中国地质界的研究成果。1936 年，学会决定将《中国地质学会会志》面向国际学术交流，另外创办《地质论评》（中文）面向国内发行。1922—1949 年，《中国地质学会志》共出版 29 卷 75 册。1936—1949 年，《地质论评》共出版 14 卷 52 册。与此同时，学会积极筹集基金，创建图书馆，为会员提供图书资料及科研条件。购置、征集、交换，得到的专业图书与文献存放在地质调查所的图书馆内，供会员参阅。

学会成立之后，按规定每年举行一次年会。1949 年前共举行 24 次（1928 年、1934 年年未举行）。年会内容一般包括会务报告、会长演说、宣读论文、专题讨论，会期为三四天。年会在北京、南京、长沙、重庆、贵阳、台北等地举行。在两次年会之间，有时还举行特别会、临时会、讲演会等学术活动。此外，学会还积极组织参加国际学术会议与国际学术交流，其中最重要的是参加国际地质大会（IGC）。国际地质大会于 1878 年在法国巴黎成立，每三四年召开一次，1906 年我国第一次出席。学会成立后至中华人民共和国成立前，曾组织参加第十三届（1922，布鲁塞尔）、第十四届（1926，马德里）、第十五届（1929，比勒陀利亚）、第十六届（1933，华盛顿）、第十七届（1937，莫斯科）、第十八届（1948，伦敦），除第十五届外，均提交了论文。此外，学会及地质学家还参加了其他国际活动，如 1925 年，李四光代表北京大学和中国地质学界参加苏联科学院成立 200 周年纪念大会；1926 年，翁文灏出席在日本东京举行的第 31 次太平洋科学会议；1934 年，黄汲清出席瑞士地质学会 50 周年纪念大会；1939 年，李四光出席国际古生物学联合会等。

中国地质学会历来重视文化传承。1937 年，由章鸿钊、谢家荣、杨钟健和葛利普共同设计，由张海若绘制了中国地质学会会徽。1940 年，由尹赞勋、杨钟健作词，黎锦晖作曲，创作了《中国地质学会会歌》。

中国地质学会原设在地质调查所图书馆内。1935 年，学会随地质调查所由北京迁到南京，同时设立北平分会。在南京的中国地质学会曾于 1936 年靠募捐所得建成会所，位于峨嵋路 21 号（现 12 号）。

早期的《中国地质学会简章》中规定："本会得设奖章或奖金，以奖励地质学者之有贡献者。"从 1925—1945 年，学会先后设立的奖章及奖金共有五种。①葛氏奖章。1925 年，学会理事长，1904 年曾在美国哥伦比亚大学师从葛利普学习地质的王宠佑，为纪念其师葛利普教授，捐款 600 元作为基金，以其利息定制金质"葛氏奖章"，每两年一次，由中国地质学会授予"对中国地质学或古生物学有重要研究或与地质学全体有特大之贡献者"。葛氏奖章从 1925 年至 1948 年，共授给 9 次，得奖章的是：葛利普（1925 年）、李四光（1927 年）、步达生（1929 年）、丁文江（1931 年）、德日进（1933 年）、翁文灏（1935 年）、杨钟健（1937 年）、章鸿钊（1946 年）、朱家骅（1948 年）。②赵亚曾先生研究补助金。学会为了纪念考察西南地质期间在云南殉难的赵亚曾，并为鼓励中国地质学者从事专门研究以贡献于地质学及古生物学之进步，募集基金每年以所得利息作为补助金。这项补助金至 1930 年 10 月 30 日止，共收捐款 17221.63 元，1931 年投资生息，并开始赠予。1932 年度获得者为黄汲清，补助金额为 1200 元。至 1949 年从未中止，共 18 届 22 人获得过数额不等的补助金。③丁文江先生纪念奖金。1936 年 1 月 5 日丁文江去世后，学会发起募集丁文江先生纪念奖金基金，共得 43765 元。以基金所得利息，每两年对中国籍研究地质有特殊贡献者发奖金。如有余额，再捐助北京大学地质系研究处作为调查研究之用。从 1940 年开始赠予，先后共授奖 5 次。④学生奖学金。为鼓励学生提高兴趣、更求精进起见，1940 年 7 月，学会根据翁文灏建议，设立学生奖学金，其基金系向与地质有关之机关团体及个人筹募而得，至 1941 年 4 月 9 日止，共得 10600 元。学生奖学金分甲、乙两种，各大学地质系四年级学生均可将调查报告或研究论文，于每年 7 月邮寄理事会，经审查及格者即发给奖学金。学生奖学金从 1941 年至 1948 年，共发放 5 次。⑤许德佑先生、陈康先生、马以思女士纪念奖金。1944 年 4 月 24 日，中央地质调查所技正许德佑、技佐陈康、练习员马以思在贵州西部调查地质时遭土匪残害牺牲。学会为了纪念他们，乃设立许德佑先生、陈康先生、马以思女士纪念奖金，于 1944 年 9 月收到奖金基金 10 万元，从 1945 年开始赠予。其中，马以思女士纪念奖金和陈康先生纪念奖金，受奖人资格惟应尽先考虑女性地质人员。该纪念奖金共赠予了 5 次。

三、其他地质相关社团组织

1. 北京大学地质学会

1920 年 10 月，由北京大学学生组织的北京大学第一个理科学术团体地质研究会举行成立大会（图 4–25）。北京大学总务长蒋梦麟、地质学系主任何杰到会发表了演说。会议通过了《地质研究会简章》，规定其宗旨是“本共同研究的精神，增进求真理的兴趣，而从事研究地质学。”初期会员有 30 人，其中地质学系二年级 18 人，化学系二年级 1 人，预科甲部二年级 2 人。第一期会务进行委员会由 6 人组成，杨钟健任委员长。《地质研究会简章》规定会务有四项，即敦请学者讲演、实地调查、发刊杂志、编译图书。1929 年 11 月 26 日，经全体会员大会决议改名为“北京大学地质学会”。

2. 中国古生物学会

1929 年 8 月 31 日，中国古生物学会在北京成立，出席成立大会的有丁文江、葛利普、孙云铸等 10 人。会上通过学会章程，并推孙云铸为会长，计荣森为书记，李四

图 4–25　1920 年北京大学学生组织的地质研究会成立大会合影（江苏省地质学会提供）

光、赵亚曾、王恭睦、杨钟健等4人为评议员。抗战胜利后，从事古生物研究的人员不断增加，但开展学会活动却困难重重。1947年冬，在南京的古生物学界同人集议，选出7位理事，3位监事。12月6日，召开理监事联合会议，推举杨钟建为理事长，赵金科为书记，黄汲清为常务监事。12月25日，在南京召开“复活”大会。

学会曾两次派代表参加国际古生物学联合会（IPU）召开的学术会议。第一次在1937年，地点莫斯科。第二次在1948年，地点伦敦，孙云铸被选为国际古生物学联合会副会长。学会曾出版过两种刊物：一是《中国古生物学会刊》，主要刊载我国古生物方面的研究成果，用英文发表（附有简短中文提要）；二是《中国古生物学会讯》，主要刊载我国古生物研究动态。两种刊物均为不定期。

3. 中国地理学会

1934年3月，中国地理学会于在南京成立。发起人有翁文灏、丁文江、李四光等40余人。采取通讯方式，推选翁文灏为会长，竺可桢等8位为理事。普通会员19人，学生会员23人。同年8月，第一届年会在庐山举行。以后几乎每年都举行学术年会。1943年，胡焕庸任会长。1934年8月，《地理学报》创刊。抗日战争期间，《地理学报》也从未间断出版发行。

4. 中国土壤学会

1945年12月25日，中国土壤学会在重庆北碚成立。37人出席成立大会暨第一届年会。会上通过学会章程，第一批会员58人。选出李连捷等7人组成的理事会，并推选李连捷任理事长。1947年由黄瑞采任理事长。1948年，在南京举行第二届年会，选举马溶之为理事长。中国土壤学会出版的刊物有两种。1947年，由学会主办的《土壤通讯》创刊，不定期出版，主要报道国内外土壤学界消息及学会工作、会员动态；1948年1月，由学会主办的《中国土壤学会志》创刊，为季刊，主要刊载学术论文。

5. 中国地球物理学会

1947年8月3日，中国地球物理学会在上海成立。会上选举陈宗器为理事长，王之卓等8人为理事。次年出版《中国地球物理学报》（英文），刊载地球物理学理论和实验工作成果。半年出版一期。

四、其他矿业社团组织

1. 河北矿学会

1912年，河北矿学会成立。1929年省府立案。截至1930年1月，会员78人。出版刊物有:《开滦专刊》《临城专刊》《开滦矿物切要案据》。

2. 中华矿学研究会

1917 年，中华矿学研究会成立于长沙。出版刊物《矿业杂志》。

3. 河南矿学会

1918 年，河南矿学会在美国成立。1922 年迁回国内。1933 年前后，名誉会员 2 人，终身会员 9 人，会员 90 人。

4. 北京博物学会

1925 年 9 月，在葛利普的倡导下，成立了北京博物学会。成立大会在北京协和医学院解剖楼举行。创始会员 38 人，其中外国人 26 人。会长为万卓志，副会长为翁文灏、金绍基。学会杂志《北平博物杂志》于 1926 年创刊，至 1941 年年底中止。直至 1948 年复刊。作为发起人的葛利普，在《北平博物杂志》上发表过 5 篇文章。该杂志也刊有少量的地质学文章，例如翁文灏关于地震和李四光关于地质力学的论文，以及新常富在山西地质考察的成果等。《北平博物杂志》主要用英文发表文章，间有少量德文或法文，同时有少数日本学者发表研究成果。

5. 中国矿冶工程学会

1927 年 2 月 9 日，中国矿冶工程学会在北京兵马司胡同九号成立（图 4–26）。成

图 4–26　1927 年 2 月 9 日，中国矿冶工程学会北京兵马司胡同九号成立
（谢家荣摄，张立生提供）

立时发起会员106人，44人参加了成立大会，推举张轶欧为会长，翁文灏、李晋为副会长。选出理事11人、候补理事5人。学会刊物《矿冶》同年在南京创刊。1943年各类会员达805人。

6. 中华矿学社

1928年3月25日，中华矿学社在南京成立。1933年5月31日，有社员226人。此后连续五年社员规模保持在200人左右。出版期刊《矿业周报》。常务干事周则宙、王德森、陆赓陶。1944年，社址迁到湖南耒阳。

7. 中华矿业同志会

中华矿业同志会于1912年在日本九州大学成立。1930年12月5日，成员到南京参加中华学艺社年会之际，商讨决定将中华矿业同志会迁回国内。会员主要来自九州帝国大学、东京帝国大学、大阪高等工业学校、明治工业专门学校、东北帝国大学、京都帝国大学、仙台高等工业学校、秋田矿山专门学校、早稻田大学、北海道帝国大学、熊本高等工业学校和旅顺工科大学12所大学的采矿科、冶金科、地质科、采矿冶金科、铁冶金科及预科等在学学生或毕业学生共241人。

8. 中华矿业促进社

1935年，中华矿业促进社在太原成立，出版刊物《矿业资料》。

第四节　地质专业教育

1912年，中华民国成立，新式教育体制开始建立。政府先后颁布了《大学令》《大学规程令》（也称“壬子学制”）。高校地学教育机构从最初的历史地理类，到史地系，再到后来的地学系，直至地理学、地质学、气象学逐步分离，独立成系。1922年，政府颁布了《学校系统改革案》，其中规定的学制系统史称“壬戌学制”，又称新学制。公立大学（国立大学、省立大学等）、私立大学和教会大学并存。普雷斯顿·詹姆斯在《地理学思想史》中指出：“把地理学引进中国的大学，应归功于曾在国外留学过的两位中国学者。一位是在苏格兰学过地质学的丁文江，另一位是在哈佛大学学过气象和气候学的竺可桢。”1909—1949年，我国先后有20余所高等学校创办了地质专业、矿冶专业，时间有长有短，规模有大有小。大多数学校的地质学专业，每年招生人数在三五人至十几人不等。1949年时，独立存在的地质学系已不到10个。数十年间，共培养出700多名地质专业大学生。在不足300人的地质工作人员中，本土培养的毕业生占据了较大的比重。在中国大地上播撒下了地质专业人才的种子。

一、地质研究所

地质研究所是北洋政府时期农商部所属的地质学教育机构，虽仅存在3年，只毕业了一届学生，但却是中国自办近代地质学教育、系统传授近代地质学知识之始。地质研究所是中国近代地质学发展的摇篮，其对中国近代地质学发展的影响巨大。1913年6月，在地质调查所成立的同时即设立了地质研究所。名曰研究所，实为地质学校。

地质研究所成立后，随即在北京、上海、广东等地招生33名。所址在北京景山东街北京大学，1915年6月迁至北京西四丰盛胡同三号。先由丁文江任所长，后因其去云南调查，由章鸿钊接任。丁文江、翁文灏、章鸿钊都在所里任教。兼职教员11人。章鸿钊精心安排学制课程。三年学制，每个学年分为三个学期。在确保学生掌握扎实的基础知识的同时，更注重野外工作能力的培养。三年共安排野外实习11次，短者数天，长者月余。地点除北京外，还辐射至河北、山东、浙江、江西、安徽、江苏等省。正如翁文灏在《地质研究所师弟修业记》序言中所言“以中国之人，入中国之校，从中国之师范，以研究中国之地质者，实从兹始。”这是中国自己培养的第一批地质人才，他们后来成为中国地质学发展中的中坚力量。至1916年7月，共有22人完成学业，其中18人取得卒业证书。此外，获得修业证书者3人，未得证书者1人。丁文江曾在毕业典礼致辞时忠告学员们，“不可染留学生习气、官僚习气，要勤俭自励”。在上述毕业生中，后被派往国外继续学习，回国后对中国早期地质学发展起到了重要作用的有王竹泉、谭锡畴、朱庭祜、谢家荣等人。

长期以来，地质研究所毕业生的性质是个问题。如果追溯地质研究所成立时的历史背景便可有一个清楚的认识。据查，1918年11月20日《北京大学日刊》登载的农商部致北京大学来往信件中写道：“查民国五年秋间，本部因经费困难，教员缺乏，将贵校附托本部开设之地质研究所停止，并将贵校借用之仪器标本送还，请贵校自行开设地质科。”从上述信件可以看出，地质研究所是北京大学附托农商部开设的。1914年，地质研究所归属的工商部与农林部合并成立农商部，当时的部长张謇（字季直）认为该所应属教育部而非农商部，欲令解散。章鸿钊先生力陈意见方以维系。张謇虽不再坚持，却下令该班至学生毕业为止。这就是研究所成立三年仅招生一次的原因。

图 4-27　1916 年，地质研究所部分毕业学生与教师合影（翁心钧、张尔平提供）

从另一个角度看，1909 年京师大学堂地质学门所招的学生于 1913 年 5 月毕业；1913 年招生的地质研究所学生于 1916 年毕业（图 4-27）；1917 年北大地质学门恢复招生。因此，中国的地质高等地质教育在时间上没有间断。将地质研究所的毕业生视同北京大学的毕业生是合乎情理的。

二、北京大学地质系

（一）发展历程

1916 年 12 月 26 日，蔡元培被任命为北京大学校长。1917 年暑假过后，创办于 1909 年的地质学门恢复招生。历届主任为：何杰（1919 年 7 月至 1924 年 10 月）、王烈（1924 年 10 月至 1927 年 4 月）、王绍瀛（1927 年 4 月至 1928 年 9 月）、王烈（1928 年 9 月至 1931 年 9 月）、李四光（1931 年 9 月至 1936 年 7 月）、谢家荣（1936 年 7 月至 1937 年 9 月）。

1920 年至 1937 年 18 届毕业生共计 205 人，连同 1913 年的两名毕业生共计 19 届 207 人。据章鸿钊所著《中国地质学发展小史》，截至 1936 年，各大学地质系毕业生

264 人，北京大学地质系 190 人，占 72%。1920—1937 年，地质调查所累计工作人员 78 人，其中北京大学地质系毕业生 37 人，接近二分之一。1928—1937 年，在国立中央研究院地质研究所工作的人员累计 23 人，其中北京大学地质系毕业 12 人，超过二分之一。

全面抗战爆发后，北京大学地质系走过了长达九年的颠沛流离的教学实践。西南联合大学地质地理气象学系毕业生 166 人，其中原北京大学 28 人。

（二）教师队伍

1917—1937 年，先后在北京大学地质学系被聘为研究教授的有葛利普（美国）、丁文江、李四光、谢家荣、孙云铸、斯行健，任教授的有亚当士（美国）、何杰、温宗禹、孙瑞林、龚安庆、王绍瀛、王烈、葛利普（美国）、李四光、朱家骅、孙云铸、丁文江、谢家荣、斯行健、谭锡畴等，任教授时间较短或兼课的教授还有钟观光、温文光、巴尔博（英国）、翁文灏等。这一时期，先后任讲师的有黄福祥、卫梓松、杨铎、刘季辰、杨钟健、何作霖、赵亚曾、徐光熙等，任讲师时间较短或兼课的有李毓尧、孙谋、袁复礼、李学清、艾萨尔、王竹泉、克特勒、尹赞勋等。这一时期，任助教的有顾鼎、牟振飞、舒文博、侯简、郁士元、司徒得、高振西、胡伯素、丁道衡、金耀华、赵金科、王嘉荫等。

在北京大学地质学系担任系主任的 5 人中，李四光、谢家荣享有盛名且前文有介绍，其余 3 人的基本情况如下。

何杰，1888 生于广东番禺。1913 年获得美国科罗拉多矿业学院采矿工程师学位。1914 年 3 月到北京大学任工科教授，开设地质学、测量学等课程。1917—1924 年，在地质学系先后讲授采矿学、地质学概论、经济地质学等课程。1919 年任地质学系系主任，直至 1924 年赴北洋大学任采矿冶金学系教授。

王绍瀛，1889 年生于广东南海。美国科罗拉多矿业学院毕业，获采矿工程师学位。1920 年任北大地质学系教授，先后担任采矿学、试金术及实习、钢铁专论等课程的教学工作。1927 年 4 月至 1928 年 9 月任地质学系主任。至 1930 年暑假回唐山交通大学矿冶系任教。

王烈，1887 年生于浙江萧山人。1913 年赴德国弗莱堡大学攻读地质学。1914 年归国，任北京高等师范学校博物部教授，并兼任农商部地质研究所工作。1919 年 8 月，受聘任北京大学地质学系教授。先后担任过地质学、矿物学、岩石学、地形测量等课程的教学工作。于 1924—1927 年、1928—1931 年两度担任地质学系主任。

截至 2009 年建系一百周年时，北京大学地质系师生中有 52 人当选中国科学院或中国工程院院士，其中在北京大学地质系任教者 30 人。

（三）知名校友

1912—1949 年，地质学人中不乏勇于为真理而献身者。其中主要集中在北京大学的学生中。1920 年 10 月至 1937 年 7 月，地质系学生中有 15 人加入中国共产党。其中为中国革命和建设事业作出过贡献的知名人士如下。

高君宇（1896—1925 年），五四运动领袖。1919 年 7 月入北大地质系学习。1921 年 7 月中国共产党建党时的全国 58 名党员之一。1922 年 7 月，中共二大在上海召开，被推选为中央执行委员（另外四位执行委员为陈独秀、李大钊、蔡和森、张国焘）。

袁宝华（1916—2019 年），1934—1935 年在数学系学习；1935—1937 年在地质系学习。1936 年 5 月加入中国共产主义青年团，1936 年 9 月成为中国共产党党员。1936 年 10 月至 1937 年年初任党支部宣传委员。1949 年后曾任国家经济委员会主任、党组书记。

许杰（1901—1989 年），1925 年毕业于北京大学地质系。1926 年在安徽加入中国共产党。曾先后任国立中央研究院地质研究所研究员、云南大学教授。1946 年，曾以地质调查为掩护，去皖南山区给新四军送过药品和通信器材。在迎接南京解放时，带头起草《反搬迁誓约》，抵制了国民党当局南撤研究院的企图。1949 年后，历任安徽大学校长、安徽省人民政府副主席。1954 年，任地质部副部长。1959 年，任中国地质科学院院长。1955 年，被选聘为中国科学院院士（学部委员）。

三、清华大学

清华大学地学系，原名地理系，由地质调查所所长翁文灏先生倡议，约经一年筹备，于 1929 年秋成立，并招收新学生及转学生，翁文灏任系主任。继任系主任者有谢家荣、袁复礼、冯景兰。在早期地理系期间，包括地理、地质、气象诸科，范围较广。1933 年年初始改为地学系。大学四年制，注重自然科学的基础学科，其重视理论与实践的结合，室内课程与野外实践结合教学。地质学科的课程设置及先后授课的教师有：①普通地质学（葛利普、谢家荣、杨公兆、张鸣韶等）；②矿物学及光性矿物学（冯景兰、王炳章）；③岩石学（冯景兰）；④地文学（谢家荣）；⑤地貌学（高钧德）；⑥矿床学（谢家荣、冯景兰）；⑦古生物学（张鸣韶、孙云铸、张席褆）；⑧古植物学（斯行健）；⑨地史学（孙云铸、张席禔）；⑩地层学（孙云铸）；⑪ 中国地质学（袁复礼）；⑫ 构造地质学（谢家荣、袁复礼）。经历届系主任与全体教师，尤其是袁复礼教授等的努力下，教学设备、图书、标本、模型方面，符合教学要求并初具规模。其中图书方面，各国主要教科书、参考书、成套杂志基本齐备。置有德国光学显微镜十余台。国外整套岩矿及古生物、地层标本 5 套。第一年地质课有短距离野外观察；第二年暑期进行地形及地质测量实习；第三年春假作长距离野外考察；第三年夏季从事专业调查。高年级学生可作为中国地质学会会友，参加年会活动及聆听不定期学术报告。从 1931 年起开始有毕业生和转入生。至 1937 年，地学系总计毕业 45 人，其中地理学 15 人，地质学 21 人，气象学 9 人。七七事变后，该系随同清华大学南迁至湖南长沙，后又迁至云南昆明，并入西南联合大学。

四、中央大学

中央大学地质系的前身为 1915 年成立的南京高等师范学校，当时设历史地理部，有地理学、矿物学及地质学等科目。1919 年秋，南京高等师范学校在国文部的基础上建立国文史地部，开设地质学和地理学课程。1920 年，竺可桢到南京高等师范学校任教，开设了地文学和气象学等课程。1920 年 12 月，学校更名为东南大学，内设地理学系，分成地理、地质、气象三门，竺可桢任系主任。但竺可桢认为地理系范围过于狭窄，于 1924 年，将地理学改称地学系。北伐胜利后，在南京成立国民政府，采用法国大学院制度。东南大学与其他八校合并成国立第四中山大学。地学系设在自然科学院，同时社会科学院内还设有史地系。在地学教育中，竺可桢十分重视地学知识的综合训练。地学系根据学科发展的需要设置了地质矿物和地理气象两个专业，同时建立了地理、地质、气象三科合为一体的教学模式。其间，地学通论课程是东南大学文理科各系学生一学年的共同必修科目。1925 年，由张正平担任系主任，同时讲授普通地质、构造地质等课程。1928 年 2 月，国立第四中山大学改名为国立江苏大学；同年 5 月又改名为国立中央大学。同年 8 月自然科学院改称理学院，地学系仍设在理学院，系主任由孙佩璋担任。史地系的地理部分也归入地学系。1930 年，地学系解体，地理门独立成系；地学系改称地质系；改由理学院物理系开设气象学课程。至此，在竺可桢的倡导和他的后继者的共同努力下，中国地学高等教育最终完成了由综合到分化的转变。地学系改为地质系后，李学清被聘为第一任系主任。1931 年 10 月，国际联盟为中央大学增设文学、地理、地质三个讲座。其中地质学教授巴勒加为瑞士人，在中央大学任教三年后回国。第二个外国教授贝克是犹太人，1935 年来华，全面抗战开始后不久即离开。1935 年，中央大学聘丁文江为地质系名誉教授并指导系里工作。此外，早期在中大地质系担任或兼任教授、名誉教授的还有谢家荣、翁文灏等人。由于教授多数是美国留学生，因此所指定的教材都是美国大学用书。1929 年，东南大学开始组织毕业实习，从皖南铜官山穿过九华山和黄山到屯溪，师生们沿途做了路线地质图。此后，中央大学也曾在湖北大冶、阳新及皖南芜湖当涂铁矿区进行矿床地质实习。1936 年的庐山冰川地质实习，学生们得到了李四光教授的亲临指导。抗日战争期间迁到重庆。1946 年 5 月，迁回南京。此后的系主任分别为张更（1946—1947 年）、徐克勤（1947—1949 年）。先后任教的还有陈旭、张祖还等。黄汲清、李春昱、斯行健、张文佑等 1948—1949 年曾在地质学系兼课。自 1928 年有地质专业毕业生始，至 1949 年止，地质系共有毕业生 110 余人，其中 90% 留在祖国大陆，并绝大多数从事地质科学研究以及地质找矿或水工环地质工作。其中，袁见齐、徐克勤、朱夏、业治铮后来成为中国科学院地学部学院士（部委员）。

五、西南联合大学

1937 年 7 月，七七事变爆发后，北京大学、清华大学、南开大学南迁长沙，合并成立长沙临时大学。1937 年年底又迁往昆明。1938 年 4 月 2 日更名为国立西南联合大学。北京大学地质学系与清华大学地学系合组为地质地理气象学系，分地质、地理、气象三组。孙云铸任系主任。由于两个系组合，孙云铸、王烈、袁复礼、冯景兰、张席禔等几位教授始终在地质组任教。米士、王恒升、谭锡畴、杨钟健、王炳章、高振西、张寿常、王嘉荫、苏良赫等曾经来系任教。研究院仍按原校分别设置。地质学部从 1940 年起陆续招收研究生，北京大学研究生 5 人，清华大学研究生 6 人。1945 年 8 月抗日战争胜利。1946 年 5 月 4 日，历时 9 年的西南联合大学结束。这期间毕业生 166 人，其中原北京大学生 28 人，清华大学学生 57 人，南开大学学生 7 人，在西南联合大学入学的 74 人。1946 年，北京大学地质学系、清华大学地学系回北平办学。

西南联合大学地质专业的毕业生，在中国共产党的领导下，在白区的隐蔽战线为中华人民共和国的成立作出了鲜为人知的贡献，1949 年后更为中华人民共和国的地质学发展和找矿事业作出了重要成绩。其中 1980 年前当选为中国科学院院士（学部委员）的就有 5 人，以下做详细介绍。其中，黄劭显在前文中已作过介绍，其余 4 人是：

马杏垣（1919—2001 年）。1942 年，毕业于西南联合大学地质地理气象系。1938

年 5 月，加入了当时由周恩来领导的中共南方局地下党组织，并在八路军办事处接受培训。经党组织同意以后，1946 年 1 月，赴英国爱丁堡大学地质系攻读博士学位，1948 年 8 月，获得了博士学位。回国应聘到北京大学地质学系任副教授，参与到北平地下党组织的领导下迎接全国解放活动。1949 年后历任北京大学教授、北京地质学院副院长，国家地震局副局长兼地质研究所所长。1980 年，当选为中国科学院学院士（部委员）。

涂光炽（1920—2007 年）。1937 年，毕业于天津南开中学。1938 年 8 月，到延安中国人民抗日军政大学（简称“抗大”）五期学习。1939 年 6 月，在陕西从事党的地下工作。1940 年，回西南联合大学地质地理气象学系学习，其间积极参加学生爱国民主运动，1944 年毕业。1949 年，获美国明尼苏达大学博士学位。1950 年 8 月，在纽约加入中国共产党。1950 年 9 月回国。1951—1954 年，在苏联莫斯科大学进修。历任中国科学院地质研究所副所长，中国科学院地球化学研究所所长。1980 年，当选为中国科学院学院士（部委员）。

池际尚（1917—1994 年），女。抗日战争全面爆发后，随清华大学师生流亡到湖南就读长沙临时大学时，参加了战地服务团，和熊向晖等被派到国民党第一军胡宗南部队工作。1938 年，加入中国共产党。她经常到八路军办事处联系工作，有幸会见过董必武等党中央领导。1941 年，毕业于西南联合大学。1947 年和 1949 年，获美国宾夕法尼亚州布仑茂学院硕士学位和博士学位。中华人民共和国成立后任中国地质大学教授。1980 年，当选为中国科学院院士（学部委员）。其丈夫李璞也是曾从事地下工作的地质学者。

关士聪（1918—2004 年）。1935 年，毕业于天津市南开中学。1935—1937 年，在北京大学地质系学习。1935 年年底，加入中华民族解放先锋队。1936 年春，加入中国共产主义青年团，同年秋加入中国共产党。1940 年，毕业于西南联合大学地质系。1940—1950 年，在中央地质调查所工作。1961—1981 年，任地质部石油地质局副总工程师、总工程师，被誉为中华人民共和国石油工业的先驱。1964—1992 年，任中国人民政治协商会议第四、五、六、七届全国委员会委员。1980 年，当选为中国科学院院士（学部委员）。

六、西北联合大学

抗日战争全面爆发后，北平大学、北平师范大学、北洋工学院三校迁至西安，组建国立西安临时大学，设有地理学系，1937 年 11 月 1 日开学。1938 年 4 月，学校改名为国立西北联合大学，迁至陕西城固、南郑、勉县三县，地理学系在城固办学。1939 年 7 月，西北联合大学改组为西北大学、西北工学院、西北师范学院和西北医学院 4 校。西北大学内设地质地理学系，分地质、地理两组，9 月开学。西北大学于 1946 年夏迁西安，地质地理学系于 1947 年 2 月分设地质与地理两个系。王恭睦教授任地质学系主任，教授还有郁士元、张伯声、蔡承云、霍世诚等。杨钟健教授于 1948 年 9 月 8 日接任西北大学校长，为西北大学及地质学系作出了积极贡献。

七、其他地质教育机构

在早期的高等教育中，地理学、地质学和气象学通常合为一系，只是随着现代地学在中国的不断深化，才逐渐分离。

1. 北洋大学

1912 年，北洋大学曾设采矿冶金学门。1946 年夏，北洋大学增设理学院，下设地质学系，阮维周教授担任系主任，教师有王炳章、方鸿慈等，王烈、杨遵义等曾在此兼课。1947 年下半年，国民政府教育部将地质学系与采矿工程学系合并。

2. 北京高等师范学校

1913 年，北京高等师范学校将历史地理类改为历史地理部，并在 1922 国立北京师范大学正式成立后改为史地系，并最终在 1928 年分化成历史系和地理系。

3. 武汉大学

武汉大学的前身是国立武昌高等师范学校，成立于 1913 年。次年建立了史地部。教育模式是从日本引进的。本科设史地部、博物部。史地部开设有中国地理，博物部开设地质矿物等。1918 年，在美国学习气象学的竺可桢学成归国，应聘到该校博物部讲授地理课。1923 年，史地部改为地理系。1928 年，定名为国立武汉大学，后设采矿专修科。1939 年，成立矿冶工程系。

4. 燕京大学

1919 年，燕京大学设立地理与地质学系。达伟德任系主任，巴尔博教授在系内任教，1933 学年，新常富被聘为兼任讲师。1934 年 12 月，燕京大学校务会议决定，地理与地质学系不再单独设置。1928—1933 年共有 6 届毕业生 9 人。

5. 中州大学

1923 年，中州大学在河南省开封成立、理科设有地质学系。1924 年开始招收本科学生。冯景兰教授留美回国后即在此任教，后任地质学系主任。

6. 广东大学

1924 年，孙中山在广州创立国立广东大学，在理学院下曾设立矿物地质学系，黄著勋教授任系主任。1925 年 8 月 17 日，更名为国立中山大学，1928 年，设地质学系。聘请德国人叶格尔任系主任，后又聘请著名瑞士地质学家海姆继任系主任。再后是张席禔、何杰、潘钟祥相继任系主任。全面抗日战争期间迁往坪石。战后迁回广州，系主任为李翼纯（1946—1948）、潘钟祥（1948—1949），先后任教的还有李学清、陈国达等。

7. 南开大学

1924 年，南开大学设矿学本科。

8. 山西大学

1924 年，山西大学前身是 1902 年 3 月建立的山西大学堂，1931 年更名山西大学。设立采矿冶金科。

9. 东北大学

1929 年，东北大学在其工学院开设采冶学系。1934 年，东北大学文法学院设立了史地学系。

10. 湖南大学

1932 年，湖南大学设立矿冶工程系。

11. 广西大学

1933 年，广西大学开办矿冶专修科。1934 年设采矿冶金系。

12. 金陵女子大学

1933 年，金陵女子大学文理学院设立了地理系。

13. 重庆大学

1936 年，重庆大学创设地质学系，系主任为李唐泌，翌年进入全面抗日战争时期。十四年抗战中，重庆是国民政府办公所在地，重庆大学地质学系历史虽短，发展却快，未经迁动，教学稳定。

14. 浙江大学

1936 年 9 月，浙江大学在文理学院增设史地学系，张其昀教授任主任。全面抗日战争期间多次迁校。1939 年，设立文科研究所，叶良辅任史地学部地形学主任和研究生导师，他直接指导的研究生毕业者 8 人。1946 年 10 月，迁回杭州办学，系主任仍由张其昀教授担任，地质学方面的教授有叶良辅、朱庭祜、孙鼐等，地理学方面的教授有李海晨、李春芬等。

15. 台湾大学

台湾大学的前身是1928年日本人在台北建立的大学，早期设地质古生物方面的讲座，以后在理学部中设地质学科，但人数很少。1945年，抗日战争胜利，台湾光复回归中国。罗宗洛担任台湾大学首任校长，建立地质学系。第一任系主任由留日的地质学家马廷英担任，毕庆昌、阮维周、王超翔等地质学家任教。每年新生仅三五人。

16. 山东大学

1946年秋，山东大学增设地质矿物学系。系主任是何作霖教授，教师有张寿常、潘丹杰、王庆昌等。1946年招生4人，1947年5人，1948年6人。

17. 贵州大学

1946年，贵州大学成立地质学系。9月招生，10月开学。系主任由文理学院院长丁道衡教授兼任，教授普通地质学、古生物学、岩石学、地貌学等课程。乐森璕教授时任贵州省矿产测勘团主任和贵州省地质调查所所长，同时在贵州大学兼授地史学、地层学等课程。

18. 兰州大学

1946年秋，兰州大学增设地理学系，王德基教授为系主任，李树勋、刘焕轸等任教。1946年录取新生27人。

19. 焦作工学院

1909年，由英国福公司兴办的焦作路矿学堂，是中国历史上第一所矿业高等学府。历经河南福中矿务学校、福中矿务专门学校、福中矿务大学、私立焦作工学院、国立西北工学院、国立焦作工学院等重要时期。1934年，中国地质学创始人翁文灏曾担任焦作中福煤矿整理专员，并兼任焦作工学院常务校董事长，对当时私立焦作工学院多有关怀。1949年9月18日，焦作工学院由私立改为国立高等学校。首次招收学生20名。聘请英国人李恒利等4人和华人陈筱波为教习。1949年12月，中央人民政府将焦作工学院拨归燃料工业部领导。1953年，将新办的华北煤矿专科学校并入焦作工学院，并以焦作工学院主体为基础，在天津建立了中华人民共和国第一所矿业高等学府——中国矿业学院。

此外，在日本占领区，也存续了少量的高等地质教育。

八、地质科普

现代地质学传入中国后，中国的地质学家在从事地质教育与研究的同时，就开始向社会大众普及地质学知识。

（一）会展活动

早在中央地质调查所建所之初即着手地质陈列馆的建设，并在开滦、北票、中福等煤矿公司和一些实业家的捐助下一再扩大规模。1930年春季，地质陈列馆开始举办公开展览。1935年，地质陈列馆随中央地质调查所迁往南京，同时在北平保留了部分陈列品。1936年，在北京周口店挖掘现场发现了三具北京人头盖骨化石，进一步提升了地质陈列馆的社会影响。

20世纪二三十年代，新学术机构和团体开始组织临时性展览。1935年，在教育部和实业部的联合支持下，地质调查所、北洋大学矿冶系、中国矿冶工程学会等多家机构和学术团体联合，在北洋大学举办了“全国矿冶地质联合展览会”。1937年年初，地方地质调查机构利用湘粤赣鄂四省联合举办特产展览会的机会，提供矿物岩石标本，举办展览。该展览分别在广州、长沙、武汉、南昌以每市3周流动性公开的方式进行，宣传效果很好。全面抗战期间，湖南省地质调查所在所址不断迁移的情况下，把收集到的大量矿物岩石和化石标本进行整理，建立起“仅次于南京中央地质调查所的湖南长沙地质陈列馆”。1938年7月，广西省政府与国立中央研究院合办了桂林科学实验馆，由李四光担任馆长。40年代，资源委员会在重庆举行了工矿产品展览会，在资源馆陈列部展出了地质机构提供的矿物岩石标本。1942年3月16—18日，为庆祝中国地质学会成立20周年，在重庆国立中央图书馆举行了地质标本、图幅及刊物展览，其中巨大的禄丰龙标本，最为观众所瞩目。连续展览3天，观众达数万人，盛况空前。1943年3月7—9日，在中国地质学会第十九届年会期间，在国立中央图书馆举办地质学展览会，展品以地质标本与地质图为主，参加展出的单位有中央地质调查所、四川省地质调查所、中央大学地质系、重庆大学地质系、资源委员会、矿冶研究所、甘肃石油管理局和中国兴业公司等。1943年8月，江西省地质调查所利用建设厅中正堂举行地质矿产展览会，展品主要是该所在抗日战争期间收集的矿物岩石及土壤标本。

（二）科普活动

1938年，刚刚迁到重庆的中国地质学会，“为提倡学术及唤起社会人士对地质的兴趣起见”，在重庆举办了公开学术演讲。1944年，中国地质学会年会在贵阳举行。李四光、李春昱、乐森璕等进行了公开性的学术演讲。

（三）出版书刊

中山大学地质学会从 1937 年 1 月开始创办《大地》杂志。创刊宗旨是，向社会普及地质学知识。杨钟健积极撰写和发表了多种科普读物。抗日战争胜利以后，许多报纸纷纷开设专栏，普及科学知识，宣传科学思想。一些期刊也纷纷刊载地质学家的科普文章和野外考察游记。贾兰坡发表了大量科普文章。黄汲清在新疆考察结束之后，撰写《天山之麓》（独立出版社 1945 年初版，新疆人民出版社 2001 年再版），详细描述了新疆的风土人情。

九、海外留学生归国

从 1912 年至 1937 年，有名可考的海外留学生归国 609 人，其中留美 212 人，留日 224 人，留英 77 人，留德 42 人，留法 23 人，留比 22 人，其他国家 9 人。

据 1937 年 5 月的统计数据，在地矿岗位上工作的海归博士有 34 位。①服务政府部门同时在地质调查机构兼职的 2 人。翁文灏，留比，国民政府行政院秘书长兼实业部地质调查所所长。朱家骅，留德，浙江省政府主席兼中央研究院地质研究所通信研究员。②服务军政部的 2 人。李待琛，留美，兵工专门学校校长。周志宏，留美，兵工署技术司物理组技正。③服务资源委员会的有 4 人。杨公兆，留德，调查处处长。朱玉仑，留美，矿室主任专员。鲁循然，留德，专员。汤元吉，留德，钨铁厂筹备委员会副工程师。④服务于建设委员会 3 人。许本纯，留美，矿业科技正兼技术股股长。林士谟，留德，兼任秘书。吕冕南，留法，技正兼矿业试验所主任。⑤服务国民经济建设运动总会 1 人。程志颐，留美，副主任。⑥服务于实业部地质调查所 5 人。杨钟健，留德，技正兼北平分所所长。尹赞勋，留法，技正。萧之谦，留美，技正。周昌芸，留德，技师。杨杰，留法，技士。⑦服务中央研究院地质研究所 1 人。俞建章，留英，副研究员。⑧服务于教育机构 12 人。孙云铸，留英，北京大学教授。斯行健，留德，北京大学教授。张席禔，留澳，清华大学教授。郑振文，留德，中山大学教授。储润科，留法，浙江大学副教授。王宠，留英，山西大学工学院院长。孙晋祺，留英，山西大学教授。王进展，留英，安徽大学教授。魏寿昆，留德，北洋工学院教授。罗为垣，留美，北洋工学院教授。王钧豪，留美，唐山工学院采冶系主任。赵元贞，留美，甘肃学院教授。⑨服务企业 4 人。温宗禹，留美，上海中央造币厂技师兼化验处处长。王恭睦，留德，南京国立编译馆专任编译。钱福谦，留德，中兴煤矿公司电机工程师。赵雁来，留法，利滇采矿公司总经理。

第五节　地质科学技术

一、地质学辞书编辑出版

在地质科学技术发展过程中，辞书的编辑出版是重要的基础性工作。中国矿物学辞典的编撰可追溯到1853年前后。英国李约瑟《中国科学技术史》书中所述，英国人慕维廉在中国期间编著有《地质学与矿物学中文词典》。1883年《金石识别》出版后，江南制造总局出版了华蘅芳编纂的《金石表》，其中包括一千八百五十多个矿物名词。不过，此表未在全国范围内推广使用。其主要原因是，其矿物名词不合中国语言习惯。1921年，中华书局刊印了《博物词典》，其中有500个矿物名词。最早的专业性辞书是1923年由农商部地质调查所印行的《矿物名词辑要》。此书为综合性地学名词《矿物岩石及地质名词辑要》的一篇。编者董常，早年留学日本，回国后任北平地质调查所的技师，兼《中国地质学会会志》编辑。他受丁文江、翁文灏之命，编订矿物、岩石、地质中西名目表。全书大32开本，矿物名词34页，载有2300个矿物学名词。除少数结晶学和晶体化学名词外，大部分是矿物名称。矿物名称除沿用中国古今通用名词外，还选择使用了英语的译名，部分采用了日文汉字名称。章鸿钊为此书作序，并对全书内容及矿岩凡例都有增补和修改。

此后问世的便有1930年11月初版，1936年缩本初版，由商务印书馆印刷发行的《地质矿物学大辞典》。该书的编者是杜其堡，他在商务印书馆工作期间，用了四年的时间独立完成了这部大型的工具书，这在国内外都是罕见的。杜其堡以一人之力，集前人之大成，实为一创始工作。文稿完成后，委托翁文灏审阅，因篇幅宏大，翁文灏又嘱托赵亚曾、田奇瑪、钱声骏三位对全书逐条进行了校订。翁文灏为其作序，对其书内容之广博精密作了充分肯定。该辞典内容包括地质学、矿物学、结晶学、岩石学，以及古生物地层学。全书八千多个条目，矿物名词二千三百多个。矿物条目一般都列入矿物的化学成分、晶系、轴率、折光率、晶习、物－化性质、鉴定方法，与相似矿物的区别及产状成因等。比较全面地反映出我国1930年以前矿物学教育及科研水平。1976年5月，中国台北文光图书公司影印出版。

1927年10月1日，由蔡元培筹建的国民政府大学院成立，并在上海设立了译名统一委员会，着手编订地学各科名词，但由于资料收集不全，所拟底稿未公布使用。1932年夏，国立编译馆成立，再次着手编订地学各科名词，矿物学名词最先脱稿。1933年3月，送教育部审查。教育部聘请丁文江、王烈、王宠佑、田奇瑪、朱庭祜、何杰、李四光、李学清、翁文灏、张席禔、章鸿钊、叶良辅、董常、谢家荣、王恭睦15人为审查委员。王恭睦负责征集意见。杨钟健、郑振文、杨杰等亦参加讨论及提出意见。1934年3月，审查完毕，由教育部公布。同年9月付印。因排印校对费时间，到1936初始，由商务印书馆发行。《矿物学名词》16开本，367页，6155个条目。每条目包括英、德、法、日、中文名称。矿物学名词的拟定方法大致沿用已经通行的旧名。根据多数审查委员的意见，尽量采用董常所编《矿物名词辑要》中的矿物名词。修订有错误及重名的名词时，尽量选择中国古代已有的矿物名称，可取的日文汉名、旧译名的最佳者，可继续沿用。非在不得已时，不重音译。新命名时先重矿物的物理性质，次为化学性质；其成分复杂者，要选择最重要的元素命名。《矿物学名词》从内容、格式，到决定矿物名称的基本原则等，均为我国以后的矿物学名词类书，奠定了基本的格局。

二、地质考察和调查活动

民国期间，政府机构、调查机构、研究机构及教育机构的地质工作者或独立或与西方学者联合，在国内开展了一系列的地质考察和调查活动。在形式上有以地质工作为主的综合性的资源调查与考察，更有主题鲜明的专题性地质调查与考察。其中有成功的典范，也有留下遗憾的案例，更有极其失败的合作。但无论是正面的还是反面的，都是宝贵的精神财富。

（一）丁文江领导正太沿线和西南地质调查

1913年年底，丁文江辞去地质研究所所长的职务，奉命开展正太铁路沿线地质调查（图4–28）。调查之后，完成的《调查正太铁路附近地质矿务报告书》刊登在1914年出版的《农商公报》第1卷第1期上。1914年春，丁文江又“携棚帐二、仆五、骡马九，独行滇东、滇北二百余日”。黄汲清曾评价：“这是中国人第一次开展边远地区的大规模地质工作，是地道的探险工作。”“这一年中，丁文江跑遍了滇东、滇北各地，重点调查了个旧锡矿和东川铜矿。他还两渡金沙江，调查研究了四川宁远府属的特别是会理一带的地质矿产，最后又由滇东北进贵州威宁及其附近。”丁文江这次去西南，

图 4-28　1913 年年底，丁文江（前排右一）和梭尔格（德国）和王锡宾等人去正太铁路沿线作地质调查（南京地质博物馆供图）

除对个旧锡矿、东川铜矿作详细考察外，还对西南地区寒武纪、志留纪、泥盆纪、石炭纪和二叠纪的地层及其分布情况，作了深入的研究。

（二）李四光冰川考察

最早关注中国第四纪冰川问题的学者是李四光。他于 1921 年在北京大学地质学系执教期间，曾带领学生到河北邢台南部的沙河县进行地质实习。他们发现在远离大山的地区分布着许多巨大的石砾，有些石块像一间小房子那么大。 如此巨大的石砾是不可能由洪水冲击形成。这一奇怪的现象引起了李四光的注意。经仔细观察，他在石砾上发现了细长的条状擦痕，而且这些岩石棱角分明，一般有一两个磨光面。经初步判断，李四光认为是在冰川运动过程中形成的。同年夏天，在山西大同盆地进行地质调查时，他又发现了类似的冰川遗迹的证据。1922 年 5 月 26 日，李四光在中国地质学会第三次全体会员大会上宣布，华北晚近时期有冰川作用的遗迹，并在英国《地质学杂志》上发表了他的研究成果《华北晚近冰川作用的遗迹》。李四光的观点在当时即受到相当一部分学者们的反对或无视。直至1931年夏天，李四光带领学生到庐山考察、实习，发现那里的一些第四纪沉积物似乎可以用冰川的作用来解释。第二年暑假，李四光再上庐山，用了三周从不同角度专门研究了那里的地质现象，认定是冰川作用的结果。1933年11月11日，在中国地质学会第十次年会上，李四光在会上做了题为“扬子江流域之第四纪冰期”的学术报告，列举了庐山地区的冰川地貌和冰川堆积等证据，并首次将中国第四纪冰期分为三个冰期：鄱阳期、大沽期和庐山期。当时参加会议的国外学者仍对中国存在第四纪冰期持怀疑的态度。1934年，地质调查所筹集了一部分资金，邀请巴尔博、德日进、那林，以及丁文江、杨钟健等学者一同前往庐山现场考察、讨论。考察后巴尔博、德日进等学者仍然存疑，认为庐山地区的泥砾堆积是融冻泥流。自此以后，中国第四纪冰川之有无问题成为中外地质界讨论之中心。1935年，地质调查所组织了两个考察队，分别对长江流域和珠江流域进行考察。结果仍然认为，庐山的第四纪沉积物不是冰碛，而是泥流或是洪积，进而否定了第四纪冰川的存在。1935年5月，李四光从英国讲学回到南京后又赴安徽黄山考察。他根据新的资料撰写了《安徽黄山之第四纪冰川现象》。此后又发表了《鄂西、川东、湘西、桂北第四纪冰川现象述要》(1940)、《中国冰期之探讨》(1942)、《贵州高原冰川之残迹》(1947)等多篇文章。这些文章让当时正在中央大学地质系教书的德国学者费斯曼大为惊讶，亲自到庐山、黄山等地考察。1937年，费斯曼在《中国地质学会会志》上发表了“中国更新世的冰川现象”，支持李四光的观点。李四光对中国第四纪冰川的观点首次得到外国科学家的公开承认。一些中国学者也陆续发现了一些第四纪冰川存在的证据，如李承三在大巴山考察期间发现了冰川的遗迹。

(三)美国中亚考察团

20世纪20年代，为验证中亚为哺乳动物和古人类发源地这一猜想，美国自然历史博物馆组织了中亚远征队。在队长安得思的领导下，考察队每年春来秋返，以地质学、古生物学等领域为重点，先后在云南、四川、福建、西藏、内蒙古等地考察，发掘了大量动物化石。为期长达10年，共有34名成员参与，是当时规模最大、耗资最巨、为期最长的一次亚洲考察活动。其考察成果之丰硕，亦出乎人们之意料，尤其是1921—1925年的前三次考察，在蒙古国地质学和古生物学领域取得了极为丰富的成果，雷兽、俾路支兽和各种恐龙化石及恐龙蛋的出土吸引了全世界的目光。1925年以后，更多的则是寻找古人类的足迹。1928年，当考察队自蒙古国来到北京时，中国舆论普遍谴责考察队偷盗中国宝物，查勘中国的矿产资源。当1930年考察队再次来华时，改由中美学者共同组团，考察队的名称也定为“中美联合科学考察团”。中国学者张席褆、杨钟健、裴文中等人都曾参与。

（四）中法科学考察团

1930年，在法国政府、军方和法国雪铁龙公司的支持与赞助下，卜安来华商谈成立“中法科学考察团”事宜。次年，“中法科学考察团”正式成立，法方19人，团长为卜安；中方9人，团长为褚民谊。虽然协议中规定这是一次综合性的学术考察，但法方人员中真正的科学家很少，只有德日进和雷猛。法方一些团员“以殖民地主义的态度待人”，致使这次合作以失败告终。考察结束后，双方的合作关系随即终止，无人再督促考察后研究成果的交流与总结。

（五）中瑞西北科学考察

1926年，瑞典著名探险家、地理学家斯文·赫定组织大型远征队第四次来华，准备到我国西北进行综合考察。去西北考察，对发展我国的科学技术十分必要，其所需的巨资，靠北洋军阀也是解决不了的，争取与外国合作是最好的选择。经派代表反复磋商，终于达成了新的协议：“在中国学术团体协会的领导下成立中国西北考察团，设中方团长及瑞方团长，中外科学家各占一半，采集品留在中国研究。”中方决定选派10名团员参加，其中5名学者，1名摄影师，4名气象实习生（由各大学报名的学生中挑选产生）。外国团员18名，其中学者5名，摄影师1名，事务人员4名。后期中、瑞又各增加5名。中方团长由北京大学教务长、社会学家徐炳昶教授担任，瑞方团长由斯文·赫定担任。后期由地质学家、清华大学袁复礼教授代理中方团长三年。开始，中外双方都互相有戒心，欧洲人对中国人不时流露出偏见；而中国人个个暗下决心，一定要让外国人看看中国人是有志气、有能力的。

这是第一次以我方为主的大型国际合作科学考察。1927年5月9日，一支由中国、瑞典、德国等多个领域专家学者组成的中瑞西北科学考察团离开北京西直门火车站，向中国大西北进发，开启了长达6年的科考活动。其间对内蒙古、甘肃、新疆、宁夏、青海等进行了地质、地理、古生物、气象、考古、民族学等多个学科的考察。考察面积达460多万平方千米，至1933年秋结束。其中在地质领域取得了众多令世界瞩目的科学成果：

其一，在古生物研究方面取得重大发现。袁复礼教授是连续考察时间最长（1927

年5月—1932年5月）、采集各种标本100多箱。其中最轰动世界学术界的成就是发现和发掘了大量古爬行动物化石。1928年10月，西北科学考察团将袁复礼最初采集到的7个完整的三叠纪爬行动物化石的消息通电国内外，国内外许多报刊争相以突出位置刊登，一时轰动了全世界学术界。此后的四年中，袁复礼在乌鲁木齐以东博格达山至天山北孚远一带和宁夏的古生代上部、中生代下部地层中挖掘出各类爬行动物化石个体72具，其中比较完整的新种有新疆二齿兽、布氏水龙兽、赫氏水龙兽、魏氏水龙兽、袁氏阔口龙、袁氏三台龙、奇台天山龙、宁夏结节绘龙等。专家们认为，这些发现的重要意义有以下四点。①这是第一次由中国人在中国的土地上发现并由中国人自己进行研究的爬行动物化石。②在中国第一次发现了晚古生代—早中生代爬行动物化石。③世界上过去只在南非卡鲁地区发现过较多的二叠纪兽形类爬行动物化石，这次发现使新疆成为一个爬行动物进化中心。④证实了与苏联的北德维纳、中国的新疆和南非的同时代地层卡鲁系波福特层有着相似的动物群，因此推论在二叠纪、三叠纪以前这些地区有着陆上联系，为大陆漂移学说和后来的板块构造学说提供了古生物证据。

其二，丁道衡在内蒙古发现了著名的白云鄂博铁矿、稀土矿（详细过程见后续章节）。1987年，在白云鄂博铁矿举行的发现白云鄂博主矿体60周年庆典上，为表彰发现者丁道衡，在矿区的街心位置为丁道衡博士立了塑像。2005年6月10日，国际新矿物命名委员会将在白云鄂博发现的稀土元素命名为丁道衡矿－(Ce)。

考察结束后，中外学者都发表了大量的考察报告和研究成果。瑞典方面将研究成果汇集成了11大类55卷的《中瑞西北科学考察团报告集》。这个报告集从1937年开始出版发行，一直延续到20世纪80年代最后一位“西北考察团”成员那林去世。

（六）北京周口店猿人遗址调查

自古以来，国人将古脊椎动物的骨骼及牙齿视为“龙骨”作为药材使用。1899年，德国博物学家哈伯尔在中国药店收购了大量龙骨，并运送到德国。1903年，经慕尼黑大学施洛塞鉴定，从中发现一颗类人猿牙齿化石，引起国际学界对中国古人类研究的兴趣。

1914年5月16日，受北洋政府邀请，安特生出任农商部矿务顾问。1916年，他在山西考察期间，通过询问药店、咨询传教士、调查发掘等途径，不断收集化石出土的地点信息。1918年2月初，从燕京大学化学系教授翟博处得知，周口店鸡骨山曾出土古脊椎动物化石，随即于2月22日至23日前往周口店实地考察，并于3月迅速撰写了相关文章。在安特生的努力下，瑞典皇储古斯塔夫六世即委派拉格雷利乌斯主持成立“中国委员会”，重点资助安特生在周口店的考察和研究工作。1926 年 10 月 22 日，在地质调查所、北京博物学会以及北京协和医学院联合为瑞典皇储举办的欢迎会上，安特生宣布在周口店遗址发现了人类牙齿化石。以此为契机，申请到了洛克菲勒基金会的资助。1927 年、1928 年，每年提供 12000 美元。1927 年 2 月间，中国地质调查所和北京协和医院通过通信的方式签订了“关于研究第三纪及第四纪堆积物协议书”，其中明确：“一切标本归中国地质调查所所有，但人类学的材料在不运出中国的前提下，由北京协和医学院保管，以供研究之用；一切研究成果均在《中国古生物志》或中国地质调查所其他刊物，以及中国地质学会的出版物上发表。”1929 年 2 月 8 日，地质调查所与北京协和医院合作成立了新生代研究室，丁文江、步达生任名誉主任，杨钟健任副主任，德日进任名誉顾问。1929 年 12 月 2 日，裴文中在周口店发现了一个完整的北京猿人头盖骨。这一发现震惊了中外学术界。北京《晨报》等报纸给予裴文中高度的评价：“毫无疑义，是裴文中氏唤醒了亚洲最古老之人类，并把它从沉睡的洞穴中请了出来。”1930 年以后，周口店的工作由裴文中主持。新生代研究室国内外工作人员不过六七人，用工人数一度增加至一百余人。1935 年，裴文中被地质调查所派往法国留学深造，离开了周口店。地质调查所领导力排众议，大胆启用只有高中学历的技佐贾兰坡负责组织管理工作。当时周口店已 6 年多无大进展了。1936 年冬天，贾兰坡在 11 天之内连续发现了三个北京猿人头盖骨。为此，中国地质学会北平分会举行特别会议，贾兰坡走上了中国地质学界的最高学术讲台。杨钟健在会上说：“贾君在未单独工作前，与裴文中共同工作多年，近来一切采掘方法，均异常精细，比之以往，过犹不及，而最近三猿人头之正常掘出，更可表示贾君具有主持此等工作之充分能力。”这个消息震动了国内外学术界。1937 年，英国一家专门收集世界各地重大消息的简报公司收集到 2000 多条有关这个发现的相关消息。鉴于贾兰坡的工作成绩，1937 年，地质调查所破格提升他为技士，并成为科学界的一个传奇人物。1980 年，贾兰坡当选为中国科学院院士（学部委员）。1994 年，当选为美国科学院外籍院士。1995 年，当选为第三世界科学院院士。令人遗憾的是，周口店猿人头盖骨化石在日军侵占北京的前期丢失，半个多世纪以来留下诸多版本的传奇故事和世人无尽的猜想。

（七）新生代研究室的中外合作考察

新生代研究室成立之后，德日进、杨钟健一致认为，要拓展新生代地质的研究范围，应对全国各地新生代地质状况进行调查和研究。1929 年 6 月 18 日，德日进和杨钟健合作，到山西进行第一次地质考察。此次考察共历时三个月，途经 28 个县（市、旗）。考察重点是黄土地层、生物化石和史前石器。1932 年夏，两人再次奔赴山西东南部进行地质考察，时间为 20 余日，途经 17 个县（市）。此次考察重点除山西省东南部新生代地层外，还包括榆次化石群。两次考察，结合周口店等地的化石资料，取得了大量成果，发表了两本专著。其主要成果有：①开启山西旧石器考古与"榆社"化石群发掘；②提出黄土研究的地质剖面法；③将地文回旋发展到华北（图 4–29）。

图 4–29　中外地质学家裴文中、王恒升、王恭睦、杨钟健、纳林、步达生、德日进、巴尔博在周口店地质调查所临时住所合影（从左到右）（中科院院士王恒升家属供图）

（八）梭颇对中国土壤的调查

1930 年年底，地质调查所土壤研究室成立。1933 年夏，在中华教育文化基金会以及后来美国洛克菲勒基金会的赞助下，梭颇抵达中国，出任地质调查所土壤研究室主任技师。梭颇在侯光炯、李庆逵等人协助下，利用两年半的时间，先后在山东、河北、陕西、甘肃、广西、广东及江西等内陆 17 省，行程 3 万千米，进行了土壤考察，采集了万余个土壤标本，发表了大量的考察报告，同时编制了百余幅中国土壤图。梭颇的代表作《中国之土壤》（英文）出版后，随之被李庆逵、李连捷合译成中文发行。梭颇引进了马布特的美国土壤分类体系，对中国的土壤进行了系统的分类，分选出34种代表土壤类型，并在主要类型之下又建立了两千多个土系。地质调查所之外，梭颇土壤研究的另一个重要学术机构是金陵大学农业经济系。在其读书笔记之中，还对竺可桢的《中国气候》有详细分析与注解，在对土壤分区中借鉴了竺氏的气候分区。在实际考察中，梭颇注重培养中国的青年土壤学家。1935年，梭颇就将自己野外土壤调查经验写成手册《中国土壤野外调查说明》出版，其中详细地介绍了土壤调查的目的、组织以及如何制作底图、辨别土壤、撰写报告等。中国第一代土壤学家多受益于他的指导（图4–30）。

图4–30 1936年，翁文灏（前排右七）和美国土壤学家梭颇（前排右九）夫妇和在南京地质调查所部分同仁合影（南京地质博物馆供图）

（九）三峡水利枢纽工程地质调查

1919年，孙中山先生在其《建国方略》的实业计划中首次提出开发长江三峡水电和改善川江通航状况的构想："以闸堰其水，使舟得以溯流以行，而又可资其水力。"1924年，李四光、赵亚曾到三峡地区进行地质调查，发表论文《长江峡东地质及峡之历史》，首次命名"黄陵背斜"，为三峡工程地质勘查研究奠定了重要基础。1932年，国民政府建设委员会发起，国防设计委员会主持，组织了长江上游水力发电勘测队，邀请扬子江水道整理委员会测量专家、美国人史笃培等参加，编写了《扬子江上游水力发电勘测报告》，选定黄陵庙和葛洲坝两处坝址。1936年，国民政府扬子江水利委员会奥地利籍顾问白郎都研究了开发三峡问题，认为有利改善三峡航道、开发三峡水电，但在结论中指出："社会经济状况凋敝，是项巨大工程，殊难举办。"1944年，国民政府战时生产局美籍顾问潘绥，提出"利用美贷筹建中国水力发电厂与清偿债款方法”的“潘绥计划”，建议在三峡建设一座装机容量为1050万千瓦的水力发电厂，预计15年还完全部贷款。1944年5月，国民政府资源委员会邀请美国高坝专家萨凡奇来中国查勘三峡。9月编写《扬子江三峡计划初步报告》，其方案要点是：坝址定在南津关上游约200米处，水库水位200米；水电厂装机容量1056万千瓦；水库水位可降至177米；设船闸通航，万吨运输船可上达重庆。1945年5月，国民政府资源委员会设立三峡水力发电计划技术研究委员会，并于次年5月与美国内政部垦务局签订协议，开展三峡工程的勘查设计，但不久即停止。1946年10—12月，侯德封、陈梦熊、姜达权、刘东生首次进行三峡水力发电工程地质调查，提出9条比较坝线（段）。次年，以姜达权和美国地质师琼斯为首，刘秉俊、边效曾、张兴仁等参加的中美合作工程地质队再次来三峡勘查，由美国勘探队打了少量钻孔。从1924年至1947年，所开展的三峡工程勘查设计工作尽管都是半途而废，但都得出了开发三峡效益巨大、建筑高坝技术可行的基本结论。

（十）三门峡水利工程地质调查

三门峡工程坝址，位于河南省三门峡市与山西省平陆县交界处的三门峡。1918年，丁文江发现三门系沉积，后经瑞典学者安特生研究定名为三门系。此后有翁文灏、杨钟健、曹世禄、谢家荣、裴文中、李连捷、赵国宝、冯景兰、卞美年、桑志华、德日进等中外学者对本区地层、构造，尤其是第四纪早期三门系提供了诸多的宝贵研究资料。1935年8月23日至9月2日，国民政府黄河水利委员会的主任工程师安立森（挪威人）由孟津县白鹤镇沿黄河上溯至八里胡同，再由陕县会兴镇下行至三门峡，查勘拦洪水库坝址。他在查勘报告中指出：“就地势言之，三门峡诚为一优良坝址。”1941年1月和6—7月，日本东亚研究所对三门峡进行过地质研究，并指出“三门峡至砥柱间的河床为闪长岩，如岩层较厚可视为佳好的水坝基础”。1946年12月至1947年1月，国民政府经济委员会邀请美国顾问团的萨凡奇博士对三门峡进行了实地查勘，曾提出在八里胡同以修建防洪水库为佳。

（十一）国内地下水调查

1933年，国民政府行政院下属农村复兴委员会提出了调查国内各处地下水的建议，并在技术上得到了国立中央研究院地质研究所的支持和协作。野外工作始于1933年9月，先后在南昌城西北西山一带和河南北部开展调查，历时两个月。出版了《江西南昌附近之地下水》（1934年印行）和《河南安阳、林县、淇县、浚县一带地下水》

（1935年印行）。此外，还有《浙江地下水调查报告及开苗井泉计划书》《河南新乡、辉县、修武、博爱等县地下水调查简报》等刊登在1933—1934年出版的《农村复兴委员会会报》上。

三、地震调查与观测活动

（一）地震调查

1920年12月16日20时05分53秒，宁夏、甘肃交界的海原县发生8.5级地震，死亡28.82万人，有感面积达251万平方千米。地震释放的能量相当于11.2个后来发生的唐山大地震，余震维持三年时间，被称为“环球大震”。1921年年初，地质调查所翁文灏所长与谢家荣、王烈、杨铎等奔赴现场。翁文灏先后发表了《甘肃地震考》（1921年）、《中国一些地质构造对地震的影响》（1922年、1923年）和《中国地年震区分布简说》（1923年）等论文。他还根据历史记载的3500余次地震的地点和受灾情况，并结合地质构造特点，总结出了中国的16条地震带及其频发次数。谢家荣在考察后也发表了《民国九年十二月十六日甘肃及其他各省地震情形》，并绘制了地震图。

1933年8月25日，四川茂县叠溪发生7.5级强烈地震。同年10月，中国西部科学院地质研究所主任常隆庆奉实业部地质调查所之命，前往叠溪实地调查松茂地震，历时两月，所有一切用费概由北平地质调查所负担。1934年，常隆庆基于收集、拍摄的大量地震资料，写成《四川叠溪地震调查记》，约2.6万字，对叠溪及其周边震区的崩塌滑坡、交通阻断、人员伤亡、水灾过程，以及震中区的地质地貌特征、余震序列等情况的详细叙述，成为中国近代地震地质研究的重要著述。

（二）地震观测

通过海原大地震的调查，翁文灏深切感到要加强中国的地震研究，必须建立地震台。1928年，丁文江、翁文灏的好友，北平知名律师林行规得知地质调查所要建立地震台，便主动把他在鹫峰新建别墅旁的一块空地捐给地质调查所。与此同时，翁文灏还通过清华大学教授叶企孙的介绍，请来李善邦担任这项研究工作的负责人。1930年9月20日，中国人自己建造和主持的第一个地震观测台鹫峰地震台正式投入运转，并开始记录。每月编写鹫峰地震台月报，与世界各地震台交换。对其中重要的地震，还参考和利用其他地震台交换来的资料，定出震中位置及震源深度等数据，进一步加以分析和研究，编成鹫峰地震研究室专报出版。当时的仪器已属世界一流，并因地点合适、管理完善、数据准确，加之亚洲地震台站较少，所以观测结果及研究报告很受世界同行所重视。到 1937 年 7 月，共记录了 2472 次地震，未曾间断。鹫峰地震台的仪器设备、管理水平及记录质量等，都已达到了世界先进水平（图 4–31）。鹫峰地震台运营后出版过 3 卷《地震专报》和 3 本《地球物理专刊》。

图 4–31　地质调查所翁文灏所长（右二）与谢家荣（左一）、章鸿钊（左二）、金绍坊（左四）、李善邦（右一）等在鹫峰地震台合影（金孔彰摄，李建荣供图）

全面抗日战争爆发后，鹫峰地震台被迫停止工作。从爱沙尼亚购买的伽利清 – 卫利普（Galitzin–Wilip）电磁式地震仪拆卸后运到燕京大学物理系存放，从德国购买的维歇尔式（Wiechert）水平地震仪和维歇尔式垂直地震仪因不便拆运，留在鹫峰。李善邦、秦馨菱、贾连亨等工作人员相继离去，留下的仪器全部损失，鹫峰地震台的历史从此终结。此后，流亡的地震工作人员随地质调查所转移。李善邦曾用极简陋的设备和材料，研制成一套水平摆式的 I 式地震仪，为纪念我国首次以科学方法研究地震之学者翁文灏（字咏霓）先生，对地震事业的大力支持，这台地震仪又被称为“霓式地震仪”，后改名为“ I 式地震仪”。于 1943 年 8 月在重庆北碚正式开始记录，到抗战胜利撤离重庆前共记录了109次地震。1946年该地震仪搬到南京后，安放在珠江路水晶台地震台，于1947年2月继续记录。至1948年，原存放于燕京大学的一些仪器也运至南京，从而使南京水晶台地震台的研究水平得到提高。这批仪器于1955年又运回北京，在中关村地球物理所继续使用。

四、区域地质调查与制图

20世纪初，我国学者发表的有关区域地质方面的文章，首推1903年4月虞和钦的《中国地质之构造》。1903年10月周树人署名索子发表的《中国地质略论》，1906年顾琅、周树人合著《中国矿产志》，附彩色《中国矿产全图》。1910年，《地学杂志》第一号发表了邝荣光从1905年开始编制的1∶250万直隶地质图。1911年《地学杂志》又发表了邝荣光编制的《直隶矿产图》。

1909年，在日本东京帝国大学地质系学习的章鸿钊，为撰写毕业论文，利用假期回国在杭州富阳、临安、于潜、天目山一带进行地质考察与研究，写成论文《浙江杭属一带地质》，黄汲清认为该文“要作为我国早期区域地质调查与研究的范本”。

1914年，地质调查所所长丁文江等赴滇、黔、川等省调查，沿途测制了多幅1∶20万路线地质图和个旧锡矿和东川铜矿的矿区地质图，开创了我国学者野外实测地质图（地质填图）之先河。

1913—1916年，农商部地质研究所对教学过程中形成的考察报告和毕业论文进行整理，由章鸿钊、翁文灏主编成《地质研究所师弟修业记》，由中华书局出版。

从1916年秋开始，在章鸿钊、丁文江、翁文灏三位教师指导下，地质研究所在读学生，用3年时间在北京西山进行了1∶5万地质测量。参加野外填图的有叶良辅、刘季辰、陈树屏、王竹泉、谭锡畴、谢家荣等13人。对获得的野外工作实际成果，由这批学生中成绩突出、英文水平较高的叶良辅执笔撰写了专著《北京西山地质志》，于1920年出版。全书中文92页，英文115页，插图10幅。其突出特点是：①该专著附有“1∶10万北京西山地质图”，这是中国人自测的第一幅详细地质图；②该图的地形底图是毕业学生们用平板仪自己测制的；③该书分为地层系统、火成岩、构造地质、地文、经济地质五章，资料丰富，记载翔实，论述透彻，堪称佳作。此后，北京大学地质系和清华大学地学系的学生进行野外实习时，几乎都把这本书作为重要的参考书。直至20世纪50年代仍作为高校地学专业教学的范本。

1923年，谢家荣等先后在鄂东、鄂西北和鄂西南三区分别测制了1∶40万、1∶50万路线地质图。1924 年，刘季辰、赵汝钧著《江苏地质志》，附有 1∶25 万江苏省地质分图 4 幅、江苏省矿产分布图 1 幅、1∶50 万江苏省地质总图 1 幅。

1924 年，地质调查所代所长翁文灏领导编制了 1∶100 万国际分幅地质图。1924 年，谭锡畴主编《北京－济南幅》；1926 年，王竹泉等编制了《太原－榆林幅》；1928 年李捷等编制了《南京－开封幅》。这是我国首次编制的小比例尺国际分幅地质图。

1929—1935 年，在李四光的领导下，李毓尧、李捷、朱森等人测制并出版了《宁镇山脉地质图》和《1∶5 万宁镇山脉地质图》。同期，在丁文江领导下，赵亚曾、黄汲清等人测制并出版了《秦岭地质图》和《秦岭 · 大巴山地质志》。谭锡畴、李春昱等测制并出版了《四川西康地质图幅集》和《四川西康地质志》。李春昱等人编制了《四川万县－达县地质图》。

1931—1936 年，地质调查所每年夏季都组织北京大学、清华大学、燕京大学地质学系高年级学生在北京西山及山西、河北进行大比例尺填图工作，先后测制了 1∶5 万地质图 17 幅，1∶2.5 万地质图 21 幅。

1936 年，黄汲清发表了《中国地质图着色及符号问题》；南延宗发表了《地质图上火成岩花纹用法之商榷》。1937 年，王炳章发表了《地质图符号、着色及花纹商榷》。这三篇文章使野外地质填图和室内地质编图有了基本统一的认识和要求。

截至 1937 年，《地学杂志》发表区域地质论文 160 篇，刊载各种地质矿产图件 22 幅。《地质汇报》发表区域地质论文 11 篇。《中国地质学会志》发表区域地质论文 34 篇。

1938 年以后，各省的区域地质调查工作相继展开。湖南省地质调查所编制出版了长沙以南 1∶50 万《粤汉铁路沿线地质图》。两广地质调查所朱庭祜、冯景兰等于 1934 年编制出版了东经 108° 以东地区的 1∶50 万《两广地质图》和 1∶200 万《广东省地质图》；1938 年出版了第一部《广东地质矿产志》。江西省地质调查所高平、夏湘蓉等在编制 1∶20 万地质图的基础上，于 1938 年出版了 1∶100 万《江西省地质图》和《江西省司产图》。四川省地质所于 1940 年出版了 7 幅 1∶50 万地质图。1943 年，中央地质调查所西北分所在兰州建立后，在甘肃省开展 1∶20 区域地质调查，先后完成了岷山、咸县等共 17 幅地质图。其间，李春昱于 1940 年发表了《关于测制二十万分之一地质图之商讨》的文章，并于 1941 年 3 月在重庆举行的中国地质学会第 17 届年会的后期专门组织了"测制二十万分之一地质图讨论会"，推动了中比例尺（1∶20 万）地质填图的"统一化"。

1945 年起，中央地质调查所区域地质研究室在室主任黄汲清的组织领导下，按国际分幅编制了 1∶100 万地质图 14 幅，即北平幅、南京幅、太原幅、旅大幅、南通幅、西安幅、天水幅、上海幅、武汉幅、长沙幅、重庆幅、昆明幅、衡阳幅和福州幅。在此基础上编制了我国首幅小比例尺地质挂图 1∶300 万《中国地质图》。系统总结了 20 世纪前半期中国区域地质调查的资料和研究成果。其中 1∶100 万分幅地质图于 1948—1950 年陆续出版，1∶300 万《中国地质图》于 1952 年出版，为中华人民共和国第一个五年计划的地质工作提供了重要基础地质资料。

五、重要学术成果

20 世纪初，中国的地质学者发表的大多是地质学的启蒙性著述，真正有系统的地质科学研究始于 1912 年中华民国成立之后，到 1949 年中华人民共和国成立，已经奠定了较为扎实的学科基础，同时取得了一批在国际地质学界较有影响的成果。

（一）古生物学研究

地质调查所成立之初，丁文江对中国古生物学研究倾注了大量心血。在他直接率领下，中国古生物研究从无到有，短短的几十年间即达到了较高的学术水平，并进入了世界古生物学的先进行列。其间，仅与古生物学有关的杂志，就有 5 种，包括 1919 年创办的《地质汇报》，1922 年创办的《中国地质学会志》和《中国古生物志》，以及《中央研究院地质研究所西文集刊》《中央研究院地质研究所丛刊》。其中《中国古生物志》，自创刊至丁文江逝世的 15 年间出版近百册。该刊门类齐全，内容丰富，一直在国际学术交流中享有盛誉。然而，这些刊物创办实在不易，都是丁文江在国内外筹集到的资金。例如，安特生本人捐赠薪金 10 万瑞典克朗。通过安特生的努力，争取到了瑞典火柴大王克罗伊格 5 万瑞典克朗捐赠。

1. 古植物学研究

中国古植物学研究的基础是由丁文江、由他聘请的国外专家、他们培养的学生所奠定的。丁文江是我国原始陆生植物化石的第一位采集者。1914 年 2 月至 1915 年 1 月，他前往云贵川，在滇东沾益、曲靖一带在一套砂页岩地层中发现了结构极为原始的植物化石，在我国尚属首次。后经瑞典古植物学权威赫勒教授鉴定，这批植物化石属泥盆纪早期。与此同时，丁文江采取“请进专家来，派出学生去”的有效措施，推进了中国古植物学的创建。首先聘请的是瑞典著名地质学家安特生。这位外国学者在中国政局混乱、经济落后的条件下，冒着生命危险，深入大山老林，满腔热情，一干就是 12 年。他率领中外地质工作人员在军阀混战的危险境地中，跑遍了河北、山西、河南、陕西、甘肃、内蒙古、山东及辽宁等省的山山水水，几乎到过中国各大煤矿，采集了大量植物和动物化石。由于当时中国还无古生物相关人才，必须请国外学者帮助研究。所以，将所采集的古无脊椎动物化石留在北京，请正在北大任教的葛利普教授研究，其余标本全部运到瑞典请有关学者研究。第一批动植物化石标本共 82 箱，于 1920 年乘“北京”号海轮运往瑞典，不幸在中国南海遇风暴沉船事故。1923 年，另一批标本运往瑞典首都斯德哥尔摩，共 1316 箱，其中古植物标本 474 箱，古脊椎动物标本 480 箱，其余为考古文物等。植物化石全部运往斯德哥尔摩的瑞典皇家自然历史博物馆，请当时世界著名的古植物学权威赫勒教授研究，取得了一系列的重要研究成果，其中包括:《山西中部古生代植物化石》《中国西南部之植物化石》《云南古生代植物化石》等，对中国古植物学的建立和世界古植物学的发展均具有深远且重大的意义。这批植物化石，至今仍保留在瑞典自然历史博物馆，经常被各国学者借去研究。

更重要的是，在安特生的建议下，丁文江又于 1916 年聘请赫勒教授亲自来华帮助工作，为时一年。此后，赫勒出版了《云南古生代植物化石》(1926)、《中国西南部之植物化石》(1927)、《山西中部古生代植物群》(1927) 三部专著。赫勒一方面进行实地考察和采集化石，一方面在实际工作中培养了中国的古植物学人才。当时丁文江挑选了外语水平出众的青年周赞衡跟随赫勒，一边工作一边学习。周赞衡于 1923 年发表研究成果《山东白垩纪之植物化石》，首次确定了中国白垩纪地层的存在。这是我国学者撰写的第一篇古植物学论文。1924 年，丁文江派周赞衡前往瑞典，进一步跟随赫勒教授深造。不久，周又在瑞典杂志《植物成就》第 19 卷 4 期发表论文《斯干尼亚早侏罗世植物群》(英文)。此后，斯行健也被派往国外专修古植物学。1930 年，斯行健和高滕教授（德国）联名在《中央研究院地质研究所丛刊》1 号上，发表《中国新疆侏罗纪植物化石》。1931 年，斯行健又在此《丛刊》12 号上发表《中国下侏罗纪植物化石》。1931 年，斯行健以论文《中国里阿斯期植物群》在德国柏林大学通过答辩，成为我国第一位获得博士学位的古植物学家。1932 年，斯行健从德国赴瑞典皇家自然历史博物馆古植物部工作。数月间，他研究了一大批中生代化石标本，包括“中国中生代植物”“甘肃中生代植物”“陕西侏罗纪植物化石”和“陕西、四川、贵州三省植物化石”等。其论文和专著均在 1933 年发表于《中央研究院地质研究所西文集刊》和《中国古生物志》上。

值得提及的是，丁文江对标本的管理极其严格。例如，他和国外研究者协议规定，将采自山西的化石标本分为三份：一份送山西大学，一份送地质调查所，一份留存于赫勒教授处，以备讲学之用。对安特生和丁文江等历年所采集的化石标本，中瑞双方协议，复份运回中国，有的是中瑞各半。

2. 无脊椎动物研究

（1）蜓科化石研究。“蜓”这一汉字为李四光所创。他在进行华北煤田地质调查时采集并研究蜓标本。1923 年 6 月，他发表了论文《蜓蜗鉴定法》，创立了蜓科鉴定的 10 条标准。在此后的系列论文中定名新属 20 多个。1927 年 9 月，李四光发表了学术专著《中国北部之蜓科》，书中对我国石炭纪地层进行了划分、对比，对研究地质构造、普查找煤具有十分重要的指导意义。

（2）三叶虫化石研究。孙云铸在 1924 年出版了《中国北方寒武纪动物化石》一书，专门论述了寒武纪地层和三叶虫、腕足类、头足类化石。这是中国学者所著第一部公开出版的大型古生物学专著。此后，孙云铸还出版了《中国中部和南部奥陶纪三叶虫》（1931）和《中国北部上寒武纪之三叶虫化石》（1935）两部专著。

（3）珊瑚化石研究。葛利普所著《中国古生代珊瑚》卷一（1922）系统描述了产自我国的 12 属 14 种珊瑚化石;《中国古生代珊瑚》卷二（1928）补充描述了中国的 19 属 38 种珊瑚化石。乐森璕 1927 年发表了《奉天直隶石炭纪管状珊瑚之一新属》，是我国学者研究珊瑚化石的第一篇著述。

（4）腕足动物化石研究。赵亚曾著有《中国长身贝科化石（上卷）》（1927）和《中国长身贝科化石（下卷）》（1928），对晚古生代这一类重要化石作了综合性地深入研究，建立了 3 个新亚属 34 个新种。在几十年间保持着国际领先水平。

（5）软体动物化石研究。赵亚曾著有《中国北部太原系之瓣鳃类化石》（1927），俞建章著有《中国中部奥陶纪头足类化石》（1930），秉志著有《热河之一新楯螺化石》（1932）。

（6）笔石化石研究。早期，袁复礼（1925）、葛利普（1926）曾发表相关著述。孙云铸 1931 年发表了《中国的含笔石地层》；尔后出版了《中国奥陶纪与志留纪的笔石》（1933）和《中国北部下奥陶纪笔石化石》（1935）两部专著。许杰著于 1934 年出版《长江下游之笔石化石》。

（7）棘皮动物化石研究。田奇瑪《中国北部太原系海百合化石》于 1926 年出版，为中国学者第一部海百合化石专著。孙云铸发表了《芒刺海林檎化石在中国的发现》（1936）。

3. 古脊椎动物研究

1870—1911 年，外国学者来华采集了少许哺乳类牙齿化石，发表论文 10 余篇。

安特生（1914—1925）组织开展了对华北三趾马动物群的研究；德日进（1922）对泥河湾、河套地区等地古人类化石、哺乳动物化石进行了研究；美洲博物馆奥斯朋（1923—1932）等组织了以安德鲁斯为团长的第三次中亚考察团在蒙古高原进行大规模化石采集，出版了大量古近纪和新近纪脊椎动物化石研究成果。1927年成立中国、瑞典合组的以斯文·赫定和徐炳昶为首的西北科学考察团，袁复礼等在5年中发现了大量新疆兽形类爬行动物，天山、宁夏恐龙及鱼类化石，研究成果由中瑞双方陆续刊出。

1923年10月，杨钟健赴德国慕尼黑大学地质系学习古脊椎动物学，其论文《中国北方啮齿类化石》（德文）在《中国古生物志》丙种第五号第三册（1927）上发表，为我国学者撰写的第一部古脊椎动物学专著。1928年，杨钟健回国到地质调查所工作，主持了周口店的系统发掘与研究工作。在北京西南周口店龙骨山—太行山与华北平原交界处的一座石灰岩山丘发现了三颗猿人牙齿化石。1929年12月2日下午，裴文中挖出北京猿人（北京直立人）头盖骨化石。12月28日，中国地质学会在北京兵马司胡同地质调查所举行特别会宣布周口店洞穴的最近发掘成果。裴文中、步达生、杨钟健和德日进等分别宣读了有关论文。此后，又相继发现了北京猿人下颌骨、用火遗迹旧石器和骨器等。1936年10月22日，贾兰坡在周口店发现一副已破碎成几块的人头下颌骨。11月15日，先后挖出两具猿人头盖骨；11月26日，又挖出一具猿人头盖骨。1927—1938年，仅《中国古生物志》丙种及丁种就有近30册是有关周口店脊椎动物化石研究的成果;《地质论评》《中国地质学会志》也有多篇论述发表。主要作者有杨钟健、裴文中、卞美年、步达生等人。

七七事变后，地质工作重点南移，在四川、云南等地发现大量恐龙及其他爬行类化石。杨钟健先后发表了20多篇文章及3部专著。据不完全统计，1870—1949年中国古脊椎动物与古人类研究的著述共284种，其中中国学者从20世纪20年代起完成的就有104种。

（二）地层学研究

1. 前期工作基础

从传统地理学向现代地质学跨越的基本标志是地层系统的建立。1868 —1872年，德国地质学家李希霍芬完成对中国的7次考察后，回国完成了5卷巨作《中国》，在中国建立了一系列的地层剖面，命名了“五台系”“震旦系”等许多地层单位。此后来中国考察的国外地质学家对中国的地层建立也都有过不同程度的贡献。1903—1904年，美国地质学家维理士、布拉克维尔德到中国进行地质调查。在鲁、冀、晋、鄂、陕各省开展工作，在中国北方建立了五台系、滹沱系在内的古老岩系剖面，在山东建立了寒武系剖面，在中国南方也建立了不少地层剖面。他们还编制了一系列的彩色构造古地理图，明确指出中国北方的“震旦地块”缺失中古生界，具有长期上升的性质。他们所著三卷四册《中国研究》为中国地层学作出了奠基性的贡献。此后的中国地质学人虽做过中国地层的论述，或编著过地质图，但并未做过充分的地质考察。直至20世纪20年代，中国才开始独立建立我国的地层系统。

2. 建立地层系统

1921年，葛利普和孙云铸带领北京大学学生到直隶开平盆地开展生物地层学研究。葛利普于1922年完成了《中国北部奥陶纪动物化石》；孙云铸于1924年完成了《中国北部寒武纪动物化石》。这两部著作，奠定了中国北方下古生界地层分类的基础。1923年，谭锡畴在山东中生界地层中找到化石，经周赞衡对植物化石的鉴定和葛利普对动物化石的鉴定，确定蒙阴层属下白垩统，王氏层属上白垩统。解开了在中国长期找不到像欧洲那样的白垩系岩层的谜题。李四光于1923年和1927年蜓科研究和赵亚曾于1925年至1926年的长身贝研究，解决了外国学者半个世纪没能解决的华北中上石炭统划分问题，确定本溪系属中石炭世与莫斯科世相当，太原系属晚石炭世与乌拉尔世相当。其间，袁复礼于1925年在甘肃武威首次发现真正的下石炭统臭牛沟系，而以前葛利普曾认为“下石炭统”并不存在。1931年，张席禔建立了从上古新世至上新世的完整剖面。1934年，高振西、熊永先、高平建立河北蓟县“震旦亚界”典型剖面，包括后来的长城、蓟县、青白口三个系。这样，至全面抗日战争爆发以前，中国北方地层系统基本确立。

这一时期，中国南方地层也得以建立。1924年，李四光、赵亚曾等建立了一个从前震旦纪至第四纪的典型剖面，成为后来南方地层工作的基点，其中震旦系成为中国震旦系建系的标准剖面。1925年，谢家荣、赵亚曾在宜昌罗惹坪纱帽山建立了志留系典型剖面。针对南方二叠纪地层划分缺乏统一标准的问题，黄汲清于1932年至1933年研究对比了大量剖面后提出新分类，奠定了二叠系分类基础。在西南地区，根据丁文江两次西南考察提供的资料和化石，葛利普于1924年和1931年曾提出两个泥盆系分类。经过乐森璕1928年和1938年的研究，广西泥盆系剖面得以初步建立。与此同时，田奇瑰在1928年和1938年在湖南建立了另一个泥盆系剖面。丁文江、王曰伦于1931年在黔南建立了下石炭统丰宁系典型剖面。俞建章于1931年根据丁、王在贵州采集的化石以及对华南、甘肃等地八个剖面的化石研究，确立了四个珊瑚化石带，从而奠定了丰宁系地层划分的标准。1938年，孙云铸带西南联大师生在昆明附近找到了大量早寒武世化石。经过详细研究，卢衍豪于1941年建立一个包括筇竹寺、沧浪铺、龙王庙三个“统”的剖面。

从1913年地质调查所和地质研究所建立，到全面抗日战争爆发前，中国地质学家主要依靠自己的力量，在全国范围内基本建立起中国地层系统。

3. 地层系统研究

1924年，葛利普完成了《中国地质史》第一卷《古生代》。1928年，出版《中国地质史》第二卷《中生代》。其间，于1927年发表以亚洲为重点的新生代地层总结。原书名为《中国地层》，实际上内容涉及全亚洲地质史。以上三部著作与他1925年发表的36幅亚洲古地理图及说明书一起构成了亚洲地史巨著。伴随地层系统的建立，地层研究取得了一系列重要的成果。

（1）前寒武纪研究。1922年，葛利普发表《震旦系》，定义了震旦系。1923年，田奇瑰发表《南口震旦纪岩石地层及古生物》，确立了北京南口震旦系经典剖面。1924年，李四光、赵亚曾发表《长江峡东地质及峡之历史》，创立了中国南方的地层系统。1928年，孙健初发表《山西太古界地层之研究》，将外国人划为太古代的滹沱系改为元古代。1931年，赵亚曾、黄汲清在《秦岭山及四川地质之研究》专著中创立了晚前寒武系的秦岭系地层单位。1932—1933年，喻德渊在李四光指导下，建立了庐山前寒武纪地层系统。1934年，高振西、熊永先、高平发表《中国北部震旦纪地层》，将蓟县震旦纪地层划分为3个群10个岩组，为建立蓟县剖面地层系列作出了开拓性贡献。同年，张文佑著有《中国北部震旦纪与寒武纪地层之分界问题》。这一时期，谭锡畴、李春昱发表《西康东部地质矿产志略》（1931）、《四川峨眉山地质》（1933），张伯声发表了《陕西汉中区之前震旦纪地层》（1945），成为该地区的开创性文献。1945年，黄汲清在《中国主要地质构造单位》专著中提出了前寒武纪旋回的概念，并划分了中国前寒武纪地块单位。

（2）显生宙研究。1920年以后，许多地区都先后建立起区域地层系统。叶良辅执笔的《北京西山地质志》（1920）建立了北京西山地层系统，纠正了某些外国学者对北京西山地质的错误论断。1924—1928年，谭锡畴等先后编制出《北京—济南幅》《太原—榆林幅》《南京—开封幅》1∶100万地质图。1929年，赵亚曾对峨眉山地层作出划分。1931年，赵亚曾、黄汲清发表《秦岭山及四川地质》专著，创立了从晚前寒系至始新世的一系列地层单位名称。20世纪20年代后期至30年代前期，乐森璕、冯景兰在两广地区，30年代初李四光、朱森等在宁镇山脉，40年代初赵金科、张文佑等在广西地区陆续建立了区域的地层系统。

（3）下古生界研究。1922年，李四光发表《寒武奥陶纪地层分类之关系》文章。1926年，孙云铸在第十四届国际地质大会上作了“中国的寒武系、奥陶系与志留系”的报告，受到国际学者的重视和好评。

（4）上古生界研究。1926年，李四光、赵亚曾发表《中国北部古生代含煤系之分层和对比》文章，否定了德国古生物学家富勒提出的华北主要含煤层是下石炭统的观点。1932年，黄汲清出版《中国南方二叠纪地层》专著，次年第十六届国际地质大会上，美国地质学家舒可特宣读世界二叠纪地层总结中，引用了黄汲清的研究成果。

（5）中生界研究。1923年，谭锡畴发表《山东蒙阴、莱芜等县的古生代以后的地层》文章，纠正了早年德、美地质学家的错误，为中国白垩纪地层的研究奠定了基础。

（6）新生界研究。1923年，安特生发表了《中国北方新生界》，引用了丁文江于1918年在三门峡发现的早新世剖面研究成果。

（7）区域地层研究。1939年，在李四光的《中国地质学》英文版的附表中，刊载了俞建章编制的区域地层表。孙云铸于1943年发表了《就中国古生代地层论划分地史时代之原则》；并于1948年在伦敦第十八届国际地质大会上宣读了题为《太平洋——早古生代生物扩散的主要中心》的论文。1945—1948年，由黄汲清主持编制的14幅1∶100万地质图中，对区域地层进行了较好的总结。

（8）第四纪冰川研究。自20世纪20年代起，在学术界引起广泛争议的是李四光的第四纪冰川学说。1922年1月，李四光在英国《地质杂志》发表《华北挽近冰川作用的遗迹》一文。1922年5月，在中国地质学会第三次常会上，李四光根据山西大同和河北沙河见到的堆积物、条痕石和地貌现象，提请与会者注意华北晚近时期的冰川作用遗迹，但未能引起重视。10年后，李四光在测制江西庐山地质图时，又发现山上和山麓有许多地形和沉积特点能说明第四纪冰川存在，并划分出三次冰期，即鄱阳期、大沽期和庐山期。后来又在安徽黄山发现同样的冰川遗迹。对此，李四光发表了《扬子江流域之第四纪冰期》《关于研究长江下游冰川问题材料》《冰期之庐山》《安徽黄山之第四纪冰川现象》等。他的这一发现，引起了国内外学者的极大关注，有人反对（如巴尔博、德日进、那林等），有人支持（如费师孟）。

（9）古地理学研究。19世纪后期，一些来中国进行过地质考察的外国学者的著作中，就曾对我国黄土、冰川和地文等方面的某些问题，进行论述。1924—1928年，葛利普编制了《亚洲系列古地理图》。1939年，李四光在《中国地质学》专著中附有震旦纪至三叠纪四幅古地理图，区分了古陆与沉积盆地两类单元。1945年，黄汲清在《中国主要地质构造单位》专著中编制了五幅中国地质构造古地理图，系统解释了中国及邻区地质构造单元的划分及其演化历史。1949年，刘鸿允发表了《中国寒武纪古地理》。

（三）大地构造研究

1922年，翁文灏率先在比利时第十二届国际地质大会发表《云南东部构造地质》论文。1926年10月，在日本东京召开的第三次太平洋科学会议上，翁文灏在发表的论文《中国东部中生代造山运动》中提出“燕山运动”学说。丁文江著有《中国造山运动》（1929）。章鸿钊发表《中国中生代晚期以后地壳运动之动向与动期之检讨，并震旦方向之新认识》（1936）、《太平洋区域地之地壳运动及其特殊构造之成因解》（1948）。这一时期，“燕山运动”学说在中国地质学理论中产生了深远影响，可称作是中国和太平洋区域地质学的重大成就，它使“环太平洋构造”这个全球构造概念获得了完整而现实的内涵，充分说明中国大地构造学从一开始就是世界大地构造学的重要组成部分。丁文江指出，古生代以来中国发生了加里东、海西和燕山三次重要的造山运动，并将欧洲“造山旋回”的概念引进中国。他认为，南岭运动是燕山运动的最后一幕，而燕山运动之分布也不限于中国东部。

这一时期，葛利普提出了自己的创新性理论。他早在1919年就发表了“地槽迁移”的有关论述，并在《中国地质史》中发展了地槽迁移的观点。他以大喜马拉雅为原型，论述了地槽迁移的机制；并以亚洲、美洲和欧洲的地质资料论述了地槽迁移的普遍性。他的全球构造概念包括两个主要观点：一个是脉动论，认为全球性同时的海侵和海退形成一个脉动纪，其地层记录形成一个脉动系。海退之后往往形成一个以陆相沉积为主的间脉动纪和系。地层沉积相的演变，生物群的演化与更新均受脉动的制约。他于1933年在《北京时报》发表了题为《年代的韵律——脉动论、地球历史的新观点》的论文，并于1933年在华盛顿举办的第十六届国际地质大会上提出“波动论或脉动论”的论文。并以此为据，将古生代各纪、系进行了重新划分，从1934年起出版《脉动论下的古生代地层》，至1938年出版至4卷。葛利普的另一个重要理论是1937年提出的极控论，假定一个过往星球掠过地球附近时，将地壳硅铝层拉脱，并使其褶皱集中，成为南极泛大陆，同现代大陆边缘岛弧和边缘海的概念相近。1940年，他出版专著《年代的韵律：脉动论与极控论之下的地球历史》。书中，他以这两个基本理论和观点全面阐述了地球发展史，将震旦纪和古生代分为14个脉动纪（系），中新生代分为7个脉动纪（系），并作出古地理恢复图共23幅。他认为，中生代末泛大陆解体，前13幅是古生代和中生代的泛大陆再造图，后10幅是中新生代的部分大陆再造图。葛利普的以上观点提出正值魏格纳大陆漂移学说遭到普遍反对，活动论处于低潮，固定论几乎成为定论。葛利普在这个时候站出来支持魏格纳，可谓是难能可贵。

这一时期的另一重要地质构造成果是李四光创立了地质力学理论。所谓地质力学，就是运用力学原理研究地壳构造和地壳运动规律及其起因的学科。早在1926年，李四光发表了《地球表面形象变迁的主因》一文，提出“大陆车阀说”。他将中国地层研究扩展到北半球古生代地层对比，提出海水进退与地球自转速率相关的见解，进而联系地质构造的全球布局。1929年，李四光发表了《东亚一些典型构造型式及其对大陆运动问题的意义》一文，概括了不同类型构造的特殊本质，建立了构造体系的概念，为地质力学奠定了基础。李四光于1931年和1939年强调构造运动的全球性，以船山剖面为准，将中国南方地区的造山作用划分为江南、建康、淮南、昆明、东吴、苏皖六个造山幕。1945年，李四光在《地质力学的基础与方法》一书中，率先将力学引入地质构造的分析，正式提出“地质力学”的名词。1947年，李四光提出了解决地质力学问题的途径。1948年，李四光代表中国出席在伦敦举行的第十八届国际地质大会，作了题为“新华夏海的起源”的学术报告，从此李四光成为世界公认的地质力学奠基人。

此外，黄汲清创立了多旋回构造理论。1945年，黄汲清出版的《中国主要地质构造单位》一书标志着多旋回构造学说的诞生。该书首版为英文版，发表于中央地质调查所《地质专报》甲种第20号。全书共11章，约14万字，附中国地质构造图（1∶1600万）等8幅图件。该书所建立的中国大地构造理论体系长期对中国地球科学研究和矿产普查勘探发挥了重要指导作用。

在地质构造运动名称创立方面，1927年，翁文灏在《中生代以来中国东部的地壳运动和火山活动》中，将中国东部造山运动分为四期：秦岭期（古生代末）、燕山期（侏罗纪末）、南岭期（白垩纪末、第三纪初）和陇山期（第三纪后半期）。1932年，朱森创立了“柳江运动”名称；1934年，朱森、李毓尧创立了“湘粤运动”“艮口运动”名称；1935年，朱森、李毓尧、李捷提出了“茅山运动”“金子运动”“南象运动”三个地壳运动名称。

（四）矿物学与岩石学研究

1. 矿物岩石新发现

1927年，丁道衡发现白云鄂博铁矿，何作霖详细研究了白云鄂博的矿石，发现并定名了白云矿和鄂博矿，经光谱分析证明是稀土矿物。1935年，撰写了中国第一本

《光性矿物学》，被审定为大学教科书。何作霖是世界上最早开展X射线岩组学研究的学者，还发明了岩组学照相。1935年，孟宪民出版《湖南临武香花岭锡矿地质》英文专著，在“矿物学”部分，论及51种矿物，并配以31个图版、100多张照片，具有重大科学价值。为后来黄蕴慧等发现新矿物香花石奠定了基础。孟宪民于1943年发表《矿物鉴定的微化学方法》，提出了55种元素的显微分析法。谢家荣是我国矿相学的创始人，1929年发表了《中国几种铜矿之地质及显微镜的研究》；1931年，发表了《近年来显微镜研究不透明矿物之进步》。他在反光显微镜下所拍的东川铜矿矿石结构构造与矿物相互关系的图片，被世界矿相学大师兰姆多尔编入《矿相学图册》。1936年，王竹泉在河北昌平西湖村调查时，发现新矿物并定名了“西湖石”，后为各国矿物学家所用。

2. 岩浆岩及岩浆作用研究

1936年，谢家荣在翁文灏1920年工作的基础上，将华南花岗岩分别命名为“扬子式”与“香港式”。1937年，谢家荣指出北平西山辉绿岩不是侵入岩层，而是玄武岩流，后为郭文魁的实际工作所证实。

3. 沉积岩及沉积作用研究

翁文灏于1931年发表《中国北方河流冲积及其地质意义——华北侵蚀及冲积现象的定量研究》，对规划这一流域河流的治理和保护均有重要参考价值。

4. 变质岩石及变质作用研究

翁文灏发表的《中国前寒武系大理岩中的含镁量》（1926）和《房山大理岩的地质时代及其含镁率》（1928）得出前寒武纪大理岩比寒武纪石灰岩含镁量高的结论。程裕淇自1936年以来发表了系列关于变质作用的论文，并于1943年首次报道了中国发育较完善的区域变质带。

5. 宝玉石、观赏石研究

中国第一位考古地质学者，章鸿钊所著的20万字《石雅》一书于1921年出版，又于1927年再版。该书用文言文写成，附照相图版19个，十分精细，书末附英文摘要。对古代矿物、岩石名词进行了诠释，论述了中国古代使用的各种金、石、玉器，也涉及古生物化石和药用矿物，是一本材料丰富、考据精详的考古地质学专著。受到多国汉学家尤其是日本汉学家的推崇。英国李约瑟所著《中国科学技术史》第25章“矿物学”曾将《石雅》作为主要引用和参考文献。章鸿钊还著有《古矿录》，成书于1938年，出版于1954年。何杰的《宝石》（1923）一文阐述了宝石的分类、性质、价值及雕琢方法、装镶方法、鉴别方法。谢家荣于1923年率先发表了《中国陨石之研究》等三篇文章。

（五）矿床学研究

1919 年，翁文灏所著的《中国矿产志略》出版。该书介绍了矿床学基本理论，记载了当时国内除煤以外的各种金属、矿产的形成、分布和开采情况，并附有《中国地质约测图（1∶60 万）》。此后，陆续发表了《中国矿产区域论》（1919）、《金属矿床分布之规律》（1926）、《砷矿物在金属矿系列中的位置》（1926）、《中国金属矿生成之时代》等。谢家荣在 1920 年发表了《矿床学大意》系列论文，提出运用地质理论进行找矿并取得了极其丰富的实践成果。这一时期，关于矿床地质的论文，仅《中国地质学会志》和《地质论评》刊出的就有 200 多篇。其范围包括煤、石油、天然气、铁、铜、铝、锰、钨、锡、铅、锌、银及若干非金属矿床的研究。地质学家们先后编辑出版了一些地方的矿产志。如《西康东部地质矿产志略》（谭锡畴、李春昱，1931）、《四川盐业概论》（谭锡畴、李春昱，1933）、《长江下游铁矿志》（谢家荣等，1935）、《湖南钨矿志》（王晓青等，1937）、《浙江之矿产》（朱庭祜等，1937）、《云南矿产志略》（朱熙人等，1940）、《中国赣南矿床地质》（徐克勤等，1943）、《新疆矿产资源》（王恒升，1945）、《西北盐产调查实录》（袁见齐，1946）等。这一时期，一些学者提出有关区域成矿规律的初步认识，集中体现在煤、石油等重点矿种。

1. 煤田地质研究

1920—1949 年，由国人进行的除西藏、台湾外，其他各省煤田地质调查项目约 500 项，撰写煤田地质报告、论文 250 余件，参与的地质人员 700 多人次。我国老一辈地质学者几乎都曾做过煤田地质调查。1921 年，丁文江、翁文灏合著《中国矿业纪要》（第一卷）中论述了中国东中部 23 个省的煤田，煤厚 1 米以上、埋深 1000 米以浅的煤炭储量为 234.5 亿吨。1926 年，翁文灏、谢家荣绘制了《中国煤田略图》，并在《中国矿业纪要》（第二卷）中阐述了煤田分布概貌，划分出 6 个大区。王竹泉编写出《山西煤矿志》（1928），将山西全省划分为 7 大煤区、32 个煤田，并对每个煤田进行了储量计算。1929 年，翁文灏在世界动力会议上宣布中国煤炭资源为 2654.5 亿吨。1929—1931 年，谢家荣赴德国攻研煤岩学与金属矿床学，他首先用偏光显微镜研究中国各类煤，并发表了系列论文。1930 年 10 月，地质调查所成立燃料研究室，采用煤岩学和煤化学方法研究煤的成因性质和应用。至 1949 年，中国已基本掌握各省区含煤地层时代、岩性特征及大致分布，估算中国煤炭资源为 4500 亿吨。

2. 石油、天然气地质研究

我国古籍中关于石油、天然气的记载有百余处。近代对中国最早进行石油地质调查的是美国人。1914年，北洋政府熊希龄曾经组织人员翻译了日本近藤会次郎著的《石油论》一书，为国外石油地质学著作首次被译成中文。1919年，延长石油官厂总理张丙昌编著了《石油概论》一书。由中国人进行的石油地质调查工作始于1921年，翁文灏、谢家荣对甘肃玉门的调查。1930年，由商务印书馆出版了谢家荣编著的《石油》一书，这是我国第一部系统的石油地质学专著。它全面论述了石油矿业的发展史，石油之应用、成因、积聚，油田构造，油田之测验与分布，石油之开采、运输、制炼、贮藏，世界石油矿业概况等。其中第十章，专门论述中国石油及求供状况。在这部著作中，对我国的石油资源作了乐观的估计。中华人民共和国成立后，石油钻探的丰硕成果，证实了谢家荣先生这一估计是正确的。从1922年至1948年，他先后发表有关石油的论文、著作近20篇（部）、内容涉及甘肃、陕西、四川、山西、浙江、台湾及江南诸省的石油地质和油气矿床。1935年，谢家荣编制出我国第一张全国油田及油页岩分布图。1937年，第十七届国际地质学大会在莫斯科召开，谢家荣在会上宣读了《中国之石油富源》的论文。台湾光复后，谢家荣于1945年年底赴台湾考察石油和天然气生产，历时三周。在调查报告中他论述了台湾油矿分布、油气地层、油气构造及竹东、锦水、出磺坑三个油气区的概况，展望了台湾地区的油气前景。1946年，谢家荣又论述了四川51个背斜构造的位置、地质时代及背斜型式。他认为四川三叠系顶部，无疑为已经证实之重要蓄气层，应该详细研究其岩性、成因等，并建议用地震法探勘石油构造。

传统石油地质理论认为石油仅仅为海洋生物生成。早在1863年，加拿大著名地质学家亨特阐明：石油的原始物质是低等海洋生物。尽管中国早在两千多年前就已在陕北发现了石油，但近代中国的石油工业却几乎没有发展，其思想根源就是所谓的“中国陆相贫油”论。1913年，美国美孚石油公司组织了一个调查团到中国的多个省进行石油勘探调查，但未取得任何收获。1914—1916年，在陕北钻井7口，宣告失败。自19世纪50年代至20世纪50年代的百年间，找到含丰富石油的地层大多为海相沉积。中国大陆，除古生代及以前有广泛的海相沉积外，中新生代陆相沉积广泛发育，因此，陆相沉积有无石油、储量是否丰富，是那时地质学界争论的焦点。美国明尼苏达大学埃蒙斯教授于1921年断言：“所有的产油层几乎毫无例外地都是海相地层或与海相地层密切相关的淡水地层。”1922年，美国斯坦福大学地质学教授勃拉克韦尔德在题为《中国和西伯利亚的石油资源》的论文中再次强调“中国没有中、新生代海相沉积”。

然而，中国的地质学家却从来不被国际地质学的权威理论所束缚。翁文灏在《中国矿产志略》（1919）中指出："侏罗纪之后，中国陆地业已巩固，所有内湖浅海，亦复蒸发干涸，而膏盐油矿，亦于是焉成。"李四光在《燃料的问题》（1928）一文指出："美孚的失败，并不能证明中国没有油田可办。"谢家荣在《石油》（1930）一书中指出："中国有广大的沉积盆地和沉积平原，油气苗又遍及全国，石油远景一定很大""三角洲半属海相，半属陆相。其海相之部，即为浅海或濒海沉积，最适合于石油之产生。而近陆之部，则植物繁茂，在适当环境之下，亦能造成石油。"20世纪二三十年代，以谢家荣、潘钟祥、黄汲清、孙健初等为代表的地质学家先后到陕北高原、河西走廊、四川盆地及天山南北进行油气地质调查，分别于1937年和1939年在陆相盆地中找到了新疆独山子油田和甘肃玉门老君庙油田。1941年，潘钟祥在《美国石油地质学家协会志》上发表了《中国陕北和四川白垩系石油的非海相成因》的论文，指出："陕北的油看来不可能是从海相地层中运移来的。这表明，这种油是在陕西系中生成的，具有陆相（河流和湖泊）的成因"。同时指出："四川的油是湖成的。"1943年，黄汲清等在《新疆油田地质报告》中指出：侏罗纪煤系中的生油层可能最为重要。天山北山麓带的油苗，许多是源自侏罗纪的生油层，如独山子的石油。这些生油层肯定为陆相沉积。上述陆相生油理论的形成，为在中国陆相盆地中找到大量石油提供了理论依据。从此，"中国陆相生油"理论正式走向国际学术舞台。

3. 其他矿种矿床研究

顾琅在本溪湖煤铁矿公司任期间，先后考察过江苏、安徽、湖北、湖南、江西、河南、河北、山东、辽宁和吉林等省，行程万余里。经精细分析整理，1914年撰成《中国十大矿厂调查记》。此书对不同矿山的矿床成因类型、矿石质量、矿层分布、开采历史、规章制度、经营管理和工程设施等情况，均有详细记述。受到当时北洋政府高官、实业界和矿业界专家的赞誉。

（六）土壤调查与研究

1929年5月，第四次太平洋国际科学会议在爪哇万隆召开，中国科学家翁文灏、竺可桢等13人出席。会议有两项重要决议，即要求各国开展土壤调查和成立土壤研究机构。随即南京金陵大学农经系邀请美籍教授贝克及美国土壤学家肖查理来我国作为期一年的土壤调查。此后，中华教育文化基金董事会拨款10万元（1930—1932），委托地质调查所开展全国土壤调查并成立土壤研究室，并具体实施此项工作。翁文灏敦请美国土壤学家潘德顿、梭颇前来工作。梭颇发表了《中国之土壤》（1936）一书。

7 年间，对国内除西藏、新疆外的土壤进行了调查。1940 年，马溶之、朱莲青根据历年资料编制了《全国土壤约图》。1942 年，开始编制“分省土壤图”，率先完成四川、福建、甘肃、江西等省的土壤图。同时，进行了服务于不同目的的土壤调查，如盐渍土调查，土壤侵蚀调查，荒地调查，土地利用、分等调查以及工程土壤的调查等。1947 年，还对西沙群岛的土壤与鸟粪磷矿进行了调查。与此同时，建立了若干土壤类型。主要包括：水稻土、漠土、紫色土、盐渍土以及砂姜土、棕壤。1945 年，马溶之、席连之对全国土系进行了整理，筹建了 2000 个土系，部分土系还译成了英文。

（七）水文地质学与工程地质学

1. 水文地质

1949 年前，北京、天津和江苏等地的水工环地质工作基本上是空白，只有少数地质学家从事过水文地质、地下水等地质调查工作。如 1917—1919 年，丁文江等对上海所在的长江三角洲的成陆过程进行了研究，推断出长江三角洲推进速度为每年六十九分之一英里；1923 年，北京女子高等师范学校生物地质系学生到山东做地质修学旅行，曾对济南趵突泉成因做过论述，是为记录较早的水文地质调查；1925 年，巴尔博发表《济南府的泉群》；1929 年，君达在《中国北方泉水成分之研究》中介绍了济南趵突泉的成分和流量。外国专家也对山东有关地区做过工业用水、水源、地下水等的调查。

1949 年前，中国地质学家对水文地质的调查研究主要成果还有一些。章鸿钊的《中国温泉之分布与地质构造之关系》一文于 1926 年提交给在东京召开的第三次泛太平洋学术会议，1934 年刊于《地理学报》第 2 卷第 3 期;《中国温泉辑要》，于 1926 年写成，1956 年经地质出版社增补后出版。1928—1931 年，谢家荣对南京的水文地质条件进行过调查，发表过《钟山地质及其与南京市井水供给之关系》（1928）和《南京钟山地质与南京承压水供水的含水层》（1929）多篇论文，探讨了含水层的分类与分布以及有关解决南京供水问题的途径。20 世纪 30 年代，朱庭祜等前往河南、江西等省，为发展农田灌溉和解决城市供水问题进行地下水调查，著有《河南安阳、林县、汤阴、淇县等地区的地下水》《江西南昌附近之地下水》等文章。陈炎冰的《中国温泉考》，于 1940 年由中华书局出版。王调馨、林文聪的《中国福州温泉水文分布及研究》，于 1940 年在美国《科学》杂志第 238 卷第 11 期发表。谷德振的《从节理发育之状况讨论重庆北温泉之地质构造及温泉成因》，于 1948 年发于中央研究院地质研究所丛刊第 7 号。此外，方鸿慈曾先后在《地质论评》上发表了《华北涌泉概况》和《济南地下水调查及其涌泉机制之判断》等论文，并编制了华北涌泉地理分布图一幅，较为全面地论述了华北各地涌泉的地质、水文地质条件和泉水的物理、化学成分及性质。

2. 工程地质

工程地质方面：袁见齐发表过《扬子江上游水电发电厂址之地质讨论》(1935)，《宜昌黄陵庙、葛洲坝两处筑坝问题》(1941)。萨凡奇之《扬子江三峡计划》初步报告提出之后，中央地质调查所即派叶连俊赴美垦务局学习工程地质，并于1946年10月派侯德封、陈梦熊、姜达权、刘东生等去宜昌三峡做坝线初步地质调查。1947年3—6月，姜达权、刘秉俊、边效曾与三峡水电测勘处张兴仁合组工程地质队进行勘测，共选了6个坝址比较方案，对坝区石灰岩层层面间漏水问题、洞穴问题、地震与崩塌问题及库区地质问题，都做了初步研究，其报告刊于《地质论评》第13卷第1~2期。刘伊然发表过《松花江小丰满水力发电所堰堤附近地质》(1949)、《小丰满水力发电所堰堤计划概要》(1949)。郭文魁发表《湖南资兴东江水坝区地质》(1949)。叶连俊发表《工程地质学的外缘与内涵》(1949)的论文。在工程地质理论研究方面，茅以升的《土压新论》刊于1942年《工程》杂志（第5卷第4期）。郭文魁的《石灰岩与水坝坝基》刊于1948年《矿测通讯》第85期。

六、勘探技术发展

中国现代钻探技术的引进始于盐井和油气井的施工。

（一）盐井钻探

1923年，自贡盐绅李敬才在上海向美国通用电气公司订购美制开士敦No.35蒸汽动力冲击钻机一套，价银5万多两。钻深能力1220米左右。1924年2月15日，在今自贡市大坟堡地区施工鼎鑫井，因屡屡发生机械事故又无力修复而多次停钻。加之美国工程师离去，最终“胎死腹中”。1937年2月，乐山盐场评议所评议长的李从周组织集资向重庆白理洋行订购美制开士敦No.35冲击式轻便钻机，功率45马力，钻深能力约1066.8米。8月，公司聘请美技师但尼主持钻探工程。当时既无套管，也无处理事故的工具，公司董事们认为不宜开钻，但技师盲目在五通桥杨柳湾选定井位，于9月14日开钻。最终导致钻井事故而报废。随即移动井位，于10月14日在此开钻，再次发生事故却束手无策。第三口井于12月22日开钻，依旧未能摆脱失败的命运，激起盐商们的愤怒，而美国技师却悄然回国。直至1938年，内迁的永利化学工业公司聘请地质学家李悦言进行地质调查工作，在五通桥杨柳湾选定井位，并向美国国家供应公司购买钢绳冲击式钻机一套，同时聘美国哈孟德为技师，于 1941 年 1 月 20 日开钻，最终于 1942 年 9 月 28 日在井深 1021 米处见到黑卤层，并产出少量天然气和石油，完井深度 1027 米。这是我国第一口以蒸汽机为动力的千米井。

（二）油气井钻探

1. 四川

1936 年，资源委员会向德国哈卜罗公司订购了 4 部旋转钻机，于 1937 年运抵重庆，分别调运到巴县、达县两个探区。1937 年 10 月 28 日，巴县的巴 1 井开钻。1939 年 11 月，钻至 1402 米完井投产，向重庆的公交车供气。

2. 陕西

1934 年，国民政府国防设计委员会对陕北油田进行普查勘探，由北平地质调查所所长翁文灏组织，并派王竹泉、潘钟祥等进入矿区勘定井位。同年 7 月，开始钻探，101 号井于井深 100 米见油，日产油 3000 余斤；201 号井于井深 65 米处见油，日产油 6000 余斤。

3. 新疆

1936 年 9 月，新疆地方政府在独山子与苏联合办独山子油矿，并运来蒸汽驱动的旋转钻机 3 部。第一口井在井深 100 米处见油砂。第二口井于 300 米时喷油。1944 年，苏联人员全部撤离独山子。1944 年 4 月 8 日，孙越崎等人到独山子成立乌苏油矿筹备处，原来 600 人一律留用。当时共有钻机 11 台，其中 1800 米 3 台。1936—1943 年，共钻井 33 口，进尺约 14000 米。

4. 甘肃

玉门油矿，从 1905 年到 1936 年的三十余年时间，勘探工作几乎没有进展。1938 年 12 月 26 日，严爽、孙健初、靳锡庚到达玉门老君庙。经研究地质构造后，初步确定了井位。1939 年 3 月开钻，27 日首次在 1 号井见油，接续 2 号井也出了油。此后，相继从洛宜、湘潭、萍乡等地调来德国造钻机，加快了勘探进度。所钻探的 3—7 号井井井有油。从 1940 年起、玉门已开始逐步使用旋转钻机，向油田深部钻井。当钻入压力较高的 L 油层时，由于缺乏钻高压油层的技术和装备，也还不会使用重泥浆，致使 4 号井、8 号井、10 号井都发生了强烈的井喷。1940 年 8 月，湘潭煤矿钻机用于加深 4 号井。11 月 2 日开钻，1941 年 4 月 21 日在 439 米钻遇 L 油层的高压油气时，老君庙第一次发生了强烈的井喷。约半小时，发生天然气爆炸。严爽矿长指挥全体职工奋力抢救。因喷势太大，一天后井壁坍塌。为此，从四川勘探处调来了总闸门，并规定钻穿油层前要电测，并使用重泥浆。1940年9月，萍乡煤矿钻机到达玉门，1941年2月1日在8号井开钻。10月22日钻至449米，突然发生井喷。6个小时喷出原油250多吨。25日，装四川调来的高压闸门，接着起钻，但又发生了更强烈的井喷，油气四射，声闻数里。至27日井塌。1941年8月，四川探勘处调来的德制钻机装于10号井。10月开钻，1942年1月23日晨，忽然发生剧烈井喷。井口周围下陷，地面裂缝长约200米、宽七八十厘米。至下午4时，井塌停喷。次日晨3时，井口周围再次下陷，接着又发生了强烈井喷，原油从裂缝直泻石油河、形如瀑布。历15小时为止，喷油量估计约2000吨。在最厉害时，每小时约喷油800吨。上述井喷事故，不但使地下能源受到损失，更向年轻的钻井人员提出了严峻挑战。政府积极采取措施，加快寻找重晶石、矸子土（优质粘土），以配制重泥浆；加速购买防喷器和采油树；洽聘美国技术人员来矿传授技术、培训职工；派员赴美学习。1942年8月，聘请美国德士古石油公司的钻井技师迈克·布什来矿工作。同年年底，还派一批技术干部到独山子油矿调查苏联的钻井经验。1942年5月，首先派董蔚翘去美国学习钻井，两年后回国。1944年秋天，又派杨玉璠去伊朗学习钻采，一年后回国。1945年，又派卢元镕、靳锡庚、吴德楣、吴士壁、童宪章、陈赍、卞美年去美国学习钻井及其他石油工程技术。1946年夏，又派刘树人、史久光等去美国学习。其间，矿场也自制了泥浆搅拌器、标准泥浆槽、沉淀池、泥浆枪及泥浆池。同时在广元找到了重晶石，在兰州找到了矸子土。从此，玉门很少再发生井喷事故。

（三）机械岩心钻探

1897年，英国福公司攫取了河南焦作的煤田开矿权。20世纪初，从英国运来了几台蒸汽钻机，是用锅炉蒸汽作动力的回转式取心金刚石钻机，使用手镶金石钻头钻进。起初，钻机由英国人操作，后来培训了一批中国工人。当时使用的是天然表镶金刚石钻头，靠机长手工镶制。技术熟练者一天可手镶一只金刚石钻头。每只钻头的寿命可以钻几十米至百十来米。镶嵌师（或机长）的这种镶嵌绝技不轻易外传。焦作煤矿勘探工作始于1903年前后，1910年前后结束。成熟的钻探工人分别转移到山东、河北、湖南、四川等地矿山从事钻探工作。此后，这批钻探工人大多是子承父业、世代相传，成为中国钻探工人的种子，陆续形成了张、姜、田、郭、孔等家族。

继焦作煤矿之后，至全面抗战前，外国列强在山东枣庄煤矿（1910年）、云南东川铅锌银矿（1919年）、辽宁鞍山铁矿（1917年）、湖广交界狗牙洞煤矿（1922年）、安徽宿县雷家沟煤矿（1923年）、海南铁矿（1927年）、辽宁阜新煤田（1927年）、辽宁西安县煤田（1928年）、江苏贾旺煤田（1930年）、江苏东海磷矿（1930年）、湖北阳新铜矿（1934年）、广西富贺钟锡矿区（1934年）、湖北灵乡铁矿（1936年）的等矿产地的勘探中曾采用手镶天然金刚石钻头钻进。

1931年至1945年，东北的抚顺、阜新、蛟河、辽源、营城子等大型煤矿区，鞍山、本溪等铁矿区，以及河北开滦煤矿、山西大同煤矿、山东贾旺煤矿、江苏东海磷矿、海南石碌铁矿、乌翔岭锡矿、湖北大冶铁矿、安徽铜官山铜矿、淮南煤矿、马鞍山铁矿都进行了大量钻探工作。其中有旧式的英国、瑞典钻机，大部分是日本利根、大和钻机公司出产的各式手把式钻机。这些钻机早期都用手镶天然金刚石钻头，口径分别是33.5毫米、75毫米。1940年之后，出现了硬合金钻头，最深钻孔达800米。

在全面抗日战争期间的大后方，我国地质工作者曾经使用过少量的转盘钻机、老式冲击钻机、手摇钻机和蒸汽钻机钻探盐、煤、锡、铜矿。其中，用手摇钻机和蒸汽钻机钻探的少量钻孔是用手镶天然金刚石钻头钻进的，口径是36毫米和75毫米。1945年，云锡公司在个旧地区施工钻孔130个，最深钻孔344米，总进尺约1817.7米。其中，用手镶天然金刚石钻头钻进了25个钻孔。

抗日战争胜利后，国民政府资源委员会矿产测勘处，在谢家荣先生的领导下，从湘西采金局借到的战前遗留手摇金刚石钻机、蒸汽钻机各一台和华中矿务局一台RL-150型钻机，于1946年9月30日在淮南煤田开钻，到年底已钻成4个孔，最深近200米，见煤总厚达25米，获得储量2亿吨。1947年，矿测处谢家荣先生筹措到20万美元，由刘汉先生向美国长年公司订购了新型金刚石钻机、金刚石钻头、仪器及有关图书。1947年，中国开始使用上述新式钻机、新型金刚石钻头，在淮南煤田施工，当年钻孔20个，最深369米；在湘江煤田钻孔1个；锡矿山锑矿钻孔2个。全年总进尺4159米，获上好烟煤储量4亿吨、磷260万吨、铝土50万吨。当时我国雇用美国长年公司钻探工程师戴维斯指导金刚石钻探技术。1948年，矿产测勘处金刚石钻探共钻进4877米。有7个钻探队在安徽、湖南、湖北、广西、台湾5个省工作，共开动钻机16台。除扩大矿山储量以外，还发现了栖霞山铅矿、下蜀钼矿和桂西菱铁矿。在谢家荣先生的领导下，中国结束了地质调查部门未配备钻探设备、矿产储量仅凭估算的历史。

（四）重力测量

1936年，翁文波先生通过了中英庚款（即中英文教基金）考试而到伦敦大学皇家学院留学深造，主攻应用地球物理学科。1939 年，获得博士学位。在此期间，他自制了一套改进的“重力探矿仪”。回国时，第二次世界大战已爆发，他取道法国经越南西贡、河内到达昆明。一路上几经转折，所带行李都遗失了，只此重力探矿仪因随身携带而幸免。此后，他在重庆的中央大学物理系任教授。其间，到过四川巴县石油沟作电测井工作。此后，他又携自制的重力探矿仪去玉门油矿作物探工作，如地下的岩层隆起离地面近了，该处的地心引力也将增大，通过测量加速度之变化可探知地下有无储油构造。

用扭秤不能直测重力加速度的数值，而能测其值之变化。1937 年秋至 1938 年秋，李善邦与秦馨菱在湖南衡阳水口山曾用此法探矿，根据所得结果在新冲山上布置一钻孔，钻到以前未知的铅锌矿体。1939 年春末夏初，方俊曾用扭秤在贵州等地铁矿作探测，同时秦馨菱用磁秤作探测，二者所得结果皆与已知的矿体边界相合。同年，中央地质调查所地性室（即地球物理室）开始试制测量重力加速度的仪器。全面抗日战争时期，已迁往昆明的北平研究院研究员顾功叙，曾在昭通、东川等处作金属矿及煤田区的物探工作；中央地质调查所方俊还经常带着仪器到各城市去测量经纬度，供绘制地图之用。

（五）磁力测量

全面抗战时期，四川南部綦江的红铁矿是大后方重要的铁资源产地。1939 年秋，秦馨菱用磁秤在该处作探测，结果发现该矿体延伸不远，逐渐减薄而尖灭，证实该区矿体储量比原来估计者为少。四川西南部的会理毛姑坝和西昌芦沽产有磁铁矿。1940 年春，李善邦与秦馨菱同去进行磁秤测量，结果在会理的主矿体东南发现一个隐伏矿体；在西昌芦沽之矿体上部，覆盖了一层直径约一二十厘米的碎矿，这些碎矿也能引起磁力异常而使测量结果不能显示矿体（露头）的真正边界，如进行磁测，就必须先用人工把这层碎矿剥离。其间，由秦馨菱作地形测量，同时由李善邦作地质详查，然后二人同作地磁观测。西昌的工作尚未结束，二人被紧急调往攀枝花。在攀枝花山及其旁之尖包包山和在金沙江畔之倒马坎 3 处测得地形图 3 幅，做了地质详查填图，并在 3 处各作磁力测线数条。同时采集铁矿露头上的标本带回重庆北碚，经化验知是含钛磁铁矿。地质观测及磁力测量之结果说明矿体很大，此后发现了著名的攀枝花铁矿。

七、国内学术活动

1922年至1948年，中国地质学界在极其动荡的年代里，学术交流迅猛发展直至短暂繁荣的极盛时期。在中国地质学界树立了良好的学风，产生了极其深远的影响。这些主要得益于中国地质学会的成立。二十多年间，学界将它打造成了世界级的学术平台。每年召开学术大会，聚集了国内外的一批地质精英，收到了一批高质量的学术论文。会长（理事长）高屋建瓴，有较强的时代感。组织的野外地质旅游，丰富多彩。年会期间还穿插若干常会和特别会，更为学会的学术研究增光添彩。

（一）中国地质学会成立初期（1922—1937）

1922年年初，中国地质学会创立伊始，就积极开展学术活动，当年举行了5次常会。第一次常会于1922年3月2日晚在北京地质调查所礼堂举行。首先由会长章鸿钊作了题为《中国研究地质之历史》的演讲。丁文江用英语发表了《中国地质学会之目的》的讲话。来自美国自然历史博物馆中亚考察团、俄国远东地质委员会等团体的外宾发表了讲话。美国哥伦比亚大学岩石学及构造地质学教授作了以《新岩石学》的学术报告。第二次常会于4月15日召开。葛利普代章鸿钊宣读了题为《玉石在中国历史上之价值及其名称》的论文。日本古生物学家早坂一郎发表了题为《日本地质概述》的演讲。翁文灏提交了用法文写成的论文《中国某些地质构造对于地震之影响》。李四光提交了《寒武奥陶地层分类之关系》的论文。第三次常会于5月26日召开。步达生和安特生分别宣读了《中亚考察团前三周工作中的趣事》和《中国北部新生代研究》两文。李四光提交了题为《中国更新世冰川的证据》的论文。第四次常会于9月29日举行。章鸿钊主持并宣布这次常会是特别为了欢迎自蒙古国考察归来的美国地质学家而举行的。第五次常会于11月6日举行。首先由俄国地质学家讲述了最近在俄国远东地区所做的工作。翁文灏在会上传达了他参加第十三届国际地质会议的情况。

1923年1月6—8日，中国地质学会在北京举行了成立后的第一届年会。章鸿钊提交了题为《中国用锌之起源》的论文，作为会长演说。这届年会共收到20余篇论文的题目、摘要或全文。6月15日，中国地质学会第六次常会在地质调查所图书馆举行。在这次常会上介绍巴黎天主教学院地质学教授、法国地质学会副会长德日进神甫和大家见面。德日进宣读了一篇题为《甘肃东部和内蒙古新生代脊椎动物化石》的论文。在这次常会上共宣读了6篇论文，其中李四光宣读的关于蜓科研究的论文。9月27日的第七次常会是为欢迎来京参加中亚考察团工作的英国古生物学家而举行的。11月8日举行了一次特别会，欢迎瑞典斯文·赫定来京，到会者达百余人。在会议室中展出了斯文·赫定所赠送的许多大部著作。斯文·赫定作了关于他从20岁（1885年）开始在亚洲探险的经历的报告。

1924年1月5—7日，中国地质学会第二届年会在北京地质调查所图书馆举行。共收到30篇论文的题目、摘要或全文，其中外籍会员提交的论文占三分之一。丁文江发表了《中国地质工作者之培养》的演说。李四光再次宣读了两篇关于研究蜓科的论文。7月25日和26日两个晚上，举行了第8次常会。李四光宣读了题为《长江峡东地质及峡之历史》的论文。

1925年1月3—5日，中国地质学会在北京举行第三届年会。共收到论文的全文或摘要19篇。会长翁文灏发表了题为《理论的地质学与实用的地质学》的演说。第九次常会于4月7日在地质调查所举行。美国刚来华的5人中亚考察团成员出席。第十次常会于5月15日晚在北京协和医学院礼堂举行，由李四光主持。会上交流了关于甘肃史前考古学和古人类学方面的论文。第十一次常会于9月23日在地质调查所举行，欢迎由野外归来的中亚考察团成员。第十二次常会于10月7日晚在地质调查所举行，李四光重点讲述了苏联的地质工作。此外，宣读了3篇论文，其中赵亚曾《中国北部太原系之时代》是我国地质学者早期关于石炭纪地层研究的重要论文。

1926年5月3—5日，在北京地质调查所举行第四届年会。会上共宣读论文22篇，其中4篇宣布题目。王宠佑向年会提交的论文（会长演说）《海洋深渊与大向斜层之关于矿床沉》由巴尔博代为宣读。叶良辅《安徽南部铁矿之类别及成因》和王恒升《大冶铁矿床》等两篇，是我国学者早期关于长江中下游铁矿矿床学研究方面的重要论文，有重要的历史意义。10月22日，中国地质学会与北京协和医学院、北京博物学会联合举行第一次常会，欢迎瑞典王太子访华。梁启超宣读了题为《中国之考古学》的论文。安特生在会上首次宣布了关于北京周口店的发现。11月，第二次常会是与北京博物学会联合召开，欢迎参加“泛太平洋科学会议”的代表在返国途中路过北京。李四光宣读了题为《地球表面形象变迁之主因》的论文。

1927年2月12—14日，在北京地质调查所举行中国地质学会第五届年会。会上宣读论文24篇，另有5篇宣布题目。翁文灏作了会长演说，题为《中国东部中生代以来之地壳运动及火山活动》的论文，首次提出了“燕山运动”概念。12月5日，中国地质学会在北京兵马司九号会议室举行了一次特别会，出席会员和来宾约30人。会议主题是关于“10月16日在周口店发现的一颗古人类牙齿”。

1929 年 2 月 13—14 日，在地质调查所图书馆举行中国地质学会第六届年会。到会 54 人。共宣读 24 篇论文，其中 9 篇仅宣布题目。丁文江的会长演说题为《中国造山运动》。12 月 28 日，在北平地质调查所举行特别会，宣布周口店洞穴的最近发掘成果（中国猿人头盖骨）。裴文中、步达生、杨钟健和德日进等分别宣读了有关论文。

1930 年 3 月 29—31 日，中国地质学会第七届年会在地质调查所举行。本届年会共宣读论文 21 篇，其中 2 篇宣布题目。德日进、杨钟健、步达生、裴文中等人的论文标志着中国新生代研究进入蓬勃发展期。在欧美同学会聚餐上，斯文·赫定就最近新疆考察所取得的进展作了一次简短的演讲。为了配合这届年会，地质调查所在丰盛胡同地质博物馆楼上专门开辟了两间陈列室，陈列了中国猿人化石的全部标本及采自周口店的其他古生物标本。从 3 月 30 日至 4 月 3 日，在签名簿上签名参观者达两千余人。7 月 3 日，中国地质学会在地质调查所召开了一次常会。杨钟健宣讲了《中国本部及蒙古国地质之比较》。9 月 25 日，中国地质学会在地质调查所举行了一次特别会，欢迎伦敦皇家学会前会长访华。史密斯作了题为《人种原始论》的报告。翁文灏介绍了北京人的发现和研究的经过。

1931 年 5 月 2—4 日，中国地质学会第八届年会在南京中央大学地质系会议室举行。由理事长朱家骅主持并致开幕词。本届年会共宣读了 8 篇论文，宣布题目的有 11 篇。年会组织出席会员赴南京栖霞山作地质旅行，参加者 17 人。11 月 3 日，中国地质学会在北平地质调查所举行特别会，会上宣读了 5 篇论文，其中，步达生《中国猿人用火之证据》和裴文中《周口店洞穴堆积中国猿人层内石英器及他种石器之发现》在史前考古学研究史上具有重要意义。

1932 年 10 月 5—9 日，中国地质学会第九届年会在北平地质调查所举行。年会邀请了北平研究院物理研究所严济慈作了《验电器试验放射性矿物之方法》的专题报告。本届年会共宣读论文 24 篇，另宣布题目的 14 篇。其中，谭锡畴《四川盆地的盐和石油沉积》和王竹泉《陕西北部的油层》是我国学者最早在学会上宣读的石油地质论文。会议最后两天，分组进行了地质旅行。第一组 8 人赴西山三家店；第二组共 23 人南口居庸关；第三组 6 人赴鹫峰地震研究室；第四组 29 人赴周口店。5 月 30 日，中国地质学会在北平地质调查所举行了一次特别会。会上，宣读了两篇论文：袁复礼《新疆考古学研究》和王曰伦讲《云南之地质构》。

1933 年 11 月 11—13 日，中国地质学会在北平举行第十届年会。三天会期，先后在清华大学、燕京大学、北京大学和地质调查所开会。本届年会共宣读了论文 21 篇，另有宣布题目的 7 篇。李四光发表了理事长演说《扬子江流域之第四纪冰川期》。丁文江介绍了他在华盛顿参加第十六届国际地质会议，以及会后去欧洲旅行，并着重讲述了他在苏联从事地质旅行的详细情况。

1934年，中国地质学会举行了两次常会，第一次常会于1月6日举行。宣读了2篇论文：孙云铸《中国之寒武纪海侵》，袁复礼《关于甘肃地质研究的新进展》。第二次常会于11月3日举行，宣读论文5篇，其中有李四光《中国之构造格架》。5月11日，中国地质学会还联合中国博物学会在兵马司胡同地质调查所图书馆举行了一次特别会，悼念步达生于当年3月15日因心脏病突发，在实验室内逝世。

1935年2月14—16日，中国地质学会于北平（北京）地质调查所图书馆举行第十一届年会。本届年会共宣读论文21篇，另宣布题目的11篇。谢家荣发表题为《中国铁矿之分类》演说。翁文灏主讲了《中国铁铝资源概述》，葛利普主讲了《人类起源于亚洲吗》。

1936年1月26—29日，搬迁至南京的中国地质学会在珠江路942号实业部地质调查所新厦举办第十二届年会。到会会员达70余人。首先为丁文江的逝世全体静默志哀。本届年会共宣读论文27篇，另有宣布题目6篇。会后于1月30日分两组举行地质旅行：①南京凤凰山、牛首山和青龙山；②南京汤山和钟山。3月27日，在北京大学地质馆召开理事会，会议通过成立中国地质学会北平分会。到会会员、会友百余人。德日进作了题为《印度北部之地质》的演讲。12月19日，中国地质学会北平分会在地质调查所北平分所召开特别会。报告了地质调查所新生代研究室在周口店最近的发现（三具猿人头骨）。孙云铸主讲了关于寒武纪地层中发现的三叶虫化石和分层问题。

1937年2月20—23日，中国地质学会在北平举行第十三届年会。杨钟健发表理事长演说《中国脊椎动物化石之新层》。本届年会收到论文63篇，宣读讨论了34篇，其余宣布题目。我国学者提出的论文内容已不限于本国范围，有些是关于国外的，如朝鲜之三叶虫和苏格兰之地形等。会后16人参加周口店地质旅行。

（二）全面抗战时期的中国地质学会

1938年2月26—28日，中国地质学会在长沙地质调查所礼堂举行第十四届年会。到会会员40余人。会议开始时全体起立，静默三分钟，为保卫祖国而牺牲的军民烈士致哀。杨钟健发表理事长演说，题为《我们应有的忏悔和努力》。向地质界同人呼吁“当尽非常时期一个国民应尽的责任”。本届年会共宣读论文27篇，宣布题目的13篇。会后（3月4日至11日）赴湘乡一带作地质旅行。10月1日，迁至重庆的中国地质学会在演武厅街社交会堂举行公开学术演讲，听众达五六十人。主讲人员及所讲题目是：常隆庆《川西南之现状及其资源》，李善邦《扭秤探矿之应用》，方俊《欧洲最近地球物理学之趋势》。12 月 19 日，中国地质学会昆明分会在云南大学矿冶系教室举行了第一次论文会，宣读的论文有：冯景兰《云南永北铜矿》，卞美年《云南新旧红色岩层之关系》，黄懿《云南易门铁矿成因》和孙云铸《滇粤笔石群之发现及其在地层上之意义》。

1939 年 3 月 1—3 日，中国地质学会在重庆大学大礼堂举行第十五届年会。黄汲清发表演说《中国西南部之煤、铁与石油》。本届年会共宣读论文 26 篇，宣布题目的 43 篇。3 月 4 日，举行地质旅行，赴天府煤矿参观新井并考察附近地质。

1940 年 3 月 14—16 日，中国地质学在重庆大学大礼堂举行第十六届年会。出席会员及来宾百余人。李四光作理事长演说，题为《广西台地构造之轮廓》，这篇是运用地质力学的观点来研究区域地质构造的重要论文。本届年会共宣读论文 39 篇，宣布题目的有 60 篇。会后组织威远—自流井地质旅行，参加者有 49 人。5 月 13 日，在渝会员为欢迎田奇㻪因公自湘来川，特在北碚地质调查所讲演室举行临时会。田氏在会上作了题为《湘西几个重要地质问题》的演讲。

1941 年 3 月 8—10 日，中国地质学会在重庆大学大礼堂举行第十七届年会。尹赞勋发表题为《中国地质工作之新近进展》的理事长演说。本届年会共宣读论文 41 篇，宣布题目 45 篇。举行全国 1∶20 万地质图讨论会。会后组织赴华蓥山地质旅行团，参加者 16 人，往返历时 7 天。

1942 年 3 月 16—22 日，中国地质学会在重庆举行第十八届年会暨 20 周年庆祝会。首次大会于 20 日上午在重庆大学大礼堂举行，到会会员、会友及来宾共 136 人。当天下午，在中央大学地质系举行学术报告会，首先由李庆远代李四光宣读演说词《二十年经验之回顾》（英文）。其后，杨钟健讲《中国新生代地质及脊椎动物古生物学二十年来研究之基础》；俞建章讲《二十年来中国无脊椎动物化石研究之进展》；田奇㻪讲《近二十年来中国地层系统分类之检讨》；黄汲清讲《中国地质图工作之发展力》；张更讲《二十年来中国经济地质学的发展》；李春昱讲《二十年来中国构造地质学之研究》；丁毅讲《二十年来四川之地质工作》。另有宣布题目的论文 1 篇：王恒升《二十年来中国的矿物学及岩石学研究》。本届年会组织的论文宣读会分四组：“普通地质及构造地质”“地层及古生物”“矿物岩石及矿产”“地文地形及其他”。本届年会共宣读论文 62 篇，宣布题目 55 篇，另有 17 篇论文因迟到未及排入会程。会后于 3 月 23 日至 24 日在重庆西部之冷水场及白市驿一带作地质旅行，参加者除会员 25 人外，还有中央大学和重庆大学学生各 14 人。

1943 年 3 月 7—9 日，中国地质学会在重庆大学大礼堂举行第十九届年会。本届年会的论文会分五组：普通地质及构造地质，矿物及岩石，矿产，地层及古生物，地文地形及其他。共宣读论 41 篇，另有宣布题目 77 篇。会后（3 月 10—16 日）赴南川一带作地质旅行，参加者 22 人。

1944 年 4 月 1—8 日，中国地质学会在贵阳科学馆举行第二十届年会。到会会员、来宾共百余人。孙云铸发表了题为《云南志留纪及泥盆纪地层》的理事长演说。本届年会共宣读论文 56 篇，另有宣布题目 97 篇。李四光宣读了题为《南岭地质力学研究》的论文。在论文会之间，还组织了构造地质讨论会。4 月 4—6 日，在贵阳附近进行了 3 天的地质旅行，对所观察之地质现象（如二叠、三叠、侏罗系的标准剖面等）都有所收益。此外，还组织参观了工厂、学校，并于 4 月 8 日组织公开演讲会，由李四光讲《地史及地壳之认识》，李春昱讲《地质学之理论及应用》，乐森璕讲《贵州之矿产资源》。

1945 年 3 月 11—13 日，中国地质学会在重庆大学礼堂举行第二十一届年会。到会会员、会友及来宾等共约 200 余人。黄汲清主讲《中国主要地质构造单位》，首次阐明以多旋回理论来划分中国主要地质构造单位。本届年会共宣读论文 37 篇，宣布题目 50 篇。在讨论会上，李四光主讲《地质力学之基础与方法》；在座谈会上，岳希新主讲《新疆地质问题》。同时（3 月 11 日），昆明分会在昆明西南联合大学举行年会，到会员约 20 人，共宣读五篇论文。

（三）抗战胜利后的中国地质学会

1946 年 8 月 31 日，迁回南京的中国地质学会在南京峨嵋路会址召开特别会，到会会员 40 余人。孙云铸主讲了《云南纵断山脉之地质观察》，讲完后多人参加讨论。9 月，中国地质学会北平分会召开北平全体会员大会。出席会员 60 余人，宣读论文 19 篇，会间（27 日）赴门头沟作地质旅行。10 月 27—29 日，中国地质学会在南京珠江路 942 号中央地质调查所礼堂举行第二十二届年会。章鸿钊宣读了《太平洋区域之地壳运动与其特殊构造之成因》的论文。本届年会共宣读论文 24 篇，另宣布题目的有 30 篇。黄汲清请与会会员参观了其主持编辑中的《中国地质图》。

1947 年 5 月 31 日，中国地质学会在南京珠江路 942 号中央地质调查所礼堂举行特别会，到会会员、会友百余人。谢家荣主讲《大淮南盆地之矿产资源》。在这次特别会上，经全体通过今后每月应举行演讲会一次，时间为每月最末一周之星期六下午。当年程裕淇主讲了《江宁县方山地质》；陈恺主讲了《岩层推劈理之初步观察》；崔克信主讲了《西康地质调查之现阶段》。每次演讲之后均有会员多人讨论，学术空气颇为浓厚。

1947 年 11 月 18—20 日，中国地质学会在台湾省台北市台湾大学法学院礼堂举行第二十三届年会（图 4-32），南京、上海、北平、南昌、兰州、康定等地会员到会者 48 人，台湾省会员参加 20 余人。谢家荣发表理事长演说《古地理研究为探矿指南针》。本届年会共收到论文 113 篇，其中宣读 66 篇，其余宣布题目。11 月 21—27 日的会程为参观和地质旅行。

图 4-32　1947 年 11 月，中国地质学会在台北召开第二十三届年会（张立生提供）

1948 年 10 月 24—26 日，中国地质学会与中国古生物学会联合，在南京国立中央研究院大礼堂举行第二十四届年会，出席会员共百余人。俞建章的演说词《古代生物在进化过程中之另一演变倾向》在大会中宣读。本届年会共收到论文 100 篇，其中宣读了 62 篇，另 38 篇宣布题目。尹赞勋的《中国南部志留纪地层之分类与对比》一文，是对我国南部志留纪地层研究的总结性文献，在我国地层学上有重要意义。10 月 26 日上午，杨钟健作了题为《中国之鳄鱼化石》的演说。会后地质旅行分甲、乙两组进行。甲组 22 人赴句容县龙潭镇观察地层、构造；乙组 25 人赴江宁县方山参观火山遗迹。

八、国际学术交流活动

1949 年以前，中国的地质学界还积极参加国际学术交流活动。其主要形式是中国地质学会组团参加国际地质大会，以及与各国有关学会及学者之间的学术交流。

（一）参加国际地质大会

1913 年 8 月 7—14 日，第十二届国际地质大会在加拿大多伦多召开。根据《中国地质学会史（1922—1981）》一书记载，我国曾派广州矿业工程师 Parkin Wong 参加。据王岫庐考证，1913 年 7 月 21 日《国际地质大会会员手册》上，并没有 Parkin Wong 的登记信息，但作为中华民国的官方代表，Parkin Wong 最终确实出席了会议。据《国际地质大会第十二届会议记录》中记载，“大会主席宣布中华民国代表 Parkin Wong 先生到会，并提议将其列入大会主席团并担任副主席，提议通过。”通过对这段时间中国赴美留学生记录的查找，发现 Parkin Wong 的名字，对应中文名为“黄伯芹”，祖籍广东新宁。他于 1912 年开始在康奈尔大学硕士阶段的学习，主修经济地质学及地层地质学。除黄伯芹之外，参加第十二届国际地质大会并列入中国代表团名单中的还有 4 人，分别为：在上海工作的加拿大矿务工程师华莱士（Wallace Broad）、来自“直隶临城煤矿”的总工程师邝荣光（Kwong Yuan Kwang）和比利时矿务工程师奥斯卡（Oscar Mamet），以及当时在美国哥伦比亚大学读书的王臻善（Wang Y. Tsenshan）。

1922 年 8 月 10 日至 19 日，第十三届国际地质大会在比利时布鲁塞尔召开，恰逢中国地质学会已于当年年初成立。我国派翁文灏作为政府代表参加，并向大会提交论文 4 篇：翁文灏《中国某些地质构造对地震之影响》，丁文江《滇东的构造地质学》，翁文灏、葛利普《中国之石炭纪》，安特生《华北之新生代地层》。

1926 年 5 月 24 日至 31 日，第十四届国际地质大会在西班牙马德里召开。孙云铸代表我国政府和地质调查所参加，并向大会提交论文 1 篇：孙云铸《中国之寒武、奥陶及志留纪》。

1929 年 7 月 30 日至 8 月 6 日，第十五届国际地质大会在南非联邦比勒陀利亚召开。中国政府派李毓尧代表出席。

1933 年 7 月 22 日至 29 日，第十六届国际地质大会在美国华盛顿召开。丁文江代表我国政府及中国地质学会出席。葛利普、步达生、德日进以个人名义参加。共向大会提交了论文 8 篇：丁文江、葛利普《中国之石炭纪及其与密西西必纪及盆雪维尼纪的关系》，丁文江、葛利普《中国之二叠纪及其对于二叠纪分类的影响》，李四光《东亚的结构》，朱熙人《中国之铜矿》，葛利普《擅动说对脉动说》，德日进《山脚砂砾与陆生地质学的方法》，步达生《中国之化石人》，巴尔博《中国之黄土》。

1937 年 7 月 21 日至 29 日，第 17 届国际地质大会于苏联莫斯科召开。我国政府及机构代表有：翁文灏、黄汲清、裴文中、朱森；李春昱和丁骕以个人名义参加。此外，还有德国人哈姆斯·贝克尔（Hams Becker）以中央大学代表的名义到会。我国提交了5篇论文：李四光《中国之震旦纪冰期》，谢家荣《中国之石油富源》，黄汲清《中国之二叠纪》，朱森《中国之造山运动史》，丁骕《苏格兰西部海岸地形之讨论》。大会期间，我国首席代表翁文灏被推选为大会副主席及煤田地质组主席。

1948年8月25日至9月1日，第十八届国际地质大会在英国伦敦召开。我国政府及机构代表有：李四光、黄汲清、李春昱、孙云铸、夏湘蓉；谢家荣、尹赞勋、杨钟健、李璞、苏良赫等以个人名义参加。我国向大会提交的论文有8篇：李四光《新华夏海的设想》，谢家荣《中国的铅锌银矿床》，黄汲清《中国的油田地质》，李春昱《中国的拉拉米运动》，孙云铸《太平洋——早期古生代生物散布的主要中心》，杨钟健《中国上新统和更新统的分界》，杨钟健《中国的主要脊椎动物化石层及其地质的和地理的分布，种群特征和对比》，马杏垣《苏特兰罗加区阿巧因和富闪深成岩型岩石的成因》。

（二）与各国有关学会及学者之间的学术交流

中国地质学会自成立以来，学会及所属会员与世界各国有关学会或个别学者之间，经常进行一般性的学术交流活动。参加学术讨论会，或互相访问交换讲学，或接受荣誉称号，等等。

1925年秋，李四光作为北京大学和中国地质调查所的代表，赴莫斯科参加苏联科学院成立活动。1929年夏，翁文灏代表我国参加在印尼爪哇举行的第四届泛太平洋学术会议。1933年7月，丁文江在参加华盛顿第十六届国际地质会议的同时，代表我国出席了国际古生物学联合会筹备会，并被推举为筹备会委员。1934年9月，瑞士地质学会举行50周年纪念会，中国地质学会派黄汲清参加。1934年年底，根据中英交换教授的协定，李四光赴英国讲学。1935年，李四光在英国伯明翰大学、剑桥大学等八所大学讲授《中国地质学》。1936年，李四光赴美国考察地质，横越北美大陆。1939年10月，应国际古生物学联合会的邀请，中国地质学会理事会推举李四光作为该联合会理事会的成员。1946年12月11日，英国伦敦地质学会年会席上，全体会员一致通过翁文灏为外国名誉会员。1947年5月14日，美国文艺科学院选举翁文灏为外籍名誉院士。同年，挪威奥斯陆大学授予李四光荣誉哲学博士学位。

第五章
矿业经济

1911年至1949年的三十八年是中国矿业经济发展的重要平台期。在此期间，发生了两次世界大战。第一次世界大战期间，国际矿产品价格直接拉动了国内矿业的发展，德国的战败又直接影响国外资本在我国矿业中的布局。第二次世界大战期间，我国作为主战场之一，矿业经济惨遭破坏和掠夺。与此同时，我们也迎来了民族矿业经济觉醒的新时代。

第一节　矿业活动

一、北洋政府时期

1912年至1928年，我国矿业领域的民族资本依旧十分脆弱，较难进入一定规模的矿业项目。而本国资本和国外资本的矛盾依旧尖锐。

（一）本国资本

（1）龙烟铁矿。第一次世界大战中国际市场铁价暴涨。1917年，农商部顾问安特生发现了自烟筒山至龙门县绵亘数百里的巨大矿区。当时估计可采70年。北洋政要陆宗舆、丁士源等遂集资开采。初定招股500万元，为官督商办性质。农商部缴官股128万元，交通部官股122万元，商股已缴219.55万元，总共收到469.55万元。段祺瑞、徐世昌等皆有股份在内。这个官商合办的铁矿于1918年4月筹备，1919年3月开张。

自1918年9月着手开采，至1919年11月已出矿砂十余万吨，1923年日本三菱商事会社对龙烟铁矿提供事业资金借款6.1万日元。七七事变后，该矿遂被日本攫夺。

（2）保晋公司。保晋公司是于1905年，在山西保矿运动的背景下成立和发展的。1912年产煤7298吨。从1916年开始，在第三任总经理崔廷献的带领下，出现了短暂的繁荣时期。他上任第二个月，就将总公司由太原海子边迁至阳泉火车站附近，以利于加强对重点煤矿的管理。取消平定分公司，将其所属煤矿归总公司直接管辖，各矿实行独立核算，自负盈亏。辞退了一批旧商号的管理人员，把山西大学堂的一批矿业教员和留学生招聘来并委以重任。将垫支给英国福公司的117万两白银陆续收回，申请减免税款和核减铁路运价。1916年至1922年间，公司年年盈利。1925年前后，公司有矿区11处。1936年，产量达到55万吨。1937年日本侵占阳泉，保晋公司的发展告一段落。

（二）国外资本

1. 矿业借款

北洋政府时期，帝国主义列强对中国矿业的渗透依旧是锲而不舍。其中的重要手段还是继续借款，最为突出的是日本。借款虽然不像合办控制那样直接，但一般都要在合同上写上有利于债权人的条件，所以借款也就成了一种相当有效的间接控制方式。

1915年，古河石炭矿业会社向经营湖南省绿紫坳铜山矿的华商兴湘公司提供借款153.3万日元。

1916年，古河石炭矿业会社向山东振华矿务公司提供借款4.4万日元；日本兴亚公司向中国政府提供湖南水口山等矿提供经营资金借款500万日元；中日实业公司向安徽省裕繁铁矿公司提供企业资金借款171.2万日元；大仓组向南京华宁公司提供南京秣陵铁矿开发资金借款100万日元。

1918年，三井会社向安徽省福利民铁矿公司提供借款360.9万日元；高木合名会社向华商饶孟任提供江西余干煤矿采掘资金借款白银5万两；中日实业公司向湖南省志记、私记两家锑精炼厂提供事业资金借款15万日元，向华商谢重齐提供湖南省诸矿山经营资金借款45万元，向湖北省开源矿务公司提供事业资金借款20万日元；兴源公司向湖南省政府提供水口山铅锌矿扩大采掘资金借款30万日元。

1919年，安川敬一郎向汉冶萍公司提供借款125万日元；大仓组向江西富乐矿业公司提供事业资金借款26.7万日元，向南京华宇公司提供借款46.7万日元；古河石炭矿业会社向华商张福生提供安徽泾县煤矿采掘资金借款7万余元。

1920 年，中日实业公司向安徽裕繁公司提供事业资金借款 250 万日元；兴源公司向北京民康公司所属的大同煤业（同宝公司）提供借款 50 万元；三井会社向广东官煤局提供借款 10.5 万元。

1921 年，古河石炭矿业会社向华商张福生提供借款约 11 万元；三菱商事会社向河北龙烟铁矿公司提供事业资金借款 6.1 万日元。

1923 年，中日实业公司向安徽裕繁公司提供借款 250 万日元；大仓组向河北正丰煤矿公司提供事业资金借款 150 万日元，向北京同宝公司提供借款约 34.8 万日元。

1924 年，中日实业公司向华商韦明提供湖南志记锑化炼厂经营资金借款 11.1 万日元。

2. 合资矿业

北洋政府时期，以日本为代表的帝国主义为了回避中国官民的强烈反对，往往采取合资兴办的名义变相侵占中国的矿山。1930 年，日本在华矿业投资（不计借款）为 17493 万日元，其中东北为 16521.3 万日元，占 94.4%。截至 1931 年，仅日本人经营的“满铁”株式会社对东北煤矿的投资就达 11787.2 万日元，铁为 2771.4 万日元。

3. 重要矿业公司

（1）中日振兴铁矿公司。早在 1909 年，日本了解到鞍山附近的铁石山、西鞍山、东鞍山等处铁矿蕴藏量极为丰富，于是决定着手攫取鞍山一带铁矿的开采权。先是想通过中日合办的方式攫取矿权，但受到当地官民的抵制。1915 年 1 月，日方向袁世凯为首的北洋政府提出了臭名昭著的“二十一条”，其中包括：“中国政府允将在东北南部及内蒙古东部各矿开采权，许与日本臣民。”同年 5 月“二十一条”签订，日本指定了 9 个矿区，由日方勘探或开采，鞍山一带铁矿自然列入其中。名义上归中日合办振兴铁矿有限公司，实际上完全为日本所掌握。

（2）中兴公司。民国初年（1912），中兴公司产煤 25 万吨。1915 年，因德国工程师高夫曼判断事故预兆错误导致煤矿透水和瓦斯爆炸，死亡 499 人。1916 年，中兴公司处于经济困难时期。时任奉天督军兼省长张作霖拿出 6 万两白银，以其长子时年十五岁的张学良的名字登记入股。在旧中国，没有个强大的政治、军事力量作支撑，矿业经济是不可能可持续发展的，中兴公司更是如此。1916—1925 年的 10 年间，先后当选过公司董事、监事的 26 位大股东中，大官僚、大军阀就有 15 人，例如，北洋政府的总统徐世昌、黎元洪；北洋政府的部长朱启钤、周自齐、赵尔巽；著名军阀张作霖、倪嗣冲、张勋。在北洋政府的支持下，中兴公司得到了许多特权。例如，山西保晋公司每吨煤纳税 1.731 元，占成本的 86%；中兴公司每吨煤纳税 0.02 元，占成本的10%。1925年8月，山东军阀张宗昌强行向公司征收煤炭生产税，并以中兴公司护矿队勾结土匪为由，派军队强行收缴了护矿队的700余支枪械，张学良通过其父张作霖方迫使张宗昌作出让步。同年，在公司第十四届董事会上，张学良被推选为董事。北洋政府倒台后，中兴公司由南、北财团接盘。1928年，新选出的董事会由13人组成，新增的6人中有4人是江浙财团的掌权人物。张学良连任直到1936年年底西安事变后方结束，他的股份保留至1958年公私合营时才将本息兑付终结，前后长达42年。

（3）鲁大公司。1914年第一次世界大战爆发，德国在山东经营的煤矿随即转手日本。日本人占领淄川等处的煤矿后，并采取军管措施。同时租借经营坊子煤矿，委托经营华坞煤矿。所产煤炭有40%供应军需，其余市场销售，盈利较高。1915—1921年，盈利总额达到1508.38万元。第一次世界大战结束后，列强不愿日本独占山东权益，在英、美等国的斡旋下，于1922年2月4日签订了中日《解决山东悬案条约》，规定日本应将矿权归还中国，准收日股，但不得超过中国股本之数。根据此条约，日本正式将淄川、坊子煤矿交给1922年8月正式成立的鲁大矿业股份有限公司。该公司资本总额1000万元，中日各半，但实际上仍是日本操控。当时，日本人直接经营的淄川煤矿、租借经营的坊子煤矿、委托经营的华坞煤矿所产煤炭约40%供应军事需要，其余皆投入市场，盈利很高，仅1915—1921年6年间盈利总额即达到1508.38万元。其间，山东人民对日本侵占山东的矿业强烈不满，在6年的时间里发动了3次收归运动。此后20年间，成为规模仅次于抚顺、开滦之后的大型煤矿公司。

二、全面抗战前的国民政府时期

（一）国民政府辖区

1. 管理机构

这一时期中国矿业的政府管理部门为国民政府资源管理委员会（简称资委会）。其前身是1932年11月1日成立的国防设计委员会。1935年4月1日资源管理委员会独立，其职责主要是调查各种国防经济资源。主要工作表现在两个方面，一是对特殊矿产进行管制，当时的特殊矿产，以钨、锑、锡为例，赣钨、湘锑、滇锡均是重要的出口商品，地方政府从中攫取了丰厚利润，在军阀割据的年代，国民政府岂能容忍他们肆意妄为。1931年，国民政府行政院下令取消江西、广东现行办法，规定钨砂出口须持有实业部护照方可放行。1934年，欧洲各国加紧军备竞赛，钨、锑价格渐涨，进一步坚定了中央政府统管特矿的决心。1934年，资委会提出了对全国钨、锑、锡产业调查的方案，并进行了实地调查。1935年，资委会拟定了《统治全国钨矿方案初编》《钨锑统治实施纲要》的文件。中央政府与地方政府就钨、锑、锡业利益分成进行了反复谈判，最终达成了对半分利的方案。1936年1月，在长沙设立锑业管理处。资委会的专门管理机构，先后对钨、锑、锡、汞、铋、钼、铜进行过统管。二是为日益逼近的中日战争进行战略物资准备，并于1936年起正式兴办工矿企业。

2. 主要矿业公司

开滦煤矿。1931年，国民政府再次发动“收开运动”。然而，实业部长陈公博却认为：“只要依法纳税，就可以授予矿权。”1934年4月16日，英方提交申请，当日得到陈公博批准。第三天即得到行政院长汪精卫的核准。开滦煤矿，作为现代煤矿企业，创建于洋务运动时期，中华民族工业的骄傲。1922年前年产量位居全国第一（1923年后次于抚顺），1930年的年产量达500万吨。1900—1936年总产量9857万吨，曾经在世界煤炭工业史上占有重要位置。英国人费尽心机34年未能得手，就连清朝政府、北洋政府都不敢转让的采矿权，陈、汪二人仅用3天就给画上了句号。

中兴公司。全面抗战前期，中兴公司产销两旺，1936年产煤173万吨，成为中国近代仅次于抚顺、开滦的第三大煤矿。1938年3月枣庄沦陷之前，公司就将矿区的主要设备拆除，或就地掩埋，或搬迁武汉。4月，中兴公司董事会在汉口做出决议：“绝不与日本人合作！”5月，中兴公司总部下令，抢先炸毁连云港码头及装煤机等机械设备，把停靠的3艘轮船炸沉封港，以阻止日本军舰进港。南京沦陷后，中兴轮船公司把多艘轮船炸沉于长江航道。写下中国百年矿业史上最悲壮的一页。

（二）中央苏区

中华钨矿总公司。铁山垅钨矿位于江西省于都县，是中国共产党建立的第一个国有企业，被誉为“共和国第一国企”。美国作家埃德加·斯诺在《西行漫记》中赞叹：“他们所经营的钨矿，是中国最丰富的，每年生产100万磅（1磅即为0.4536千克）这种珍贵的矿物。他们冲破国民党封锁，大获其利。”此地的钨矿是1907年由德国传教士在江西大余县西华山发现，以后又陆续在崇义、全南、安远县境内发现大型钨矿。铁山垅钨矿的开采始于1921年。当年，当地居民在铁山垅大窝里发现了沉甸甸、亮晶晶的黑石头，可以挑到附近的渔翁埠卖得大价钱。方圆数十里的男女老幼，天一亮就挑着土箕上山捡“乌金”。

1929年春末，红四军驻扎在分水坳的一个团，组织矿区附近的会昌县三区七乡苏维埃政府采掘。在此期间，红军将赣南、闽西根据地连成一片，创立中央苏区。1931

年春，铁山垅钨矿石改为红军开采，并设立公营铁山垅钨矿。以红军战士为主力，同时雇请当地工人从事钨矿开采。1931 年 11 月，中华苏维埃共和国中央临时政府成立，毛泽民任财政委员会委员兼国家银行行长。为了充实国家银行的家底，毛泽民提出了“详细调查、拟定恢复和提高钨砂生产”的方案。

1932 年，毛泽东派毛泽民到赣南调查，并亲自起草布告：“苏区地域，遍布宝藏。一旦开掘，国富民强。军民报矿，一概有奖。”不久便收到一坨乌黑发亮的石头和一封信。经调研向中央临时政府报告：“全世界一半的钨矿藏在我们中国，在我们苏区。我们应该用力发展生产，以其出口来加紧打破敌人的军事‘围剿’和经济封锁。”对此，毛泽东感叹道：“若得赣南钨矿资源，何愁给养没有着落？何愁革命不能成功？”两天以后，这份报告被迅速批复。毛泽民随即以中央财政部特派员身份，开始筹办钨矿公司。

1932 年 1 月中旬，中华苏维埃的第一个公营钨矿场正式开张。当年 3 月，中华钨矿总公司正式成立。半年后，总经理胡功克等人因独断专权、贪污受贿被免职，毛泽民兼任总经理。毛泽民从基层选拔了一批德才兼备的红军、矿工骨干充实干部队伍，在每个生产中队增设了一名指导员和工人长，建立了一套权力集中、运行民主的协作监督机制。此后，毛泽民开办夜校，并在第一堂课上说：“钨矿还是我们苏维埃政府办的，是我们工人阶级自己的。”1934 年 6 月 29 日，《苏区工人》第 22 期头版头条：“为了粉碎敌人的军事‘围剿’和经济封锁，支援党的革命事业，中华钨矿总公司工人自动报名，累计捐出 307 天的工资，作为党的活动经费。”第四次反“围剿”获胜后，中央苏区总面积达 8.4 万平方千米，控制了大部分赣南钨矿资源。

1933 年 8 月 12 日，毛泽东在赣南 17 县经济建设大会上做的《粉碎五次“围剿”与苏维埃经济建设任务》报告中，强调了商业贸易工作的重要意义：“我们要准备几千几万人去开钨砂矿。”据《铁山垅钨矿志》记载，1933 年，中华钨矿总公司所属公营钨矿开采、合作社收购的钨砂，总量比 1932 年增加了近 4 倍，仅铁山垅和盘古山两个矿的产量，就由 1932 年的 648 吨上升到 1753 吨。至 1934 年 10 月，中华钨矿总公司共开采、收购钨砂 4193 吨。职工发展到 5000 余人。为了解决运输问题，苏区政府通过苦力运输工会组织了 100 多人的运输队，负责运输钨砂和矿山的生产生活物资。在蒋介石对苏区进行全面经济封锁时，中共和广东军阀陈济棠的部队达成钨砂交易秘密协定，当时 100 斤钨砂能卖 52 块银元。中华钨矿总公司在 1932 年产钨量达 1025 吨，1933 年达 2600 吨，1934 年达 3925 吨，从 1932 年到 1934 年 10 月红军长征前，共生产钨矿 7500 吨。 1934 年 10 月，红军开始长征。采矿的红军相继参加长征，大部分工人也加入了红军队伍。留下来的工人和革命群众疏散后不久组织了一支320人的游击队，将50多吨钨砂挖坑掩埋，中华钨矿公司宣告结束。

三、全面抗战时期

（一）国民政府辖区

抗日战争全面爆发后，总计为356万平方千米的国土相继沦陷，占全国总面积的38%。其中，辽宁、吉林、黑龙江、热河、察哈尔、河北、山东、江苏、台湾9省全部沦陷；河南、山西、安徽、浙江、绥远、广东、湖北、广西、湖南、江西等省沦陷面积过半，以致中国的矿业损失极为严重。对此，国民政府采取了应急措施，以求尽快发展西南等省的矿业。

这一时期中国地质工作者积极响应和支持抗战事业。翁文灏于1337年10月发表《告地质调查所同仁书》；同年12月发表《再致地质调查所同仁书》，号召地质学者为支持抗战寻找矿产资源。这一时期，中国的地质工作者在西北、西南勘探开发了石油、天然气、煤炭等能源矿产；在滇黔川等地发现了铝土、石盐、磷等非金属矿产。完成了中印、宝腾公路以及大渡河水力发电等工程地质勘查工作。为大后方的矿业发展提供了强有力的技术支撑。

1. 煤

全面抗战前期，资委会即对全国煤藏及煤业的地域局限进行过战略评判，并拟订计划要求东南各省增产煤炭。全面抗战期间，资委会先后经办的煤矿共26家，其中江西3家，湖南6家，广东1家，广西1家、四川6家，贵州3家，云南4家，甘肃2家。由于煤矿绝大部分为日军所占，国民政府采取了一系列措施，在矿权办理、资金贷助、供应器材、员工兵役等方面做出了具体规定。加之在中原地区搬迁而来的矿山设备和技术人才的支持，在大后方陆续建成了日产量50吨左右的中小型煤矿近60个。其中，西南煤矿业，即四川、贵州、云南、广西、西康5省通过新建、扩建日产100吨以上的矿山16个。以四川为例，抗战前四川原产原煤140万吨，到1944年增至290万吨。抗战后期，国民政府管辖区共有煤矿1478家，年产煤总产量达到五六百万吨。

2. 石油

全面抗日战争爆发以前，中国石油基本依靠外国进口。全面抗日战争期间，中国各沿海港口被日军封锁，尤其是滇缅公路被封锁后，海陆输入渠道完全断绝。除被日本占据的东北、台湾外，当时仅有甘肃、四川、新疆、陕西四省（自治区）发现石油，实际可采的只有甘肃、新疆、陕西三省（自治区）。其中，新疆独山子石油矿为苏联经营，并被军阀盛世才垄断。陕西延长油矿规模太小，仅能满足陕甘宁边区低标准的需要。只能寄望甘肃油矿。1938 年 6 月，在汉口设立了甘肃油矿筹备处，开始了玉门油矿的突击式开发。该油矿虽然发现较早，但未进行过详勘，更重要的是自然条件恶劣，交通基础设施欠缺。筹备处主任严爽带队，地质学家孙健初等 8 人骑着骆驼，奔赴矿区。1939 年 3 月 13 日，开始人工挖掘第一号井。27 日见油，日产 1.5 吨。5 月 6 日开始，利用两架美制钻机钻井。这两架钻机本是陕甘宁边区政府所属延长油矿的财产，在接到翁文灏请求共产党支持的申请后，周恩来亲自协调，边区政府协助资委会将几百吨重的钻井设备用牛车驮载、人拉肩扛运往工地。8 月 11 日，探得距地表深 100～300 米的油层，日产原油 10 吨。1939 年 10 月，孙健初提交了《甘肃玉门的地质》报告，勘定矿区含油面积约 100 余平方千米。1940 年，筹备处职工已陆续增至 1700 余人，钻井 7 口，生产原油 369000 吨，提炼汽油 18.9 万升、柴油 15.1 万升、煤油 7.6 万升。同时，筹备处修筑了矿场至甘新公路的支线公路 30 余千米和房屋、窑洞、防空洞等设施。1941 年 3 月，甘肃油矿筹备处撤销，甘肃油矿局正式成立，孙越崎任总经理。正当油矿局积极推进规模化生产的关键时刻，太平洋战争爆发了，唯一的设备进口通道滇缅公路被切断。已运至仰光等地及在太平洋运输途中的设备及配件尽陷敌手。据统计，1942 年 2 月 20 日至 5 月 30 日，在滇缅公路损失的机械 12773 件，总重量 2077950 千克，价值 700333 美元。造成如此巨大的损失，原因之一是玉门油矿计划拟订后，遭到财政部部长孔祥熙反对，耽误了几个月。最终抢运入境的器件仅拼凑成 4 台钻机，炼油设备则毫无运入。油矿局只好自行设计一些较为简单的炼炉，协调后方 10 省，运输距离最长竟超过 5000 千米，订购或收购简易的设备、配件、管材，终于制成了一批代用机械。为加紧开采出油，1938—1945 年，资委会投资石油事业总额达 1178 万元（战时币值），其中玉门油矿 1030 万元，约占总额的 87%。其间，油矿局还历经日机轰炸、火灾、水灾等种种劫难。1939—1945 年，玉门油矿共钻井 61 口，平均深度 500 米，最深 900 米，最浅 200 米。7 年共产原油约 30280 万升。抗战结束时，玉门油矿日炼原油规模 18.9 万升。7 年中共生产汽油 5299 万升、煤油 1892.5 万升、柴油近 302.8 万升，此外还生产了一些石蜡等副产品。油矿局兴办了农场，自己种植蔬菜、饲养牛羊、移植树苗，设立了商店、医院、学校、俱乐部等种种生活、娱乐设施，矿区已发展成为塞外荒原上的一个小城市。其间，油矿局曾一度接办新疆独山子油矿。该矿原为新疆地方政府与苏联政府合办，1939 年出油，设备均从苏联运来，并派来100多名苏联技术人员。1942年6月，苏德战争爆发，盛世才服从国民政府领导。经济部部长翁文灏被派赴新疆协商续办油矿事宜，他提出由国民政府与苏联合办，苏方答应合作后又决定终止，将运来的设备、材料、管材拆除。经济部遂决定由甘肃油矿局接办。经过交涉，苏方同意将在该矿遗留的钻井、炼油设备等作价170万美元转让给中方。1944年2月19日，双方交涉结束，资委会速设乌苏油矿筹备处，派玉门油矿工程师李同昭为主任，同时派了一批工程师和管理人员前往，并运去了一批钻井和输油器材。可就在复产的进程中，新疆局势又一次发生变化，导致油田生产再度停顿。

3. 铁

1937年，全国生铁产量约为96万吨，其中日本占领的东北约81万吨，约占总产量的85%。完全由中国人自办的铁厂仅汉口六河沟铁厂和山西阳泉保晋铁厂。抗日战争爆发后，大后方的铁矿矿山只有四川的綦江、涪陵、彭水、威远和云南易门等几处。四川的菱铁矿、赤铁矿资源多由当地农民炼成土铁，由经济部钢铁管理处收购。资委会自行开采的是綦江铁矿，作为重庆大渡口钢铁厂的冶炼原料，1939—1945年共采铁矿石27.2万吨。资委会在云南于1939年7月成立易门铁矿局，从1939年到1945年共产铁矿砂4.5万吨，供资委会与兵工署及云南省政府所建的云南钢铁厂之用。抗战时期，尽管资委会在川、黔、桂、康、滇、赣、陕、甘、宁等省区努力开展铁资源勘探，但国民政府管辖区铁矿的产量是极为匮乏的。

4. 铜

全面抗战爆发后，1936年，资委会与四川行营合作勘探彭县铜矿。1938年，资委会在成都成立铜业管理处，成立了勘测队，分往数十处勘探铜矿，但成绩不很理想。彭县铜矿向德国订购了设备，但因海口封锁无法内运，只得自行设计进行冶炼，年产粗铜三四十万吨。云南东川铜矿，是1939年由资委会与云南省政府组成滇北矿务公司接管。

5. 金

抗战之初，国民政府实行黄金管制政策。1938年，经济部成立采金局，创办自营金矿并鼓励民办金矿，还颁布了关于采金、收购及民办金矿的系列规定，但必须由政府统一收购。1938年，后方产金量仅3.1万两，1939年增至31.3万两，1940年更增至37.7万两。1940年以后，后方物价起涨导致采金成本大涨，但官方收购金价维持不变，采金不敷成本，产量锐减。1940年仅产8万余两，1941年跌至1万两以下。1944年采金局允许黄金自由买卖。1938—1945年，后方各省官民金矿总计产金158.8万两。

6. 钨

抗战爆发。1937 年，赣钨产量 7971 吨，1942 年达 10027 吨。依据《中美金属借款合约》，钨砂作为偿债的重要物资。太平洋战争爆发后，美国急需钨砂，资委会与美方交涉，停止用钨砂还债，以现汇支付货款，后又要求以黄金结算，由于黄金基本上随市涨落，获价优于美汇使国内钨矿产运的资金周转困难得到暂时缓解。但资金和黄金被国民党的金融机构掌控，最终导致钨的生产每况愈下，1944 年产量仅 2823 吨。除江西外，广东、湖南、云南、广西也有少量钨砂产出，资委会在各省也设立了分处实施管理。

7. 锑

资委会锑业管理处设立之初，国际锑品市场供过于求，管理部门按月规定最高生产额，出省或出国则须领取许可证，并收取 8% 的许可证费和每吨 2 元的护照费。当时，日本已开始大量购储战略矿产品。1936 年，三井、三菱洋行通过买办在长沙一次即购入锑砂 2000 余吨。对此，资委会公布《锑业专营实施办法》，规定自 1937 年 1 月 1 日起，湖南全省锑品统归锑管处在长沙收买，受到湖南锑商的极力反对，几经协商达成按伦敦或香港市价确定的价格标准并上下可以上下浮动的原则。以后，锑管处又逐渐增设收锑站，参照赣钨管理办法，直接到矿山收锑。最初几年，锑产品产购量达 1 万吨左右。1940 年，通货膨胀给锑业生产带来了危机。抗战前生产每吨纯锑的开采成本为 130 元，而 1941 年 7 月上升至 1300 元。锑砂冶炼费、装箱费、运杂费也相应增长 10 倍左右。矿主、炼商的生产难以维持。同时，国际市场对华锑的需求急剧锐减。太平洋战争爆发后，运输路线改为绕道苏联或航飞印度再转送美国，运费再度剧增。资委会不得不限制收购锑产品。

8. 锡

在特矿中，资委会对锡业的统治强度较弱、时间较短。由于中苏贸易协定中规定华锡为中方偿债矿品之一，经济部于 1939 年 6 月公布了《锡业管理规则》，指定资委会管理“锡及锡砂一切事业之生产运销”。资委会于同月在桂林设锡业管理处，统管全国锡业。云南个旧的产量占全国的 80% 以上。资委会设立云南出口矿产品运销处以后，云南省政府未允资委会在个旧直接收锡，而是通过富滇新银行收购，后经资委会协商减少了周转环节，但直至抗战结束都没有根本变化。因往年有大量锡锭积存，1939 年产购量近万吨，1940 年达 13000 吨，但积存锡产品收购殆尽后，从 1941 年起产购量则大跌，1944 年最低至 1018 吨。滇锡骤减的最大原因是通货膨胀，生产成本剧增，但锡品市场价则趋于稳定，即便拥有新式机器的企业也难以维持。抗战的最后两年，资委会在个旧收购的锡锭均不满2000吨。除云南外，资委会也在产量较低的广西、湖南、江西相继设立了锡业管理处。

（二）陕甘宁边区等根据地

1. 陕甘宁边区

陕甘宁边区位于陕西北部、甘肃东部、宁夏东南部，人口约150万。地处三省交界，经济一向比较落后。抗日战争至解放战争期间，陕甘宁边区等根据地在军事围剿、经济封锁的艰难条件下，积极开展生产自救。奔赴延安的地质专业大学生成为当时边区地矿业的火种，为解放区的物资供应提供了重要保障。

煤业。这一地区的煤矿以往只有零星手工开采，产量极少。中央红军建立陕甘宁边区政府后，伴随大生产运动的开展，采煤业逐步发展。据1943年统计，边区4个煤矿区，有100个煤井，1891名矿工，月产煤7600吨。各矿区的煤井一般为10~30米，个别深达100米；一个煤井工人30~50人，最多达100余人。但生产效率比同时期国民政府西南地区的半机械采煤矿井约高出30%。边区煤窑的经营分为公营、私营和公私合营三种。当时，中央事务管理局、军工局、三五九旅、中央党校、总工会等都开办了煤矿。

延长油田。1935年4月，红军解放了延长油矿。陕甘宁边区政府努力恢复原油生产，并坚持石油勘探。1940—1941年，中央军委后勤部军工局派地质学家汪鹏（汪家宝）到延长油矿协助油矿完成石油增产任务。他通过现场查看油井、油苗及找工人座谈的方法，提出了在七里村新区打井的建议。共选定5口井位，施工结果有2口井自喷，1口井产气，1口井产稠油，只有1口井是干井。其中，七里村七1井钻至井深79.4米出油，产油274吨后，再加深至86.55米，日产油达96.3吨，成为该盆地第一口高产自喷油井。其间，先后钻井20口，其中15口井见油，有5口为旺油井。陕北油田1943年的产量相当于1921年至1935年的总和。1939年至1946年，延长油矿共生产原油3155吨，汽油164吨，煤油5120吨，已能够满足陕甘宁边区的低标准需求。

西北铁厂。1944年春，边区政府制订了两年内要做到主要工业品全部自给的奋斗目标，建设炼铁厂被提上日程。根据所做的地质调查工作，西北财经办事处决定将炼铁厂建在瓦窑堡，由林华担任总负责，与徐文杰、汪家宝、仇心从等人成立建厂筹备处。1945年春，日产1吨灰生铁的“西北铁厂”建成投产。

三边盐业。所谓三边，指的是靖边、定边、安边。有句俗话：三边有三宝，咸盐、臭皮、甜甘草。盐是边区的重要特产，也是边区的主要出境物资之一。从1940年开始，边区政府委派了延安自然科学院陈康白、边区工业局华寿俊等人赴盐池进行勘测，发现了“海眼”，为稳产、增产提供了资源保障，技术上还采取了新法产盐。王震三五九旅四支队 2000 余名指战员赴盐场打盐，大幅度地提升了食盐产量。抗战期间，年产盐达 30 万驮（每驮 150 斤）左右，其中 1942 年产盐 70 万驮。三边盐矿的勘查开发不但满足了 200 多万军民的食盐需求，还向边区政府交纳税收 3000 多万元，最高时对边区财政的贡献率高达 90%。毛泽东主席盛赞“定（边）盐（池）是边区的经济命脉，是中央第一财政”。1942 年，毛泽东主席还亲笔为陕甘宁边区劳模、三边盐厂厂长罗成德亲笔题词“不怕困难”。

边区火柴厂。以往，边区生产的火柴都是红头火柴，安全性较差。1944 年，边区政府提出生产安全火柴的要求。所需原料为二氧化锰。建设厅工矿科范幕韩发动群众报矿，在砂岩洞穴中采集到了大量次生锰矿粉，较好地解决了生产“丰足”牌安全火柴所需的锰矿原料。

2. 其他根据地

抗日战争时期，中国共产党领导的根据地共有 19 个，分别不同程度地开展过矿业活动。

晋冀鲁豫、太行、太岳解放区。1940 年至 1943 年年初，佟城先后在晋冀鲁豫、太行、太岳根据地开展过多处地质可产调查。在内丘发现一处黄铁矿，并很快被开采。在和顺青城，肯定了那里的煤矿和铁矿，建议建铁厂，并得以落实。

山东根据地。1944 年 8 月，山东根据地举办了第一届工业展览会，鲁中、胶东、滨海三区参加了展出。胶东地区与矿产有关的硫黄、硫酸、方铅、碳素、火碱等先后试制成功。自制火碱促进了滨海区肥皂业的发展，生产厂家由抗战前的 20 ~ 30 家，发展到 1944 年年底的 500 余家，不仅满足了当地的需要，还有部分销往外省。另外，煤、金、铁、盐等矿产均得到开发。

晋绥边区。1944 年晋绥全边区年产铁 79.8 万斤，1945 年增至 250 万斤。临南县招贤镇的一处铁矿，除供应本区兵工原料外，尚余三分之一远销外地。兴县、保德、交城等 20 个县的煤窑数，从 1941 年的 198 个，产量 182830 斤，增值 1945 年的 431 个，849081 斤。

晋察冀边区。1940 年 10 月，边区成立工矿局，并组成了一个研究室，遇有关键技术问题时将分散在各厂矿的技术人员集中起来进行研究。据 1946 年 6 月统计，晋察冀边区的小煤窑发展至 473 个，分布在 13 个县，日产煤量共计 2739 吨。

（三）沦陷区

日本对沦陷区的矿产资源掠夺，起始于甲午战争后的台湾，扩张在九一八事变后的东北，推开在抗日战争全面爆发后（1937年）的占领区。日本军国主义对中国矿产资源的掠夺疯狂且残酷，给中国人民造成的灾难极为深重。各种材料和具体数据至今不甚完整和准确，甚至还可能存在错讹。原因是日本从殖民地掠夺来的矿产资源数据从来都是藏而不露的，况且沦陷时期的档案资料早已大量流失。然而，日本对中国的强盗行径是无法否定的。以铁矿为例，1939—1942年，占领区共生产铁矿石1133.6万吨，而供应日本的数量达916万吨，占总产量的80%以上。1943年，中国铁矿石产量482.8万吨，输回日本国内311.6万吨。

1. 对台湾地区的掠夺

全面抗战前，在台湾西部钻探到石油资源，日本人于1937年在高雄建立炼油厂，每日可炼原油7000桶。

2. 对东北地区的掠夺

九一八事变后，日本即强占了东北地区的西安煤矿、滴道煤矿、复州煤矿、八道壕煤矿、北票煤矿、蛟河煤矿、漠河金矿、倒流水金银矿等几十处矿区。在1937—1945年间，成立了东边道开发会社、密山煤矿会社、扎赉诺尔煤矿、阜新煤矿等矿业企业53家。控制这些企业的主要股东为日本在东北的主要国策会社。日本制订的第一个“产业五年计划”中，要求生矿产资源产量是：铁450万吨、钢锭316万吨、煤炭3110万吨、液化煤177万吨、挥发油174万吨、铝3万吨等。这个狂妄的计划显然不能实现，于是在1941年制订第二个“产业五年计划”时，规定首先要确保“供应日本”物资，特别是钢铁、煤炭、石油以及有色金属和非金属。经过14年的经营，辽宁成为日本海外最大的工业基地和工业原料供应地。所掠夺的主要矿种如下：

金。1931年日本占领东北的当年，从东三省四家银行抢劫的黄金竟高达160吨。1929年，日本在东北的黄金产量仅110千克；到1937年3709千克；1938年3000多千克；1942年，一次运回日本国内黄金就达23吨。据相关统计，日本占领东北14年，共计掠夺黄金330吨。

铁。九一八事变前，东北的主要铁矿已落入日本人之手，九一八事变后则完全被日本人占有。鞍山、本溪是日本掠夺钢铁资源的两大据点。1931年，鞍山产生铁27.6万吨，到1943年，产生铁130万吨、钢材133万吨；本溪1931年产生铁6.5万吨，到1944年产生铁37万吨。这些钢铁除一部分用于日本在东北的工矿企业外，大部分运回日本国内。有资料显示，日本占领东北14年，从辽宁掠走生铁300万吨，钢材1308万吨。

煤。在东北，从1936年到1941年，产煤总量从1367万吨增加到2419万吨。1944年达到2559万吨。抚顺、阜新是日本掠夺能源矿产的两大据点。1932年至1944年间，日本掠走煤炭1.15亿吨。抚顺就是当时东北最大的煤矿，产量占全东北的69%，但一半被日本掠走。此外，还从阜新掠走煤3000万吨，从本溪掠走煤2000万吨。能够统计到的数字可能比实际数字还要小许多。

油页岩。战时石油需求量急剧增长，日本人只得不惜成本地用含油量极低的油母页岩生产石油。辽宁的油页岩较为丰富。以抚顺为例，储量即达55亿吨，如以含油5.5%计算，有约3亿吨原油。20世纪30年代初，抚顺炼油厂每年产重油6万桶。1934年，鞍山生产石油67.5万桶，本溪湖生产石油2万桶。14年间，在东北产油不会少于300万吨，这个产量大体相当于当时美国石油的一年产量。

铝、镁。铝和镁是日本飞机和汽车工业十分缺乏的两种轻金属原料。尽管两种矿产在东北储量丰富，但当时提炼技术不过关，迫于战争的需要，日本人不惜成本，投资建立了一些企业。

在东北日本占领区，日本帝国主义对矿产资源疯狂掠夺的同时，更给中国矿工带来了沉重的人道主义灾难。

3. 对其他占领区的掠夺

在关内占领区，日本一方面侵占大批矿山企业，另一方面又设立了一些新企业。被日本侵占的煤铁矿主要有：大同、淮南、龙烟、井陉、正丰、六河沟、寿阳、阳泉、中兴、华丰、华宝、西山、富家滩、焦作等矿，并将夺占的矿山置于“军管理”之下，其中大部分交由兴中公司个体经营。兴中公司旗下的54家中国企业中有煤矿21家、焦炭工厂1家。1938年，日本为统治华北经济设立了华北开发会社。这一时期，日本在关内直接投资新建的矿业企业有：河北临榆裕新煤矿公司、冀东大陆矿业株式会社、冀东北华矾土矿业所，以及总部设在青岛的中华矿业株式会社、亚细亚矿业株式会社。截至1938年年底，日本对关内夺占的煤矿投资约397.5万日元，支配资产额为31532万日元；对龙烟铁矿、石景山制铁所等4家铁矿业相关企业投资1020万日元，支配资产1709.8万日元。与此同时，日方继续打着与中方“合办”企业的幌子，其实无异于变相吞并。以煤矿为例，由于市场被日本人垄断，华商无法继续经营，最后只能将矿山卖给日本人。太平洋战争爆发之前，在日占区内还存有河北省开滦和门头沟两个英国人的煤矿，太平洋战事一起也就都置于日本的完全控制之下了。

伴随日本对华侵略的不断扩大，越来越多的矿产地成为任由日本人宰割的“唐僧肉”。其中的一个重灾区就是皖南的铁矿。据瑞典地质学家丁格兰所著《中国铁矿志》估算，皖南铁矿储量约 2035 万吨，仅占中国铁矿总储量 9.5 亿吨的 2.14%，但几乎均是可露天开采的“可接触式铁矿”，占国内同类铁矿的总储量 8300 万吨的 24.51%。因此，有利于大规模、低成本、快节奏开采，这在战时状态下必然十分抢手。其间，日本从皖南掠走铁矿 488.36 万吨。同时也给各个矿区的环境造成严重破坏。

4. 资源保卫与反抗斗争

山东省胶东地区自古即有“金都天府”，曾被视为全球第三大金矿区。为了遏制日本人对胶东地区金矿的疯狂掠夺，共产党人开展了艰苦卓绝的黄金争夺战。当时，日本人在胶东地区搜刮黄金主要有两种手段，一是在民间收购原矿；二是扩大占领金矿的开采量。1938 年，中共中央山东分局委员黎玉去延安汇报工作，提出了将山东的黄金运向延安的思路。1939 年 2 月，日军小川支队占领招远城。1941 年 7 月，日军在玲珑金矿修建了一座日产 150 吨的选矿厂。并驻扎了一个日军中队，修筑了 7 个炮楼，在矿区唯一的通道上设了三道岗哨，同时赶走了周边的全部村民。据后来统计，在 6 年多时间，日军掠夺黄金 54.8 万两，其中玲珑金矿就有 52.8 万两。胶东军民采取了三种方式夺取黄金：一是自主采金。成立“招远采金委员会”“玲珑采金”等组织，积极开采自主掌握的九曲、灵山、金翅岭等金矿。二是武装夺金。埋伏在日军运输黄金的路上武装抢夺黄金。三是暗中采购。拿到黄金之后，还要将黄金运到延安等解放区。1943 年，王德昌等二十多名战士每人携带四十余两黄金从山东前往山西，在抵达山西雁鸣渡河畔时，突然遇到了日军。一半人携带黄金渡河；另一半人把黄金交给队友，全力掩护。负责掩护的队员全部牺牲，但这批黄金却悉数送达延安。1943 年，中共山东分局书记朱瑞去延安参加“七大”，他随身就携带了一个黑布袋子，即装满沉甸甸的黄金。据国务院原副总理谷牧回忆，抗战期间送往延安的黄金有 10 万两之多；后来经学者考证，实有 13 万两左右。还有资料表明，在抗日战争及后来的解放战争时期，胶东军民向党中央及根据地、解放区密送生产的黄金共 43 万余两，有力支持和保障了党领导的革命事业。

四、解放战争时期

1945 年日本投降后，原占领区的矿山多数为国民政府接管，少数为解放区民主政府接管。解放战争期间、东北、华北等地的矿山，一度处在国共两党的拉锯期。其间，有的矿山几次易手，遭到严重破坏，几乎处于停产或半停产状态。

（一）国统区地矿工作

1. 接收工作

抗日战争胜利后，国民政府经济部即派员接收各大矿山。依照经济部颁布的收复区矿业权处理办法，或归资源委员会等政府机构经营，或交回原矿权者经营。地处东北、华北、华东的煤矿经历频繁易手。

日本投降后，资委会于 1946 年从经济部中分离独立，直属行政院。1947 年，在资源委员会内设立煤业总局。此时，东北、华北各大煤矿并未被国民政府全部接收，已接收的煤矿也未能有效经营。大规模内战以后，财政赤字严重，通货膨胀加剧，经济面临崩溃，国民政府寄希望于美国贷款和联合国救济的打算没能实现，在此经济环境下，国民政府管辖的煤矿，除开滦、淮南、天府和台湾等少数几个煤矿以外，全都破落不堪，产量更是急剧下降。资源委员会经营的煤矿产量，1946 年为 454 万多吨，1948 年只有 259 万多吨。全国范围内，1946 年煤炭产量 1800 余万吨，比抗战前的 1936 年产量减少 52%，比 1942 年产量减少 72%。因此，在国民政府管辖区域造成严重煤荒，南京、上海、武汉、青岛、广州等大城市缺煤尤其严重。1948 年 6 月，仅发电厂用煤全年就缺煤约 30 万吨。为了解决煤荒，国民政府陆续在各地设置专管机构，试图对煤炭的生产、运输、分配、销售价格进行统管，但回天乏力。

2. 新建矿山

抗战胜利后的短暂几年间，尽管时局动荡，但仍有少数新建矿山项目启动，其中较有代表性的项目是新庄孜煤田。淮南新庄孜煤田由资源委员会矿产测勘处谢家荣于 1946 年 6 月发现，后经钻探证实储量达 10 亿吨。1946 年至 1948 年 10 月，建成井深 330 米、设计生产能力为日产 3000 吨的大通三号井，在技术上达到当时的世界先进水平。

（二）解放区地矿工作

1. 支援解放战争

解放区矿业。直至解放战争末期，晋冀鲁豫边区、太岳解放区、太行解放区、晋绥边区、晋察冀边区等地也出于对自办工业提供原料的需要，积极开展地质工作。同时期，一批地质界学者以极大的热情投身于革命事业，并作出了积极的贡献。

施雅风（1919—2011 年），1942 年，毕业于浙江大学史地系。1944 年，获浙江大学研究院硕士学位。1947 年 10 月，在南京加入中国共产党，在科技界从事革命活动。

1948年底，受命收集一批长江水流量、流速、航道的资料，为第二野战军渡江提供了重要的作战参考。1949年后，施雅风致力于冰川学、冻土学与泥石流的研究，被誉为“中国现代冰川之父”，中国冻土学和泥石流研究的开创者。曾任中国科学院兰州冰川冻土研究所所长，任中国科学院地学部副主任。1980年，当选为中国科学院学部委员（院士）。

2. 参与和平起义

抗战胜利后，中兴轮船公司多方筹集资金，陆续向美国购得7艘海轮，逐步恢复了正常经营。1948年，国民政府强行征用中兴轮船公司停泊在上海的海轮，向台湾基隆港撤退运兵。中兴轮船公司经理黎绍基亲自赴台湾与国民党交涉，以轮船维修为名，设法让一部分船只驶离台湾，停泊在香港。中华人民共和国成立后，才把停泊在香港的轮船召回。这一做法对日后中国航空公司和中央航空公司的起义起到了示范和推动作用。1949年10月，周恩来总理亲切接见了黎绍基等人，评价说：“中兴公司的资本家是爱国的。”

孙越崎（1893—1995年）。浙江绍兴平水铜坑人。著名的爱国主义者、实业家和社会活动家，中国现代能源工业的创办人和奠基人之一，被尊称为“工矿泰斗”。1916年考入天津北洋大学矿冶科。五四运动期间，作为北洋大学学生会会长，积极参与发动组织天津学生罢课游行，被校方开除。蔡元培帮助其转入北京大学矿冶系学习。1924年，应聘创办穆棱煤矿。1929年至1933年，在美国斯坦福大学和哥伦比亚大学研究生院深造。回国后，任国防设计委员会专员兼矿室主任。1934年，任陕北油矿探勘处处长，打出中国第一口油井。1937年七七事变后，冒生命危险组织中福煤矿员工将大部分设备拆除抢运至四川，参与合办天府、嘉阳、威远、石燕四个煤矿，兼任四矿总经理。1941年，兼任甘肃油矿局总经理，建成我国第一座石油基地——玉门油矿。抗日战争胜利后，由经济部派往沈阳接收东北重工业。1948年10月，以资委会委员长身份，于南京召开重要工矿企业和部门负责人秘密会议，拒绝执行蒋介石关于拆迁资委会所属工厂设备去台湾之命令，将所属近千个大、中型厂矿企业及三万科技、管理人员完整地移交给了共产党。

3. 参与接管工作

1945年8月日本宣布投降后，东北地质调查所的日本技术人员和职工或仓皇回国或蜗居家中。我国职员和工人自动组织起来，承担起保护地质调查所设备仪器和资料图书的责任。其中职员有：阮昌社、黄国昌、杨家驹、靳元富、梁万惠、王福林、刘启忱；工人有：李绍棠、裴兆伦、尹士忠、张风春、于永泰、郝凤祥、从春善。上述人员分成两组，分别守护东朝阳路本馆及七马路分馆的仪器设备、图书资料，不久由苏联红军接管。1945 年 12 月下旬，中长铁路理事会理事万异受南京政府的委托接管地质调查所。1946 年 4 月 19 日，长春第一次解放。4 月 25 日，中国民主联军松江部派吴锦、佟诚等接管了地质调查所。5 月 23 日，国民党军队突然侵占了长春市。吴锦、佟诚等于前一天随部队撤出长春市，地质调查所的物资未来得及转运。9 月，国民党南京政府任命孙越崎为行政院经济部战时生产局东北特派员来东北接收工矿企业和接管地质调查所。1947 年 2 月，地质调查所归属东北行辕委员会。同年 7 月，南京政府经济部中央地质调查所成立中央地质调查所东北办事处，由地质学家岳希新任主任。岳希新召集了尚在长春市的日本地质学者内敏也夫、桐谷文雄等人及中国地质人员开展了清查和整理伪满洲国遗留地质矿产资料的工作，编撰了《东北矿产志》，并由杨家驹、万兴文等人翻译成中文。这项工作持续了一年有余，至 1948 年 10 月 19 日长春市的第二次解放，东北行政委员会工业部全面接收“满洲国大陆科学院”，成立了工业研究所，在原地质调查所的基础上成立了东北地质调查所，隶属于工业研究所。东北解放区形成以后，积极组织地质专业人员开展工作，为全国解放提供了重要的物质保障。

在接管抚顺煤矿过程中，发生了张莘夫遇害事件。张莘夫于 1898 年出生在吉林省德惠县（今九台县六台村）。曾就读于北京大学文学系，1920 年通过留美官费考试，赴美国芝加哥大学学习经济，后进入密歇根工科大学改学矿冶，毕业后获地质学博士学位。1929 年张莘夫回国后，出任吉林省穆棱煤矿（今属黑龙江省）矿长兼总工程师。1931 年流亡山海关内，历任唐山工程学院教授、焦作中福煤矿总工程师、天水煤矿矿长兼总工程师等职。抗日战争期间，张莘夫担任国家汞、锡、钨金属管理处处长，主持战略性稀有金属生产。1945 年日本投降后，国民政府任命张莘夫为经济部东北行营工矿处副处长，负责东北工矿接收事宜。1946 年 1 月 16 日，张莘夫奉命带领 7 名工程师赴抚顺交涉抚顺煤矿接收事宜，在回沈阳途中，一行八人于抚顺以西的李二石寨车站，被一股不明武装人员杀害。从而引发重庆、上海、南昌、北平、南京、青岛、汉口、杭州等大城市发生反苏示威大游行。1946 年 2 月，中共抚顺地委书记兼市委书记吴亮平因没有做好保护工作被撤职。3 月，苏联开始撤军。5 月 1 日，国民党沈阳市政府在沈阳北陵公园为张莘夫举行隆重的葬礼，参加送葬者达万余人。此后，张莘夫先生纪念碑立于沈阳北陵公园内。

4. 接管地质机构

1949 年元旦前后，国民政府的老巢南京风雨飘摇，国民党要员纷纷策划南逃。与此同时，他们迫令驻宁的中央地质调查所、资源委员会矿产测勘处和国立中央研究院地质研究所三大地质机构南迁。这一决定，遭到地质界爱国同仁的普遍反对。在翁文灏支持下，以及南京国民政府资源委员会委员长、经济部部长孙越崎的组织下，中央地质调查所技正兼古生物研究室主任尹赞勋在全所人员会上慷慨陈词，决不随国民党政府去任何地方；所长李春昱积极筹措钱粮，作好坚守的准备。资源委员会矿产测勘处处长谢家荣放弃出国机会，协同儿子与大家共同坚守。国立中央研究院地质研究所，以中共地下党员许杰为核心，秘密起草了反对搬迁的誓约："现已意见一致决定留驻南京或上海，以此为约，立誓遵守。如有违约背誓者，应与众共弃之，永远不许在地质界立足。"在誓约上签字的有许杰、赵金科、斯行健、孙殿卿、张文佑、刘之远、吴磊伯、马振图、谷德振、陈庆宣、徐煜坚等 11 人。正在国外的李四光所长得知这一信息后深为钦佩，并表示愿将其个人名下所存的少许积资公开，作本所研究工作、个人救济之用。在地质界同仁的努力，南京解放时，各地质机构完整地保留下来。

南京解放后不久，解放军三野司令员陈毅亲莅国立中央研究院地质研究所视察。陈毅首先向许杰等人问起李四光现在什么地方，情况可好？1949 年 5 月 16 日，中共南京市委、军管会、人民政府召开文化科学界座谈会。许杰、尹赞勋、杨钟健参加了这次座谈会。解放军二野司令员刘伯承在会上说："无论是自然科学或社会科学方面都需要大量人才，希望共同工作，开展南京市的文化科学建设。"1949 年 8 月 19 日，中央人民政府政务院财政经济委员会主任陈云、副主任薄一波发出财经工字第 1 号命令，将原中央地质调查所划归中央人民政府政务院财政经济委员会计划局领导。原资源委员会矿产测勘处，先由南京军管会接管，隶属华东军政委员会重工业部；1950 年 5 月 10 日，政务院财政经济委员会命令将该处划归中央人民政府政务院财政经济委员会计划局，并于 5 月 13 日任命谢家荣、王植为正副处长。原国立中央研究院地质研究所，先由南京市军管会接管；1950 年 8 月划归中国科学院后，分别成立了中国科学院古生物研究所和地质研究所。与此同时，地方地质机构的接管工作也在进行。到 1950 年 4 月，全国已接管并重新组建了 15 个地方地质调查所或研究所（图 5–1 和图 5–2）。

5. 恢复矿山生产

民主政府接管的矿山可谓是千疮百孔，惨不忍睹。有据可查的是，仅东北的抚顺、阜新、鸡西、蛟河通化 5 个煤矿即损失价值约 6500 万美元。从 1946 年至 1948 年年末，东北的 9 个国营煤矿共恢复坑口 97 个，新建坑口 20 个，煤产量从 1946 年的 74 万吨，

图 5–1 侯德封在宁三大地质机构合并大会上讲话（中国科学院地质与地球物理研究所刘强供图）

图 5–2 在南京珠江路 700 号召开的在宁三大地质机构合并大会现场（中国科学院地质与地球物理研究所刘强供图）

陆续上升为1947年的235万吨，1948年的540万吨，1949年的达1105.7万吨。在华北，民主政府接收煤矿之后，生产迅速恢复。以大同、峰峰、井陉、阳泉、焦作、潞安等6矿为例，1948年产煤82万吨，1949年产煤上升至253万吨。东北、华北国营煤矿的全员效率普遍比日本占领时提高0.1～0.2吨，多数煤矿达到每工0.4～0.5吨以上。到1949年10月，东北煤矿恢复矿井174个，占总数的82%；华北煤矿恢复矿井212个，占总数的50%；华东煤矿恢复矿井44个，占其总数的60%；全国原煤日产量达到10万吨，有力地支援了解放战争。

第二节　重要矿产地

在中华文明史中，历代先人在中华大地上辛勤耕耘，以朴素的唯物史观为指导，发现和开发了多种的矿产资源。但基于现代地质科学，直接服务工业文明的矿业活动起步甚晚。在旧中国，从事地质工作的人员，全国最多时不过800人，其中地质技术人员约200人，做过规范地质调查的矿产仅有18种。但却对中国工业化的起步奠定了重要的物质基础。其中发现的一些矿产地，虽然没有得到及时的开发和利用，但却为中华人民共和国的建设提供了重要的资源储备。本书下文仅对1949年前进行过现代地质工作和工业矿山开采的产地进行专题介绍。

一、能源矿产

（一）煤

洋务运动以后，清廷洋务派积极酝酿引进西方先进的煤矿技术和设备，其主要标志是在提升、通风、排水三个生产环节上使用以蒸汽动力代替人力和畜力，与此同时引进西方的资本化管理方式。我国最早的近代煤矿是台湾的基隆煤矿和河北的开平煤矿。1894年中日甲午战争之后，外国资本大量侵入中国煤矿。1898年4月，中德签订的《胶澳租借条约》规定："德国在山东境内自胶州湾修筑南北两条铁路，铁路沿线两旁各三十华里（15千米）以内的矿产德商有开采权。"此后英、俄、法、日相继攫得了类似的权力。据不完全统计，从1895—1912年间，帝国主义攫取中国煤矿权的条约、协定和合同共42项（包括其他矿藏），覆盖了中国三分之二的省区。外资煤矿的产量占中国当时近代煤矿总产量的83.2%。全面抗战前的1936年，中国已建成现代煤矿 32 个，全国原煤年产量 3900 万吨。1942 年达到 5928 万吨。1931—1945 年，日本共霸占我国大小煤矿 200 多处，掠夺煤炭 4.2 亿吨，被其破坏的煤炭资源更是不计其数。抗日战争时期，国民政府资源委员会直辖煤矿 29 处，还采取资助经费等办法鼓励私人开办煤矿，共 59 处，年总产量为 600 多万吨。解放战争初期，国内的煤矿在复杂的政治、军事形势下恢复生产，直至中华人民共和国成立才回到人民的手中。1948 年，全国原煤产量跌至 2596 万吨。

（1）京西煤矿区。京西煤矿区位于北京西部山区，东起万寿山，西至百花山以西，北到斋堂，南临周口店，东西长 45 千米，南北宽 35 千米，面积为 1018 平方千米。含煤岩系为石炭二叠纪“杨家屯煤系”和侏罗纪“门头沟煤系”“杨家屯煤系”。据传煤矿开采始于南北朝，有文字记载为明、清时代。考古资料证明，开采早于辽代应历八年（958 年），元、明、清已大量开采，供应京师的生活用煤与手工业用煤。1883 年，官僚段益三兴建通兴煤矿，并引进机械动力。1867 年，美国地质学家庞培勒首次开展煤矿调查，将煤系时代定为三叠纪。1871 年，德国人李希霍芬赴斋堂等地考察。1911—1912 年，北京大学教授德国人梭尔格填绘 1∶20 万西山地质图。1916 年夏，农商部地质调查所叶良辅等人调查西山地质，于 1918 年完成 1∶10 万地质图，撰写了中国第一部地质志——《北京西山地质志》。将煤系划分为石炭纪杨家屯煤系和下侏罗统门头沟煤系，全面论述了西山的岩浆岩、构造、水文地质及煤矿区的经济地质。1928 年，杨曾威、李春昱、黄汲清、朱森等将杨家屯煤系划分为上、中、下三层。1928 年，王恒升调查研究了髫髻山一带岩浆岩。1931 年，计荣森、潘钟祥将红庙岭砂岩上部划出，命名为“双泉组”。1932—1933 年，地质调查所与北京大学、清华大学、燕京大学合作，计荣森、张寿常等十余人以 1∶2.5 万地形图进行地质填图，加深了对地层、构造、矿产的认识。1933 年，王竹泉、计荣森将门头沟煤系划为上、下窑坡组和龙门组。1936—1937 年，熊秉信、李四光研究了杨家屯煤系下部地层化石，命名为中石炭世清水涧层。1937 年，谢家荣对西山地质构造进行了论述。1937—1945 年，日本人小幡忠宏、坂本峻雄等在大台、大安山、门头沟、斋堂、房山等地做过地质调查。自抗日战争时期至中华人民共和国成立前，这一地区的地质工作几乎停顿，只有王竹泉、杨杰等少数人撰写了地质研究论文。

（2）开平煤田。开平煤田北依燕山，南临渤海，包括开平向斜和车轴山向斜两个煤产地。开平向斜位于河北省唐山市及丰南县境内，南北长约 50 千米，东西最宽约 20 千米，总面积约 900 平方千米；车轴山向斜位于唐山市西 15 千米的丰润县境内，面积约 70 平方千米。煤种为中变质的烟煤，以气煤 - 肥煤为主，有少量长焰煤、焦煤。早在1400年前后，明代人已有人开采，在唐山赵各庄一带，掘有许多小窑。1876年，唐廷枢开始组织开平地区的地质勘查，美国地质学家摩利斯应邀参加。1878年，建立开平矿务局和北洋滦州官矿有限公司，年产煤约10万吨。1890年后，有多人次的外国地质、矿业人员对此进行调查。1900年以后，先后被英、日帝国主义抢占。1924年建竖井。1928年，赵亚曾等3人在开平煤田及其外围进行过地质调查，对煤田地质构造特征研究得较为细微。日本占领期间，日本矿业和地质人员曾多次进行地质、地震勘查，发现了湾道山煤盆地。

（3）峰峰煤田。位于河北省南部邯郸市和磁县境内，南起省界，北至武安矿区，南北长28千米，东起梧桐庄－中史村一线，西到九山，东西宽20千米，面积约560平方千米。区内含煤地层为石炭二叠系。该区为中高变质煤，由南部的肥煤向北依次变为焦煤、瘦煤、贫煤和无烟煤，煤中硫、磷含量低，易选，煤质优良。据晋陆翙《邺中记》载，东汉建安十五年（210年）鹤壁－磁县－武安太行山东麓一带的煤已被开采利用。1898年，六河沟村民用土法开采，有小窑275座。1903年，安阳道台马吉森和山东商人谭士杠筹资6万两白银开办了和顺井。1906年，由军阀曹汝霖、直隶省长杨以德等人在峰峰西佐村开办了怡立煤矿公司，于1912年开凿东大井，日产煤最高达800余吨。1909年，商人李墨卿、李秀卿兄弟2人投资2万元在峰峰太安村附近开办中和公司，1914年正式生产，1923年日产达数百吨。1947年，晋、冀、鲁、豫边区政府工矿局第一管理处成立，后改为峰峰矿务局。该矿的地质调查工作始于20世纪初。1915年，刘季辰提交了《磁县煤矿报告》。1924年，日本人山根新次等预算磁县矿区储量为4.93亿吨。1924年12月，赵亚曾、田奇瑰著有《直隶省磁县彭城煤田地质》和《直隶磁州河南六河沟煤田地质》。1927年10月，王竹泉著有《武安涉县安阳一带地质矿产》。1935年1月，王竹泉、潘钟祥著有《河北省磁县煤田地质》。1943年11月，日本人左滕光之助等人对临水、泉头、辛寺庄、街儿庄、王庄和西佐一带进行地震勘探，共完成测线5条，著有《磁县煤田地震探矿调查概要报告》。

（4）大同煤矿区。大同煤矿区位于山西省大同市及左云县境内，面积为772平方千米。上部含煤岩系为侏罗系大同组，下部含煤岩系为石炭二叠系太原组和山西组。据《山西煤矿志》记载，1972年右玉县从墓基中即挖出了煤块。西汉、北魏时期郦道元在《水经注》中记载了大同附近地下煤层自燃的情景。蒙古太宗八年（1236年）及元至正二十三年（1363年），曾分别遣2000户及5000户至大同掘煤冶铁，铸造兵器。大同煤炭资源被世人瞩目是始自19世纪70年代。1871年，德国人李希霍芬曾从察哈尔（内蒙古）入山西、经大同、怀仁、逾雁门关，渡黄河抵达陕西潼关，在其著述中对大同煤炭资源进行过描述。王竹泉于1917年及1918年两次调查大同煤田，首次明确指出该煤田为石炭二叠纪与侏罗纪双纪煤田，初步论述了煤层、煤质及煤量，估算上煤系（侏罗纪）含煤面积为650平方千米，侏罗纪煤系烟煤量为28.70亿吨，石炭二叠系烟煤量为67.31亿吨。1907年，山西商办全省保晋矿务局有限总公司大同分公司开始机器采煤，并于次年6月在煤峪口、云岗2处首次实施钻探。1941—1943年日本侵占期间，在口泉、云岗一带进行了420平方千米的1∶1万地质测量，在云岗、刁窝咀、南信庄、窑子头等地施工钻孔10余个。日本临时产业局技师门仓三能完成了《海外矿物调查报告12号》（1942）《山西大同煤田调查报告》；日本地质人员森田日之次所著《大同煤田之研究》对侏罗系大同统、云岗统及二叠三叠系怀仁统等地层名称进行了首次定义。

（5）西山煤矿区。西山煤矿区位于山西省太原市汾河西侧，矿区南北长约18千米，东西宽约14千米，面积为216.7平方千米。主要含煤地层为上石炭统太原组和下二叠统山西组。一般为瘦煤和贫煤，个别地段有焦煤。唐代日本僧人园仁（793—864年）在其所著《入唐求法巡行记》描述："名为晋山，遍山有石炭，远近诸州人尽来取烧。"在汾阳县发现的元代元延祐四年（1317）三月古煤窑碑文曰："所有山下乌金炭货，于国有润，于民有益。古人打井开炭窑焉，百姓为生业，兴炉冶炼，石销金燃鼎釜为用。"1870年，德国人李希霍芬两次考察山西地质，提出了"石炭纪石灰岩""石炭纪含煤系"和"石炭纪以后之岩层"等地层划分意见。1904年，美国人维理士作更正，根据"石炭纪石灰岩"中所含化石，确定其属奥陶纪；将"石炭纪含煤系"及"石炭纪以后之岩层"总称为山西系，所著《中国调查》一书附有当时正在开采的东大窑煤矿坑口外景照片。1917—1923年间，王竹泉5次来山西进行野外调查，所著《中国地质图太原榆林幅说明书》（1926）对"太原西山煤区"含煤地层之时代、构造、煤质、煤量及当地煤矿生产等，均有较详细的叙述。1920—1924年，瑞典人那琳对太原东山、西山石炭二叠系进行了详细研究，著有《太原西山地层详考》。其间，瑞典人赫勒、美国人葛利普及中国李四光、赵亚曾、尹赞勋、田奇瑪等都曾对太原西山上古生界的古生物化石进行过鉴定。1930年开始，西北实业公司在白家庄建矿并开始机械化开采。1932年，西北实业公司矿业部在山西首次设置地质调查机构，侯德封、任绩等人任职，对全省大部分县进行了路线地质调查，并编制了1∶20万地质（略）图及有关说明，其中涉及太原西山地区的较为详尽。1937—1945年，日本在占领期间先后开凿松树坑、杜儿坪（大勇坑）矿井。期间，杜泽助发表了《山西炭田白家庄西峪村地质调查报告》。

（6）晋城煤矿区。位于山西省东南部，地处晋城市辖区，南北长 38 千米，东西宽 15 千米，面积约 300 平方千米。属半隐伏矿区，含煤地层为上石炭统太原组和下二叠统山西组。属特低硫、低磷、中灰、高发热量、高熔灰分之无烟煤，具有热稳定性好、强度高、结渣性强、精煤回收率高等特性，为优质动力煤。所产无烟煤有“白煤”“香煤”“兰花炭”之美称，可代替焦炭直接炼铁。晋城素称“煤铁之乡”。晋城市龙化村的“鸟政观”保留有唐代所凿竖井采煤的遗址。宋仁宗庆历五年（1045）河东路转运史陈尧佐为当地民众开采石炭上言“奏除其税”，说明当时煤炭已成为流通商品并已被朝廷课税。1907 年，山西商办全省保晋矿务有限总公司设晋城分公司专营采煤业。在晋城东北孙村附近，用蒸汽机凿井采煤，年产煤约 5 万吨。1870 年，德国人李希霍芬来山西进行地质考察，从河南途经山西晋城等地达河北，对沿线丰富的煤炭资源进行了调查和评述。1917 年春，王竹泉来山西调查，从研究晋东南煤田地质开始，将长治盆地之南的长治、长子、壶关、陵川、高平、晋城 6 县称为“潞泽煤田”，并估算了煤量。1936—1937 年，侯德封等人对山西大部分县做了 1∶5 万路线地质调查，编绘了山西省 1∶20 万地质图，其中即包括现晋城矿区。日本侵华期间，曾组织撰写《海外矿物调查报告》（1942）曾载有《泽州炭田调查报告》。

（7）阜新煤田。位于辽宁省阜新市及义县境内，走向长 75 千米，平均宽 8 千米，面积约 600 平方千米。主要含煤层位是上侏罗统沙海组、阜新组。1897 年，朝阳市徐博发现新邱煤矿，开过 3 个斜井。1905 年，英国人莫拉在新邱地区进行第一次实地勘测工作，并用土法采掘。1914 年，日本人大仓组到新邱矿进行地质调查，因途中被人枪杀，最后将中日合办的大新公司赔偿给日本人。1929 年前，英国人穆乐氏、瑞典人安特生在阜新做过地质调查。1929 年，王竹泉、黄汲清对阜新煤田进行调查后，著有《热河阜新煤田》一文，对阜新的地层、构造、煤系进行了系统描述。1934 年及其以后，日本人森田义人、室井渡等在阜新煤田进行过地质调查并有论著。在日本统治的 14 年中，打机械钻孔 374 个，进尺为 78408 米；手摇钻孔 783 个，进尺 41992 米。矿井有新邱、城南、高德、孙家湾、太平、五龙、平安等 7 处。日本投降后，国民党占领该矿，地质资料被盗窃一空。中华人民共和国成立时，只剩下一张试锥钻眼位置图及试锥对比图。

（8）抚顺煤田。位于抚顺市内，东西长 18 千米，南北宽 2 千米，面积 36 平方千米。含煤地层属新生代老第三纪，为长焰煤和气煤。从抚顺矿区遗迹中考古发现，大约在汉代古人即开始利用本地的煤炭。明朝以抚顺属边关要塞而禁止采掘。清朝则以该矿区在皇陵附近有破坏风水之嫌而禁止开采，直至 1901 年，当地士绅呈奏，才开始在千金寨、老虎台两地开采，后因技术简陋、资金不足而与俄国人合办。1900年，日俄战争开始，俄国即强行占领矿山。1905年，俄国败北，日本取而代之，并开始投入勘探工程。1914—1915年，建成古城子第一露天矿；1917—1929年，建成第二露天矿；1927年，开始建杨柏堡露天矿。1938年，三个矿合并为西露天矿。1931—1945年，日伪共钻探890个孔，其中有参考价值的781个孔62825米。1946年1月，国民政府接管。

（9）本溪煤田。位于辽宁省本溪市，范围西起西大山，东至田师傅，南自山城沟，北止窑子峪，含煤块段孤立、零散。东西长约60千米，宽约20千米，面积约1200平方千米。含煤地层为上石炭统、下二叠统和下侏罗统、中侏罗统。煤种以焦煤、瘦煤为主，间有无烟煤。《本溪县志》记载，在辽金时代即有人开发。明朝洪武初年，有人土法开采用于炼铁燃料。清朝初年，为保护“龙脉”而被禁止开采。顺治十年颁布“招垦会”，移汉人出关垦荒及采掘矿产资源。据大堡庙石碑上记载，在乾隆年间曾授权采矿人，发给采煤“龙章票”。光绪初年，地表煤层露头采空，因向深部采掘技术受限而被迫停止。1905年11月，日本人大仓氏到本溪着手开采。次年，中国、日本合办的本溪湖煤矿公司成立。1911年10月，改称本溪湖煤铁公司。本溪地区地层系统发育较好，层序齐全，特别是古生代地层，一向为中外地质学界所瞩目。1949年前，中外地质学者多次来本溪煤田进行地质调查，留下颇多著述。民国初年，与周树人共同完成《中国矿产志》的顾琅曾任本溪湖煤铁公司矿业部长兼炼铁部长，其所著的《中国十大矿厂调查记》中就包含本溪湖煤铁公司。

（10）北票煤田。位于辽宁省北票市境内。北票煤田发现年代不详，至少在1892年前后就已由当地居民土法开采。光绪年间，山西人杜姓者发现了四处煤层，报奏热河都统廷杰批准，于1907年获发四张“龙票”（开矿证书），因四地皆在朝阳以北，故称“北四票”，后来简称北票。1912年起由开滦矿务局资助建设矿井，同时钻探3个孔、钻探进尺300米。1915年，曾聘请英国技师莫拉进行开采设计。1921年成立官商合办的“北票煤矿股份有限公司”，丁文江曾一度任公司总经理，日产原煤量达2000吨以上。1925—1927年间，赵亚曾、翁文灏、李四光、黄汲清、朱森、李春昱、杨春志等地质学家曾来北票工作。1927年，日本人室井渡来北票调查，曾著有《北票炭矿调查》。1945年抗日战争胜利后，在人民政府领导下，成立了北票矿山管理局，1948年1月开始恢复煤炭生产。

（11）鹤岗煤矿区。位于黑龙江省东北部鹤岗市和萝北县以及佳木斯市部分地区，南起佳木斯市以北，北至黑龙江畔，东至宝泉岭，西至矿区边缘，长达200余千米，宽40余千米。矿区属一断陷盆地，含煤地层为上侏罗统鹤岗群。煤种以气煤为主，另有弱粘结煤、焦煤及无烟煤等，1914年7月1日，汤原县鹤岗人在进山时发现煤层露头，经样品化验证实煤质颇佳。1917年开始以土法开采，次年由兴华煤矿公司经营。以后改为官商合办，成立东三省矿务合作公司。1918年，俄国派矿山工程师对鹤岗矿区进行过钻探。1922年，农商部地质调查所技师谭锡畴来鹤岗矿区进行详细地质调查，发表了《黑龙江汤原县鹤岗煤田地质矿产》一文，并估算储量至少有1.44亿吨。1926年建立官商合办鹤岗煤矿公司，增加资本150万元。日本侵占东北后进行了勘查、开矿。1937年，鹤岗煤矿只有1台300米钻机，1939年增至10台，有机动钻和手摇钻两种，300米和500米型。1938—1940年，日本人森田义人撰写鹤岗炭田调查报告4份。1945年，民主政府接收了鹤岗矿，成立了鹤岗矿务局。1947年，矿务局组织起各矿的钻机组。1948年成立了由矿务局统一领导的钻探队。

（12）鸡西煤矿区。位于黑龙江省东部，地跨鸡西、林口、穆棱、鸡东和密山等市、县，东西长135千米，南北宽25千米，面积为3375平方千米。含煤地层为侏罗系鸡西群。煤种主要为焦煤、气煤，其次为瘦煤、长焰煤、弱粘煤等。传说，当地先民在挖菜窖、打水井、修道、建房屋等过程中即发现了煤层。1910起，俄国人最先到鸡西矿区进行地质考察，到1911年止考察者已有22人，考察地区主要在东清铁路沿线，也包括鸡西矿区。1924—1926年，日本人先后调查了密山矿和穆棱矿。1928年，王恒升对穆棱、密山2县的地质矿产进行调查，主要对小尖长沟、小黄泥河、亮子河等煤矿进行了调查，并著有《吉林省（现黑龙江省）穆棱、密山二县地质矿产纪要》。1931—1945年东北沦陷，日本人接续对鸡西矿区进行了地质调查并完成了煤田地质报告。

（13）淮北煤田。位于安徽省北部平原，北与苏、鲁、豫三省交界，南到蒙城、固镇县以北，西止皖豫交界，东到周镇县西，总面积9600平方千米。含煤地层为中石炭统本溪组、上石炭统太原组、下二叠统山西组和石盒子组。煤层全在第四系之下，是一个全隐伏煤田。煤种以气煤、瘦煤、焦煤为主，并有贫煤、无烟煤和天然焦。最先在孤山、烈山发现规模较小的浅层煤。史载，唐宪宗元和三年（808年）相地设宿州，筑城挖土，无意中发现了“投火可热的”“石墨”。1078年，徐州太守苏东坡，在《石炭》序中写道：“彭城旧无石炭，元丰元年十二月，始遣人访获于州之西南白土镇之北，以冶铁作兵犀利胜常云”，鸦片战争以后，淮北烈山一带由最早发现的一些浅层煤，逐步扩大到一批小煤窑。1904年以后，日产煤约300吨，最多时日产千吨。1917—1923年间，国民政府商业部地质调查所刘季辰、赵汝钧等，先后到烈山地区进行地质调查，编写了《苏北皖北煤矿调查报告》，推定北部雷家沟平原下有煤系存在的可能，后经打钻发现了雷家沟煤层。1927—1937年间，翁文灏、杨公兆、梁津、计荣森、刘季辰、赵汝钧等先后多次对该区进行调查，其中代表作为《安徽宿县烈山及雷家沟煤田地质》。1939—1945年间，日本侵略者占据该区，但资源仍然不清，生产规模有限。

（14）淮南矿区。淮南煤田的淮南矿（老）区位于淮河南岸的九龙岗—寿县—凤台之间，地处地质学的“大淮南盆地”，含煤地层位石炭二叠系。总面积400平方千米。煤种以气煤或气肥煤为主。据《怀远县志》记载，明朝嘉靖十八年（1539年）和明万历壬辰年（1592）已有开采。1894—1938年的40多年间，从地方乡民到官商联办，都曾采煤办矿。日产一般为200~300吨，最多时日产千吨。1917年，地质调查所刘季辰、赵汝钧到淮南做地质调查，编写了《苏北、皖北矿产地质报告》，谈到了淮南煤矿。1921年，国民政府军政部派德国矿师凯伯尔·罗曼斯前往淮南勘查，提出采矿工程要“井筒间隔凿石门可尝试”的建议，施工结果，“井井连贯、巷巷见煤”。1922年10月，李捷在安徽北部进行地质调查，在编写的《皖北淮河流域地质报告书》中认为淮南为一向斜构造。1923年，地质调查所王竹泉来淮南做地质调查，在编写的《安徽怀远县西南部地质》中，介绍了该区地层情况及含煤岩系。1927年3~4月间、虞和寅、刘季辰、赵汝钧、李春昱、计荣森、翁文灏、李毓尧、丁文江等到淮南舜耕山一带做地质调查，同时又有王竹泉、王恒升、孙健初、毕庆昌、边兆祥、黄汲清等到上窑做地质调查，编写的《苏北和江淮大地地层对比图》；1931年3月，刘季辰、计荣森又在舜耕山及上窑镇一带进行了煤田地质调查，编写了《安徽怀远舜耕山及上窑镇煤田地质》。上述报告对该区找煤提供了重要参考。1938年6月4日，日军侵占淮南矿区，在煤田地质调查中配合了地震勘查和钻探等手段。德田贞一、山本谦吉罗的《安徽省怀远县舜耕山煤田地质调查报告》中正式提出了“大淮南盆地”的名词，论述了盆地成煤的前景；其后，岛仓已三郎的《淮南煤田洞山地区调查概要》中，也认为“大淮南煤田之向斜构造，日趋明显”。1946年，国民政府派谢家荣视察淮南，在八公山东北做地质填图，并在八公山和山金家打出了厚达20多米的可采煤层。这一发现，成为当时地质界、采矿界的一件盛事。1947年5月，淮南矿务局在八公山新区建井，在朱小庄开凿斜井，即淮南“西矿”。

（15）萍乡煤矿。萍乡煤矿区位于江西省萍乡市境内。东西长26千米，南北宽14千米。含煤地层位上三叠统安源组，为隐伏煤矿。煤种为无烟煤、炼焦用煤为主。据陈维、彭巘1935年所述，“萍乡之有煤业，始于明朝，量少质低，未闻其盛，清末因汉阳设局制铁、得炼焦之煤于安源，萍矿之名，始著于世。”1896年6月，为解决汉阳铁厂炼铁燃料之急，李寿全偕同德国人赖伦、马克斯对安源矿区进行调查，估算煤储量500万吨。1898年3月22日，萍乡矿务局于安源成立，1906年正式开采，年产量达34.7万吨。1915—1917年，3年平均年产量达94万吨。1918年后，煤矿开采日益萎缩。1928年董伦著《萍乡煤矿》，着重进行了煤质研究。1931年，江西省地质矿业调查所周作恭、雷宣著有《萍乡安源煤田地质报告》。1935年，江西省政府经济委员会陈维、彭瓛著有《萍乡安源煤矿调查报告》。1936年，地质调查所黄汲清、徐克勤著有《江西省萍乡煤田之中生代造山运动》，系统研究了本区构造特征，将含煤地层定为侏罗系。1937年，江西省政府资源委员会高坑煤矿筹备处在高坑东部施工钻孔4个，是萍乡矿区最早施工的机械岩心钻探。朱洪祖著《江西萍乡煤矿》。1938年4月，江西省地质调查所陈国达、夏湘蓉著《萍乡县安源煤矿调查报告》。1940年，高平、徐克勤著《江西西部地质志》，最早对青山矿做了较系统的地质调查，并首创“安源煤系”一名。抗日战争爆发后，萍乡矿区被迫停采。

（16）平顶山煤矿。平顶山煤矿区位于河南省中部，分布在平顶山市的市区及所辖叶县、襄城县、郏县、宝丰县境内，东西长110千米，南北宽40千米。煤种以肥煤、气煤、焦煤为主，次为瘦煤，是中国重要的优质炼焦用煤基地之一。据新编《河南省志——煤炭工业志》载：“雍正年间，平顶山腰有关家、陈家、山西李家3处煤窑。嘉庆年间。平顶山吴寨村任宗义开竖井一对，井深各约100米，煤炭产量多、质量好，日收铜钱数斗。”清同治年间《叶县县志》载：“平顶山采煤，东南郡邑多赖此而炊。”1938年9月，河南地质调查所派曹世禄调查鲁山、宝丰、临汝、郏县等处煤田地质，著有《叶县平顶山煤矿地质》。但此次调查时间短，范围小，根据民采小窑情况认为煤炭储量只有12.5万吨，无大规模开采价值。1946年，平汉铁路（今京广铁路）急需机车燃煤，铁路局与郏县民生煤矿公司筹备合组宝叶煤矿公司，特邀河南地质调查所进行调查，所提交的《河南宝丰县煤田地质简报》估算，储量为6250万吨。1947年，河南地质调查所张人鉴与曹世禄在宝丰县姚孟乡定下第一批钻孔，共见煤2层，厚度分别为1.95米和0.42米。在1948年出版的《河南省煤矿志》中，估计该矿区储量为1亿吨左右。

（17）焦作煤矿。焦作煤矿区分布于河南省焦作、辉县、博爱、修武、获嘉、新乡等市、县境内，东西长70千米，南北宽6～24千米，总面积为888平方千米。为石炭二叠纪煤系，煤种为优质无烟煤。据《宋史・食货志》记载，焦作煤矿早在北宋时已开采，并成为京师民间的重要燃料。元至元十八年（1281），思想家许衡对李封附近煤窑生产情况描述："卧牛之地，月进斗金"。1896 年，意大利人罗柴等至豫、晋等地考察，与英国商人在伦敦组织福公司。1899 年 2 月，福公司派英国人葛拉斯率勘查队勘查了焦作矿区，1903 年进行了河南省最早的煤矿机械岩心钻探工作，次年采煤并修建铁路运煤。1913 年，中原煤矿公司与福公司联合组成福中总公司采用机械化采煤。1924 年年产原煤 160 万吨。1927 年，阎增才发表了《福中公司煤田地质研究》。1930 年，侯德封著有《修武县煤田地质》《太行山东麓煤田地质构造研究》等。日本侵占焦作时，钻探工作有所增加，至 1948 年钻孔已超过 100 个，但却没有计算出较精确的储量。1948 年，河南地质调查所编印的《河南省煤矿志》中，估算修武、博爱、辉县等地共有煤炭储量 9.7 亿吨。

（18）斗笠山煤矿区。位于湖南省涟源市东北 17 千米处，属涟源市明镜乡、甘溪乡和斗笠山镇管辖。含煤地层属上二叠统龙潭组。煤质为焦煤至贫煤。该矿区早在清乾隆年间即有人开采。1927 年，湖南地质调查所成立后，曾先后四次派田奇瑰、王晓青、潘钟祥等人进入矿区进行路线地质调查，先后编写《湖南湘乡湖坪煤田地质报告》《安化堪田上新新大同公司及安化明镜井乾昌公司煤矿报告》《湖南省湘乡观山国营煤矿区报告》等。上述工作确定了矿区内的含煤地层为上二叠统"斗岭煤系"，估算矿区内的储量：东翼垂深 500 米以浅为 2730 万吨，西翼垂深 500 米以浅为 1272.9 万吨。中华人民共和国成立前已经开始土法炼焦。

（19）天府煤矿区。位于四川盆地东部，重庆市西北郊 60 千米，南起嘉陵江边的白庙子、北止合川水田坝，全长为 37 千米，总面积为 103 平方千米。主要含煤地层为晚二叠世龙潭组。煤种为焦煤以及瘦煤、贫煤。明末清初，后峰岩地区的居民即已开始挖外山草皮炭。清嘉庆十二年（1807 年），江北厅文星场即有人出卖祖辈留下的小煤硐。1929—1933 年，谭锡畴、李春昱到四川、西康两省调查，所著《四川西康地质志》中第十章专述嘉陵江及华蓥山区的地质概况，对天府矿区的地层、构造、煤层均有阐述。1933 年 6 月、北川铁路沿线六煤厂与北川民业铁路公司、民生实业轮船公司联合组成天府煤业股份有限公司。1940 年秋，李春昱、孙明善、杨登华等调查华蓥山矿产，著有《华蓥山地质》一文，对天府煤矿有进一步的记述，并估算天府煤矿垂深 1000 米内的储量，西翼为 8331 万吨，东翼为 6304 万吨，1943 年产煤 35.2 万吨。1945 年 12 月，三才生煤矿并入天府煤业股份有限公司，当年产量高达 45 万吨，成为抗战时期大后方第一大煤矿。

（20）宝鼎煤矿区。南距四川省攀枝花永仁县 100 千米，该地 1965 年前隶属于云南省。矿区属断陷沉积盆地，上三叠统大荞地组为主要含煤组。主要煤种为焦煤、瘦煤，部分为气煤、贫煤。早在清代嘉庆、道光年间，已有本地居民采煤以沿金沙江船运外销。1935—1942年，宝鼎矿区年产煤900~1000吨。1940年，常隆庆到纳拉箐煤矿及攀枝花铁矿做过调查，发现煤系含煤3层，估计储量约1亿吨。同年，曾繁礽到此测制1∶5万地形地质图90平方千米；测制了晚三叠世煤系上部和中部的地层剖面，并命名为“纳拉箐煤系”，估计煤储量达2.15亿吨。抗日战争胜利前后，西康宁源实业公司曾邀请雷祚文、袁复礼、戴尚清、任泽雨等，先后到本区做概略调查。

（21）织纳煤田。位于贵州省西北部，地跨织金、纳雍，距贵阳市直距90~120千米，面积约8860平方千米。产于上二叠统龙潭组，全为无烟煤。据康熙年间《贵州通志·土民志》记载:“平远（今织金）一带苗民，烧煤取暖，已为普遍习俗”。1927年，乐森璕调查贵州西部矿产时勘查、发现了大方煤矿，在1929年4月刊印的《贵州西部地质矿产》中作有记述。1930年，丁文江、黄汲清等勘测“川广铁道路线”时，调查了织金、大方等地煤矿，并在《川广铁道路线初勘报告》中有“织金熊家场煤矿”的记载。1935年12月出版的第五期《中国矿业纪要》中也作了报道。由乐森碍1940年代编著的《贵州四大矿产及其经济价值》中，亦有“毕节、金沙、大定、黔西、安顺、平坝、清镇、织金等县为一大无烟煤区”的记载。

（22）六盘水煤田。位于贵州省西部，距贵阳市直距120~220千米，分布于盘县、水城、六枝3县（特区），面积9914平方千米。产于上二叠统龙潭组，海陆交互相沉积矿床，煤层多，厚度大，煤质较好。煤种以气煤、焦煤、肥煤、瘦煤构成的炼焦用煤为主。明朝《普安州志》（今盘县）记载:“窗映松脂火，炉飞石炭煤”。清代嘉庆年间对郎岱（今六枝）有“广烧煤炭少烧柴”的描述。1927年，乐森璕对郎岱境内煤矿做了调查，于1929年4月刊印的《贵州西部地质矿产》中作有记述。1939年，乐森璕在调查水城观音山铁矿时，发现了邻近的小河边煤矿及水城北之臭煤硐（大河边、那罗寨一带）煤矿，并专门做了现场勘查研究，著有《水城观音山铁矿小河边煤矿及臭煤硐煤矿》，估算两地储量分别为450万吨与900万吨。1939年，资源委员会矿产测勘处柴登榜对水城二塘、臭煤硐等煤矿进行了现场勘查研究，著有《水城臭煤硐煤田》，推算烟煤储量1.94亿吨，无烟煤储量为2908万吨。燕树檀、陈庆宣于1941—1942年先后调查了水城二塘、小河边、屯上、老婆场、归集等地煤矿，编有《威宁二堂拱桥间煤田地质》，估算储量7000万吨;《水城小河边煤田地质》，推算储量1465万吨;《威宁水城纳雍赫章等县地质矿产》，推算水城归集等4处煤矿储量4.47亿吨。边兆祥等1942年勘查了水城大河边矿区，测得1∶5000地形地质图31.2平方千米，著有《水城大河边煤田地质详测报告》，推算储量1.88亿吨。郭宗山等人于1942年调查盘县土城一带及周边煤矿，编有1：10万地质图，著有《盘县普安等县地质矿产》，推算调查区内煤储量5089万吨。1949年前，在六盘水地区的煤矿勘查，为我国建设大型焦煤生产基地奠定了地质工作基础。

（23）昭通煤矿区。位于云贵高原乌蒙山北部的云南省昭通市，地处新第三系含煤盆地，含煤面积约140平方千米，每平方千米赋存平均达6000万吨，为中灰—富灰、低—中硫褐煤。区内开采历史悠久，废窑达200余处。中华人民共和国成立前多为小斜井开采，垂深一般不大于25米。1911—1937年间，丁文江、翁文灏、谢家荣等先后进行过矿产调查。1929年，赵亚曾来本区调查，在昭通闸上被土匪杀害。1937—1943年，杨钟健、谢家荣、王竹泉等分别在昭通做过地质调查。1941—1945年，柴登榜、司徒穗卿、马杏垣等在本区调查过褐煤，并在三善堂等地施工手摇钻，编有文字报告及草图。那个时期，老一辈地质学家对盆地褐煤储量的估算在千吨到亿吨之间，远远小于1949年后所发现的储量。

（24）陕北谋田。位于陕西省府谷、神木、榆林、横山、靖边、定边一带，东西长300千米，南北宽25～80千米，含煤面积约2万平方千米。含煤地层为中侏罗统延安组，煤种以不粘结煤，长焰煤为主，次为弱结煤、气煤。在煤田东部，考古调查证明，公元前295—前251年，当地已用煤作燃料。汉代以后历代多有文字记载。清乾隆五年（1740年）西安巡抚张楷奏；"榆林府属之榆林、怀远、神木、府谷、葭州等五州县、均有产煤处所，向听小民自行开采，并未禁止"。煤田地质调查工作始于20世纪20年代，王竹泉等认为煤田远景储量达904亿吨。但由于其地理位置偏远，交通不便，至中华人民共和国成立前仅有少量小煤窑开采。中华人民共和国成立后，发展成著名的巨型煤田——"神府煤田"。

（25）汝箕沟煤矿区。位于宁夏平罗县西，海拔1800～2550米，东距银川90千米。含煤岩系为中侏罗统汝箕沟组，为巨厚煤层，分布稳定，煤质均一，发热量32.8百万焦耳/千克，机械强度、化学活性、比电阻率均高于一般无烟煤，为制取合成氨的理想煤种，并替代焦油生产碳素制品。矿区煤层裸露地表，老窑密布。1941年《宁夏矿产调查》记述："闻该煤层在清朝同治年间起火，当时无人设法扑灭，乃向周围蔓延燃烧。"清乾隆五年（1740年），甘肃巡抚元展成奏："平凉府属之固原州，宁夏府属之灵州及中卫、平罗二县……俱有煤洞；历来听庶民采取，以资日用。宁夏府之宁朔亦有产煤处所。"张文谟、刘振中于1940年前往贺兰山做初步地质矿产调查，于1941年1月撰写《宁夏矿产资源调查》，记录了煤层、煤质及矿业概况，称本区煤系地质时代为侏罗纪，煤种"属无烟煤，质地坚硬而纯洁，光亮可鉴"，估算山前区储量为1046万吨，山后区储量为8000万吨。1943年，宁夏建设厅地质调查所李士林等先后赴平罗、中卫、中宁、同心各县调查，编著《宁夏地质矿产事业之三——宁夏无烟煤》，对汝箕沟矿区列专门章节作以报道，算得储量12.15亿吨，称“汝箕沟煤田开发条件优越，实为宁夏煤田之翘楚”，“平罗无烟煤品质之佳，不仅独步全国，即世界亦罕有其匹”。

（二）石油、天然气

中国近代石油工业起步于1878年台湾省的苗栗地区。1949年前，在新疆、山西、甘肃已形成相对稳定的石油生产基地。此外，在四川地区，也开启了基于近代地质理论为基础的石油、天然气地质调查。20世纪40年代，勘查工作有所增多，但规模不大，只在石油沟和圣灯山两个构造上钻获工业气流。日本侵占东北期间，曾下大力气寻找石油资源，仅在辽宁阜新等地见到油苗，未能形成工业化的供应基地。值得铭记的是，20世纪20—40年代，中国地质工作者在石油地质勘查领域进行了大量艰苦卓绝的工作，足迹遍及陕北高原、河西走廊、四川盆地、云贵高原、天山南北、沿海平原，提出了陆相沉积可以生油的观点，为中华人民共和国石油勘探取得重大突破奠定了重要的理论基础。

1. 独山子油田

19世纪末至20世纪初，在克拉玛依黑油山、独山子，乌鲁木齐以西的四岔沟，沙河以西的博尔通古，玛纳斯东南的卡子湾，乌苏南边的将军沟等地，就发现了大量的油气苗。1894—1909年，俄国著名地质学家奥布鲁切夫曾4次进行实地考察，填制了1∶50万地图。1907年，新疆地方官吏开始用土法挖采石油资源。1909年，新疆商务总局从俄国购买一座挖油机，在独山子开掘油井，凿成了一口20多米深的油井。1935年，苏联科学考察团在盆地南缘进行过区域地质调查，绘制了乌鲁木齐以西地区1∶20万地质图，划分了中、新生代地层，发现了一系列构造，并进行了油气评价，认为侏罗系含煤地层是生油岩系。同年，新疆地方政府与苏联合作，组成了独山子石油考察厂，对独山子地区进行地质调查和钻探。1941—1942年，在独山子背斜南翼钻成730米深的油井，初期日产原油40多吨。1942—1943年，黄汲清、杨钟健、翁文波对新疆进行地质调查，指出天山山前构造是油气聚集的很有利地带，并认为盆地的生油层是多源的，侏罗系含煤地层是主要生油层，二、三叠系是可能生油层。1945年9月，新疆三区革命军接管独山子油田后，成立了独山子石油公司。1936—1949年，共钻油井33口。中华人民共和国成立前，在独山子所钻的最深油井为1453米（21号井）。1942—1950 年，累计采出原油 11497 吨。

2. 陕北油田

陕甘宁盆地是我国发现、利用石油和天然气最早的地区之一。1905 年，清政府聘任日本地质学家阿部正治郎到陕西延长县考察，经试凿发现石油。1907 年，清政府雇请日本技师佐藤弥市郎在延长钻了中国大陆第一口油井——延 1 井，完井深度 81 米，在中生界上三叠统延长组获日产油 1~1.5 吨。1914—1919 年，北洋政府与美孚石油公司签订《中美合办油矿条约》，美孚石油公司派 6 名地质师、5 名测绘技师与中方人员合作，开展陕北地质调查、地形测量和钻探工作，在黄陵、延安、延长、铜川县境内用顿钻打井 7 口，井深 650~1000 米，未获重大发现乃决议停办油矿。美国地质师在其《中国东北部的含油远景》一文中提出了“陕北盆地不可能有大量石油聚集”的结论。1931—1935 年，王竹泉、潘钟祥、赵国宾等先后到陕北绥德至延安一带进行地质调查，发现了永坪油田和新油层，为后来潘钟祥创立“陆相生油”理论奠定了基础。1935 年，红军到达陕北，此后的十年间，恢复生产，加强勘探，陕北油田为抗日战争作出了积极贡献。1907—1949 年，石油勘探活动主要集中在陕北局部地区，共钻井 52 口，进尺 12994 米，发现了延长油田和永坪油田，共产油 6035 吨。证实了油田的工业价值。

3. 玉门油田

位于甘肃省玉门市境内，南依祁连山，北临戈壁滩，东望嘉峪关，西连丝绸道。面积为 2700 平方千米，海拔 2400~2900 米。该地区的地质调查始于 19 世纪 70 年代，石油地质调查始于 20 世纪 20 年代。1938 年，1 号浅井首次采得原油后，石油勘探工作开始进入高峰期。1921 年，谢家荣、翁文灏对玉门石油河一带的地质情况进行了调查，谢家荣完成了《对甘肃玉门石油报告》一文。1928 年，华人鉴到玉门赤金堡、白畅河一带进行调查，并采集了从干油泉渗出来的原油样品，经蒸馏试验证实油质甚好。1938—1939 年，孙健初等在老君庙确定了 1 号浅井的井位，至井深 23 米见油气显示，80 余米见大量原油。1939 年，孙健初完成了《甘肃玉门油田报告》。同年，在陕甘宁边区的协助下，从陕北延长调来钻机，在玉门老君庙打出第一口日产 10 吨的油井。1941 年 4 月，4 号浅井在井深 439 米发生强烈井喷。1945 年开始进行大范围的地质工作。王尚文等著有《酒泉玉门间祁连山北麓之中生代地质》一文。1945—1946 年，在翁文波的领导下，完成 1 : 10 万重力图多幅。1939—1949 年间，累计生产原油 52.4 万吨，是 20 世纪上半叶中国最大的石油矿场，为抗日战争胜利作出了特殊贡献。

（三）油页岩

抚顺油页岩矿，位于辽宁省抚顺煤矿区的西露天矿和东露天矿两处。颜色为褐色，与煤层共生，产在煤层之上，分布范围及面积与煤矿区一致。赋存于新生界老第三系始新统古城子组。西露天矿油页岩平均含油率在4.7%～11%；东露天矿油页岩含油率为4.99%～7.30%。随同西露天矿于1914年开采。1920年开始进行钻探，深度不超过60米。1925年在老矿区曾打一深钻，孔深达640米，表明油页岩厚度稳定。1930年，日本人矢部茂在《抚顺煤田之地质》书中对油页岩分布作过论述。1928年，日本人在抚顺建立了“西制油厂”（抚顺石油一厂）。1930年投产，年产页岩油7吨。1935年和1936年分别建成了挥发油工厂和干馏装置。1939年建成第二制油厂（抚顺石油二厂）。至1941年相继建成了蒸馏、釜式焦化、热裂化、石蜡和润滑等装置。最高年产页岩油25.7万吨，产硫33万吨。

二、黑色金属矿产

1. 铁

1916—1948年间，由我国地质人员调查的主要铁矿产区有：河北、河南、山西、内蒙古、湖北、浙江、福建、江西、江苏、四川、重庆、云南、贵州、湖南、广东、陕西、甘肃等省区。新发现了白云鄂博、攀枝花、承德大庙等重要铁矿山。自19世纪下半叶，清政府发展近代军事工业。1867年进口钢约8250吨，1891年增加到13万吨。1871年，直隶总督李鸿章、船政大臣沈葆桢奏请开办煤铁厂。1875年，直隶磁州煤铁矿向英国订购熔铁机器，因运道艰远未能成交。1886年，贵州巡抚潘蔚创办青盛厂，从英国订购炼铁、炼钢设备，1888年安装完毕，终因缺乏资金、不善管理而于1893年停办。1890年，湖广总督张之洞主持兴建湖北汉阳铁厂和大冶铁矿厂，它的建设标志中国近代钢铁工业的兴起。第一次世界大战后，除汉冶萍公司有较大的发展外，本溪、鞍山、上海、阳泉、武汉和北京石景山等地的钢铁工厂也先后起步。1920年，全国生铁产量达43万吨，钢产量达6.8万吨。1931年后日本人在东北地区，1937年后日本人在华北、华中、华东等地区，新建或改建一批钢铁厂。抗日战争期间，在抗战后方的四川、云南和山西东南等地也建设一批钢铁厂。1949年，全国生产钢铁的企业有19个，年产钢仅15.8万吨，在世界上居第26位。从1890年张之洞创办汉阳铁厂到1948年，半个世纪中我国产钢总量仅760万吨。至1949年，估算中国铁矿石储量为1亿多吨。

（1）鞍山铁矿田。鞍山地区铁矿位于辽宁省鞍山市和辽阳市，属于前寒武纪沉积变质型铁矿床。战国时期，鞍山地区为燕国领地。从战国遗址中出土的大批铁器来看，当时的矿冶技术已达到相当高的水平。汉武帝时期，鞍山属辽东郡，设有铁官，专门管理矿冶业。设有官办的铁场百户所。唐代，鞍山北面的首山一带是重要的冶铁点之一。宋辽时期，鞍山的冶铁业相当兴盛。辽代对鞍山曾有“铁州”之称，鞍山附近有大批官工奴隶从事矿石开采和冶铁，一个县有采冶者达300余户。元代，在辽阳设立铁冶提举，管理鞍山一带的冶铁业。明代时最大的铁厂在天成山，即现今的辽阳弓长岭铁矿一带。明代后期，鞍山的矿冶业逐渐衰退。到清代，清皇室曾以保护风水为由禁止金银等矿种开采，但对铁、煤矿种相对宽松。近代地质工作始于1869年德国人李希霍芬的地质考察，在其1882年出版的《中国》中将鞍山南部含铁绿色片岩建造命名为大孤山系。1905年，日俄战争结束。1909年，日本人木户忠大郎等人非法到鞍山进行地质调查，勘查了铁石山和西鞍山、东鞍山。1910年，满铁总裁国泽兵卫和木户忠太郎带队，借游览之名非法勘查大孤山铁矿。1911年，日本进一步勘查大孤山铁矿，同时开始对弓长岭和樱桃园铁矿进行勘查。接序又勘查了关门山、白家堡子、一担山、新关门山等铁矿。1915年8月，发现小岭子铁矿。1917年2月23日，中日合办的振兴公司获农商部采矿许可证。所列矿区有大孤山、樱桃园、鞍山站鞍山山地（即东鞍山）、王家堡子、鞍山站对面山山地（即西鞍山）、关门山、小岭子、铁石山等8个矿区。同年，签订《中日官商合办“弓长岭铁矿无限公司”契约书》。当年，国民政府农商部委派王臻善、刘季辰对鞍山铁矿进行调查，成果刊登在1919年的《中国矿产志略》中。据不完全统计，大孤山铁矿于1916—1945年间共采铁矿石1917万吨。弓长岭铁矿从1919年开始采富铁矿，在1933—1945年间共采矿石745. 4万吨。东鞍山铁矿从1918年7月开始采赤铁贫矿中的富矿脉，至1925年约采出富矿10万吨。1939年，在东鞍山露天开采290米以上水平的贫矿，到1943年矿工达2027人，累计采出贫矿石30万吨左右。齐大山铁矿在1918—1938年间采出富铁矿236吨；1938—1945年间采出贫铁矿140万吨。1941年，日本人对东、西鞍山铁矿进行了磁法测量和地震法探矿，估算鞍山地区铁矿石总量为6.41亿吨。综上，从1918年至1945年，日寇从鞍山和弓长岭矿区共采出铁矿石约3000万吨。1945年8月，日本投降后，苏军进入鞍山，将鞍钢的一批主要设备拆卸运往苏联。其中，包括弓长岭铁矿50%的破碎设备，全部空压机；大孤山铁矿全部的电气采矿机械和能力为700万吨的破碎设备，年产85万吨的选矿、烧结设备等。1946年春，民国政府经济部接管矿山，但大部分矿山没有开工生产。1948 年 12 月，东北行政委员会正式批准成立鞍山钢铁公司，到 1949 年矿山才陆续恢复生产。

（2）本溪铁矿田。本溪地区铁矿主要包括南芬铁矿和歪头山铁矿。①南芬铁矿。位于本溪市南 21 千米，旧称庙儿沟铁矿。在清乾隆年间（1736—1795）民采发现，至咸丰年间（1851—1861）土法开采曾盛极一时。1910 年，中日签订合办本溪煤铁协议，次年日商大仓喜八郎取得庙儿沟采矿权，到 1930 年年底累计采出铁矿石 147 万吨。1912 年至 1940 年，日本地质人员至少对该矿进行过 6 次调查，并撰写了调查报告或著述。1921 年，瑞典人丁格兰曾前来进行地质调查。1940 年，日本人浅野五郎在《满洲铁矿床》中记述了庙儿沟铁矿。九一八事变后，铁矿由日本的本溪煤铁有限公司经营，1935—1942 年采出铁矿石约 669 万吨。其间，曾做过磁法探矿，日本人大井上估算，庙儿沟铁矿富铁矿石储量约 807 万吨，贫矿石储量约 14000 万吨。②歪头山铁矿。歪头山铁矿位于辽宁省本溪市西北 30 千米，总面积 8.8 平方千米。传说在清朝道光年间（1821—1850）曾开采，在歪头山区南区留有开采富铁的遗迹。1919 年，日本人八丁虎雄到歪头山调查铁矿。直至 1939 年，日本人至少对歪头山进行过 7 次地质调查并撰写了调查报告等文字材料，还进行过 2 次选矿实验并提交报告。1921 年，瑞典人丁格兰前来进行地质调查，并将成果写进《中国铁矿志》。1940 年，日本人浅野五郎在《“满洲”铁矿床》中记述了歪头山铁矿。据内野敏夫估算，歪头山铁矿石量约 1.6 亿吨。本溪湖煤铁有限公司在 1938—1945 年间曾开采歪头山区南区富矿，1942—1945 年采掘矿石约 8 万吨。

（3）利国铁矿田。位于江苏省徐州市北 85 千米处，属铜山县利国乡管辖，总面积 70 多平方千米。矿体产于闪长岩体与下奥陶统上、下马家沟组灰岩接触部位及附近，矿体呈透镜状、不规则状。含铁平均为 49.09%～51.33%，矿床成因类型为接触交代型。在汉朝时即进行了露天开采和冶炼，朝廷在此设有铁官。唐朝露天采掘渐盛，设置冶铁官。宋时狄青设立炼厂。1882 年又进行开采冶炼，1911 年设立利国驿铁矿有限公司，并试行坑道采掘。1917 年，农商部地质调查所派人对利国铁矿进行了矿产调查，著有《调查江苏铜山、萧县两县矿产特别报告》。当时在矿区内发现铁矿露头甚多。1936 年，日本人到利国羊山、西马山、铜山岛、铁山等地进行调查，提交了《利国驿铁矿山概要及利用铁矿调查》，计算铁矿储量 1423 万吨，矿石含铁量约 50%。1943 年 8 月，日本人在利国铁矿区的西马山、厉家湾山、磨山、峒山等地进行 1∶2500～1∶5000 地面磁法工作，提交了《利国驿附近铁矿产地磁力探矿调查要旨》。1949 年 8 月，山东工矿部派员前来复工，并进行了为期 3 周的测勘调查，提交了《山东利国驿铁矿测勘报告》，指出北山—羊山间、羊山—马山间及磨山—利国驿附近地带可能有新矿体，应进行钻探普查。

（4）凹山铁矿。位于安徽省马鞍山市向山镇东南约 3 千米处，为中国地质工作者于 20 世纪 70 年代创立的玢岩铁矿模式的典型矿床。1912 年，采石人张某在平岘岗发现了凹山铁矿的矿层，误以为铁矿中伴生的黄铁矿为铜矿，即呈报安徽省实业科，后经调查认定为铁矿。当年参与调查的有章鸿钊、张景光，还有德国人梭尔格。经计算，预计储量为 185 万吨，其调查结果载于丁格兰著《中国铁矿志》。同年，当涂县知事成立宝兴公司，并发现了凹山铁矿。此后经营和开采的有福利民公司和益华公司。1926—1932 年，中国地质学家多次到安徽进行地质矿产调查，并著有专著，计算储量为 398 万吨。日军侵华期间，在对矿区进行掠夺式开采的同时也进行了勘探工作，在凹山进行钻探约 2000 余米，于 1943 年计算出铁矿量为 960 万吨。1917 年开始开采矿区西部相距约 13 千米的平阳岗铁矿，至 1920 年采尽。1924 年改采凹山铁矿，年产量达 15 万吨，矿石含铁量均在 60% 以上。1938 年矿区为日本人占领，至抗战胜利至少掠夺凹山铁矿近 1000 万吨。日本人还从铁矿中手选磷灰石副产品，并全部盗运回日本。抗战胜利后，矿山为国民政府接管，但未能及时恢复生产，却将所余的机器、厂房等不动产劫走或破坏。

（5）大冶铁矿。位于湖北省黄石市西 25 千米之铁山，东南距大冶县城 15 千米，矿区长 5000 米、宽 500 米。出露地层有下三叠统大冶群、中三叠统陆水河组。矿体产于岩体与大冶群接触带上，有强烈的接触交代和热液蚀变。成因类型属矽卡岩型铁（铜）矿床。矿石类型有磁铁矿石、赤铁矿石和混合矿石 3 种。早在 1700 年前就已开采。据陶宏景所纂《古今刀剑录》记述："吴王孙权以黄武五年（226 年）采武昌（包括今大冶、鄂城）铜铁做千口剑、万口刀，各长三尺七寸，刀方头，皆是南铜越炭作之。"北宋乾德五年（967 年）设置大冶县，铁山为大冶县管辖，始称大冶铁矿。1877 年，英国矿师郭师敦奉盛宣怀之命，前往铁山、白雉山勘查铁矿，采样化验矿石含铁达 62%。1889 年，张之洞与盛宣怀商设大冶铁矿并组织洋矿师进行勘查，矿师称，"大冶铁矿，百年开采亦不能尽"。张之洞决定开采，1893 年正式投产。1917 年至 1946 年，先后有 16 位地质学家在大冶铁矿做过调查，确定了大冶铁矿的成因类型为矽卡岩型，称为大冶式，同时估算了储量，并发表专著多部。

（6）石碌铁矿。原位于海南省原东方县石碌镇，后划归昌江县。矿区范围约 16 平方千米，属变质沉积矿床。该矿于清乾隆年间开采，水头村立有"严禁私采"石碑一块。1935 年，琼崖实业局方干谦来石碌调查铜矿时发现了铁矿。1940 年，日本人曾在北一矿体打了少量钻孔和坑道，据其留下的钻孔柱状图，孔深仅 100 余米，误将透辉石岩、透闪石岩夹层当作底板石英岩而终孔，未能揭穿铁矿体。1942 年，日本人又在石碌发现了保秀山、正美山等铁矿体。中华人民共和国成立后，发展为全国重要的富铁矿生产基地，供应全国 100 多家钢铁企业。

（7）攀枝花钒钛磁铁矿。1934—1940 年的 6 年间，常隆庆 6 次深入攀（枝花）西（昌）地区寻矿。不但跋山涉水、战天斗地，更要面对土匪抢劫，甚至被土司绑架险遭杀害。1936 年，常隆庆以半年时间，勘踏了攀西地区 7 个县，对 50 余处矿区进行了地质调查。1937 年，常隆庆出版了的《宁属（西昌）七县地质矿产》调查报告，首次向世人披露了攀西地区无比丰富的矿藏资源。1940 年 8—11 月，常隆庆与刘之祥等人到康滇边区做地质调查。常隆庆编写了《盐边、盐源、华坪、永胜等县矿产调查报告》；刘之祥编写了《康滇边区之地质与矿产》。对该地的磁铁做了较详尽的描述，并估算储量在 1000 万吨以上。1940 年冬，李善邦、秦馨菱到攀枝花铁矿进行物探磁法勘查，做铁矿样品分析时发现铁矿中含钛，认为铁矿石成分以含钛之磁铁矿为主。1944 年冬，程裕淇在美国地质调查所查阅资料，注意到日本报道中国东北地区钛磁铁矿含钒，联想到西昌地区攀枝花铁磁铁矿中也可能含钒，当即给李春昱去函，建议对矿石进行钒的测定。其分析结果果然如此。此后，“攀枝花钒钛磁铁矿”为世人所知。

2. 锰

我国锰矿的地质找矿工作于 1886 年开始。1890 年，我国最早开采了首家锰矿——湖北阳新锰矿。汉冶萍煤铁厂为了解决锰矿原料，于 1908 年在湖南常宁—耒阳一带开采锰矿。1949 年以前，全国曾开采过锰矿的地区有：湖北、湖南、广西、广东、江苏、江西、福建、贵州、河北和辽宁。从 1912 年到 1945 年的 33 年间，我国共开采锰矿石 140 万吨，其中 1927 年达到 7.43 万吨，为最高年产量。主要集中于桂、湘、赣、辽、粤、苏 6 个省区，约占全国总产量的 96.8%；其中又以桂、湘两地占全国总产量的 65.4%。

（1）瓦房子锰矿。位于辽宁省朝阳县城西南 65 千米处。矿区含锰岩系为中元古界蓟县系铁岭组页岩、粉砂质页岩、粉砂岩、灰岩、钙质页岩、泥灰岩等。有原生氧化锰、次生氧化锰和碳酸锰 3 种矿石类型。氧化矿含锰 20%～30%，碳酸锰矿石含锰 15%～20%。矿体多以不连续的矿饼或矿饼群出现，属海相沉积矿床。该矿是 1937 年由当地居民首先在屈家沟南部发现。后由本溪煤铁公司派日本人进行数次调查并测制 1∶5000～1∶2 万地质图，施钻 24 孔，估算了储量，编写了调查报告。曾被日本进行掠夺式的开采。

（2）湘潭锰矿。位于湖南省湘潭市北 14 千米处，面积为 35 平方千米。属浅海局限盆地生物沉积碳酸锰矿床，赋存于下震旦统莲沱组。1912—1913 年间，湘潭上五都螃蟹冲谢某提供了湘潭上五都鹤岭一带地表见“黑石”的信息。湖南省财政厅矿业科派习矿学者数人入山勘验，始知为氧化锰矿。1914 年，由私人集资设立裕生矿业公司，首先在颜家冲开采，矿石销往日本，尔后数十家公司云集鹤岭，竞相开采。中华人民共和国成立前，一直生产放电锰粉，最高年产矿石量多达 3.7 万吨，累计生产矿石达 32 万吨，被誉为中国的“锰都”。1914—1940 年间，先后有朱庭祜、刘代屏、王晓青、田奇瑰、王竹泉、熊永先等来矿区调查，对成矿时代、地质构造进行了研究，有的还估算了矿区储量。

（3）遵义锰矿。遵义团溪锰矿的发现者为浙江大学刘之远先生。1941 年春，刘之远遵照李四光之嘱在遵义境内调查，地方人士肖明久送“土铁”矿样数件，经刘之远鉴定疑似锰矿，后多家机构认证为氧化锰矿。1942 年春，刘之远发现了堂子寺（工农湾）及瓮岩等产地。1942 年 10 月，贵州矿产探测团罗绳武、蒋溶前往团溪翁贡等锰矿调进。次年 3 月，编著了《贵州遵义团溪翁贡及湄谭帝卧坝锰矿简报》。1943 年春，刘之远分析了矿样并估算锰矿毛砂 25 万吨、净砂 10 万吨，并于 1944 年 3 月写入《遵义县团溪之锰矿》论著中。1943 年 9 月，中央地质调查所尹赞勋、谌义睿、秦鼐等来矿区调查，绘有 1 : 20 万普查略图，编有《遵义东南乡锰矿报告》。

三、有色金属矿产

1. 铜

1949 年前，中国地质学家对铜矿资源进行过地质调查和矿床研究，如丁文江（1917 年）、谢家荣（1929 年）、朱熙人（1935 年）、孟宪民（1937 年）等，由于当时的社会经济条件所限，对取得的调查成果未能进行规模开发。

铜官山铜矿。位于安徽省铜陵市西南 2.5 千米。所处的地质构造部位由中志留统、上志留统及泥盆系、石炭系、二叠系、三叠系组成，出露约 1.5 平方千米，是典型的接触交代式矽卡岩型铜铁矿。该铜矿发现、开发的历史悠久，矿区古采坑、废矿堆、古炼渣遍布。清代末期，相继有德国人、英国人进入该区进行调查、勘测。1938 年，日寇占领铜陵后，先是对铁矿资源进行掠夺开采并运回日本。在老庙基山的钻孔深部发现含铜铁矿、含铜硫铁矿和品位很富的铜矿体之后，又转入对铜矿资源的掠夺。至 1945 年日本投降，日本华中矿业公司在老庙基山先后施工钻孔 26 个，工作量数千米，开掘平巷 65 米，采运走矿石达数千万吨。日本人撤走后，矿山尚遗留富铜矿石（铜品位 1.7% 以上）1400 多吨，一般品位的铜矿石 455 吨，精铜矿 370 吨。

2. 铝

我国铝土矿的开采始于 1911 年，当时日本人首先对辽宁省复州湾铝矾土矿进行开采。1925—1941 年，日本人又对辽宁省辽阳、山东烟台矿区的铝土矿进行开采。但以上开采多用作耐火材料。1941—1943 年，日本人对山东省淄博铝土矿湖田和沣水矿区进行开采，矿石作为炼铝原料。后来台湾铝业公司也曾进行过小规模开采以供炼铝用。铝土矿的普查找矿工作最早始于 1924 年，当时由日本人板本峻雄等对辽宁省辽阳、山东省烟台地区的矾土页岩进行了地质调查。此后，日本人小贯义男等人，以及我国学者王竹泉、谢家荣、陈鸿程等先后对山东淄博地区，河北唐山和开滦地区，山西太原、西山和阳泉地区，辽宁本溪和复州湾地区的铝土矿和矾土页岩进行了专门的地质调查。1940 年，边兆祥对云南昆明板桥镇附近的铝土矿进行了调查。随后，1942—1945 年，彭琪瑞、谢家荣、乐森璕等人先后对云、贵、川等地的铝土矿、高铝粘土矿进行了地质调查和系统采样工作。但总的来说，1949 年前的工作多属一般性的踏勘和调查研究性质。

黔中铝土矿。产区以贵阳市为中心，西经清镇伸入织金，北抵修文县，主要分布面积约 2000 平方千米。产于下石炭统大塘组，成因类型主要属“古风化壳喀斯特再沉积铝土矿床”。1941 年仲夏，贵州矿产探测团奉命调查平越、贵定、龙里、贵筑、开阳、修文等县煤、铁时，于贵筑（现属贵阳市）云雾山、王比及修文九架炉一带产铁区域中，“偶发现一种似页岩而非页岩之物，漫山遍野，随处皆是”“初不悉为何物”，通过测试化验，始知“系一种含铝较低之水矾土”。后经该团专家研究认为“此矿具有经济价值”。同年 10 月下旬，专家再度到野外开展了地质测量与铝土矿分布的调查、研究，测得《修文九架炉水矾土地质图》（1∶1 万）和《贵筑修文县水矾土矿地形素描图》（1∶20 万），经较多采样测试与反复研究，做出铝土矿“质地之佳、储量之巨”的重要评价，并于 1942 年 2 月编著了贵州铝土矿的第一份资料——《贵筑修文两县铝矿》，报道了黔中铝土矿的发现过程与地质特征，推算了该区储量可达 8401 万吨。1942 年 4 月，经济部资源委员会会同中央地质调查所地质学家前来实地查证，并著有《贵州铝土矿床》和《贵州中部之水矾土矿》，推算优等铝土矿储量为 4462 万吨。1942 年 10 月，资源委员会矿产测勘处组队进行较详勘查，做出了“本矿储量之丰，无可置疑，唯成分之优劣，尚需详加研究”的结论。1943 年 8 月，矿产测勘处会同贵州矿产探测团进一步做了复勘与采样测试研究，并编写了《贵州中部铝土矿采样报告》。在发现修文、贵筑铝土矿的启发下，1943 年乐森璕在勘查铁矿时，发现了黔中铝土石另一重要产区——清镇县铝土矿，作出了“本区铝土矿厚度稳定、储量丰富，矿石优良，与贵筑云雾山及修文九架炉相较，毫无逊色……构成贵州中部蕴藏铝土矿之三大区域”的结论认识，并著有《清镇暗流乡广山之煤铁铝矿》。至 1949 年前后，对黔中铝土矿的重要勘查不下 10 次。

3. 铅锌

近百年来，1949 年前的中国铅锌业基础薄弱，几个规模小的矿山也基本上土法开采与生产。

（1）青城子铅锌矿。位于辽宁省凤城市青城子镇。矿床产于早元古界辽河群变质岩系中。据载，明朝嘉靖年间（1522—1566）开始采银矿。民国初年，宋炳文等根据古采坑遗迹，在矿区店南、本山一带开采银和铅矿，同时成立奉来公司。1917—1929 年，罗鼎臣与日本久原矿业会社合资创办了中日矿业公司，开采铅矿。该公司 1921 年至 1929 年 9 月，采出矿石 9581 吨，铅品位 50%、银品位 1000 克 / 吨。20 世纪 30 年代初期，满洲地质调查所新兴系统地质调查，发现了本山、店南、东洋沟等矿段，估算了本山矿段四条矿脉铅锌矿石量 30.6 万吨。1938—1945 年期间，日本人在矿区开采，建立选矿厂一座，日产矿石 500 吨，累计采出矿石 50 万吨，其中回收银 175 吨。

（2）关门山铅锌矿。位于铁岭县大甸子镇与开原市靠山交界处。矿床产于柴河复向斜中，出露岩层有中元古界长城系、蓟县系。矿区内古采矿遗迹仍清晰可见。相传采矿始于唐朝，但无文字记载。据记载：日本人小林胖生于 1915 年调查了康庄子附近的铅锌矿床。1919 年，翁文灏在《地质专报乙种本第一号 · 中国矿产志略》中记载：1914 年，日本人木户忠太郎对柴河堡—牧养屯一带进行地质调查，重点考察金矿点。1940 年，日本人中一孝等在关门山、小西沟、康庄子等地进行电法勘探，著有《开原县银铅锌矿床电法探矿》《辽宁铁岭县康庄子、开原县关门山小西沟电气探矿》，并发现异常。

（3）水口山铅锌多金属矿。位于湖南省常宁县城东 24 千米处。地处石炭二叠系组成的复式褶皱。相传北宋神宗年间（1068—1077），在龙王庙首先发现铁帽，采氧化矿炼银。至明神宗万历年间（1573—1619）采矿更盛。1896 年收归官办，并设水口山矿务局。1930—1937 年间，开采达最盛时代。根据资料，1896—1937 年的 40 年间，采出矿石 160 多万吨，其中铅净砂约 21 万吨，锌净砂 51 万吨。抗战期间，矿山趋向萧条。

（4）栖霞山铅锌矿。位于南京近郊栖霞山。栖霞山铅锌矿床产在长江中下游断裂凹陷带的宁镇断褶束西部，北邻长江大断裂，西南靠宁芜火山岩盆地，属环太平洋构造岩浆活动成矿带，长江中下游铁、铜、铅锌、金多金属成矿带，宁镇多金属成矿亚带。该矿最早是开采锰矿。1937年12月，日军占领南京后疯狂掠夺本区的风化型锰矿，据估计，掠走锰矿资源量达到110余万吨，平均含锰31.24%、银81.4克/吨。1948年，谢家荣、南延宗、王植等人赴栖霞山考察，发现氧化铅锌矿，并著有地质报告。1949年后历经多年的找矿勘查，已发展到有锰、铅锌、硫、银、金等可利用的主要金属元素的大型多金属矿床，成为华东地区最大的铅锌矿床。

4. 钨

我国钨矿资源的地质调查由翁文灏先生主持，起步于1916年。20世纪三四十年代，对赣、湘、粤、桂、滇等省区的钨矿床进行了较系统的地质调查，特别是对赣南地区的钨矿，先后有燕春台、查宗禄、周道隆、徐克勤、丁毅、张兆瑾、马振图等地质学家做了颇有成就的地质调查研究。其中，徐克勤、丁毅所著《江西南部钨矿地质志》（1943年），对赣南钨矿床作了系统的论述，为我国第一部钨矿地质专著。在发现大量黑钨矿的同时，而且还陆续发现了白钨矿。资源委员会矿产测勘处金耀华、杨博泉于1943年对云南省文山县老君山地区进行矿产地质调查时，首次发现了矽卡岩型白钨矿床，著有《云南文山老君山白钨矿床之成因及其意义》论文（《地质论评》，1943）。1947年，徐克勤又在湖南省宜章瑶岗仙和尚滩发现了白钨矿床，并撰写了专文报道。

西华山钨矿。位于赣、粤两省交界的大余岭北部，大余县城9千米。矿区面积6.48平方千米。矿石平均品位三氧化钨为1.086%。据《大余县志》记载，观音岩、大水坑、锡砂窝一带，早在宋代就有采锡者，至清康熙年间，因工人暴动，被诏禁封。清末有僧妙圆，私将全山卖给天主教福音堂，后被传教士发现为钨矿。1907年，经江西巡抚和南安府官员与福音堂交涉，以千余银元收回山权。钨矿开采始于1915—1916年，先开地表砂矿，后开采原生矿，主要销往国外。民国时期，曾作过三次较为正规的地质调查。1929年1月，江西地质矿业调查所燕春台和查宗禄前往赣南调查钨矿，著有《赣南地质矿产调查报告》。1935年9月，江西地质矿业调查所派周道隆、上官俊为组长，率领测探队前往赣南分头调查各钨矿，由周道隆主编了《赣南钨矿志》，并附有地质图。1938年，经济部中央地质调查所徐克勤、丁毅，对赣南地区做了详细的地质调查，调查面积为3.2万平方千米，大小矿区40个，编著了《江西南部钨矿地质志》，附有1∶30万赣南钨矿地质图1幅，区域构造概要图1张，矿区地质图37帧。此外，尚有王嘉荫、吴磊伯、马振图、孙殿卿、张文佑、徐煜坚等先后到西华山进行过地质考察，并著有《赣南钨矿深度研究报告》和《赣南钨矿构造关系初步观察》等。

1935年，江西省成立资源委员会钨业管理处，负责收购钨砂。1938年，西华山建立矿场进行简易的坑采，后改称西华山工程处。抗战胜利后改为资源委员会第一特种矿产管理处西华山工程处。据不完全统计，中华人民共和国成立前，西华山钨矿共采出钨砂近5万吨，含三氧化钨3万余吨。

5. 锡

清末民初，锡业大盛。据海关记录，从1889年至1939年，云南个旧共出口锡300766吨。此外，广西、湖南也有较长的产锡历史。20世纪以来，我国一些重要的锡矿区都做过一些程度不等的地质调查。在丁文江（1914年）、孟宪民（1934年）等人对个旧进行地质调查之后，1941年，顾功叙等在个旧老厂进行了电法物探试验。1941—1949年，李四光等对广西富（川）贺（县）钟（山）作过矿区及区域地质调查。1945年，谢家荣著《湘桂交界富贺钟江砂锡矿纪要并泛论中国锡矿之分布》。1936年，孟宪民著有《湖南临武香花岭锡矿地质》。

（1）大厂锡矿。位于桂西北云贵高原南缘，跨越南丹、河池两县（市）。据《庆远府志》卷十记载："南丹厂（即大厂）、挂红厂（即芒场马鞍山），二厂皆产银、锡，自宋开采，相沿至今。"宋应星《天工开物》对丹池产锡记有："凡锡有山锡、水锡两种，山锡中又有锡瓜、锡砂两种。据《徐霞客游记》记载："银、锡二厂，在南丹州东南四十里。"此矿在清乾隆年间曾再行开发。1905年，右江道道台龙济光等人创办庆云公司。1906—1921年间，锡年产量为73.3～195.6吨。民国时期按保甲制度规定，将长坡、巴里、新州、高峰、同车江五厂合为一厂曰"大厂"。1924—1931年间开采锐减。1933年，侨商李季濂创利物公司，次年车河至大厂公路通车，运来机器开始机械化开采。然终因民间纠纷、日军入侵、政府腐败等原因，至1947年，已一蹶不振。该矿较早的系统地质调查由两广地质调查所乐森璕于1928年进行，其调查报告刊印于当年出版的《两广地质调查所年报》第一卷，其中主要记述了矿区地层、岩性和古生物鉴定。1938年年初，平桂矿务局杨志成来矿区做调查；同年11月，张兆瑾调查丹池两县锡矿。次年，国立中央研究院地质所、广西省政府共同组成的张兆瑾、张更、吴磊伯、杨志成联合调查组，完成了"1∶5000大厂""1∶1000车河－芒场"矿区地质图。张更著有《广西南丹拉么之自然锑》《广西南丹大厂锡矿之生遇》《发展广西矿业之商讨》《广西之钨矿调查》；张兆瑾著有《广西南丹县锡矿地质》。1947年，张文佑、赵金科等也进行了调查，并提交了文字报告及部分图纸。1948年夏，省政府杜衡龄陪同中央地质调查所徐克勤、王超翔调查矿区地质矿产，编有《广西南丹灰罗区钨锡矿报告》。

（2）个旧锡矿。个旧锡矿位于云南省个旧市境内，面积为2140平方千米。个旧开采锡矿历史悠久，据《汉书·地理志》中即有明确记载。明代个旧以采炼银铜为主，同时也采到共生的锡矿。清康熙四十六年（1707年），当局明令开发个旧银铜矿，并委官征收课税，产量大增。乾隆五年（1740年）以后，铸钱加锡，滇、川、黔铸币局在个旧采购锡，锡业生产得以发展，当时“商贾往来，络绎不绝，四方来采者，不下数万人”。清光绪九年（1883年），法商来个旧购锡，开征出口税，锡业生产开始有统计数字。1890年，产锡达1315吨。光绪三十一年（1905年）8月，个旧锡务股份公司成立。清宣统元年（1909年）改组为个旧锡务公司。1910年，滇越铁路通车，进一步促进了个旧锡业的发展。1909—1939年，共出口锡238221吨。1941年，日军占领越南，切断了运输线，影响了锡业生产。1944年，锡产量降至1613吨。1946年，国民政府与美国签订《金锡协定》后，直接在个旧收购锡砂空运美国。尽管个旧开采锡矿历史较早，但地质勘查工作起步较晚。1873年，法国地质学者最先来个旧进行地质考察，其后相继有法、德、美地质学者前来。1914年2月，工商部地质调查所所长丁文江来个旧调查地质矿产，著有《云南个旧附近地质矿务报告》。1934年，国立中央研究院地质研究所孟宪民、陈恺与云南省政府何塘来个旧进行了历时7个月的地质矿务详细调查，在矿区做了1∶1万地形测量220平方千米。1937年，孟宪民等受资源委员会委托再次来个旧进行调查，填绘了矿区1∶5万、1∶1万地质图，著有《云南个旧锡矿床之成因及其与锡矿探采之关系》等文。1938—1949年，熊秉信、丁道衡等数十位地质工作者到矿区做过地质调查，其中熊秉信于1941年到个旧锡务公司工作，直到1964年才调离。

6. 钼

我国钼矿首先发现于清朝末年，始采于第一次世界大战前夕。当时主要开采的是闽浙沿海一带的一些脉型钼矿和华南一些伴生有钼的脉型钨矿。抗日战争末期，辽宁杨家杖子钼矿遭到日本侵略者的掠夺式开采。中华人民共和国成立前期，全国钼矿年产量最多时也就10余吨。

7. 锑

我国是世界上发现、利用锑矿较早的国家，当时称锑为“连锡”。秦墓出土的箭，经光谱分析含锑。《史记》记载：“长沙出连锡。”《汉书·食货志》记载：“王莽居摄，变汉制，铸作钱币均用铜，淆以连锡。”明朝末年（1541年）发现了世界最大的锑矿产地湖南锡矿山，但当时把锑误认为锡，至1890年经化验始知是锑。1897年，我国的“连锡”转入锑生产的时代。1908年，湖南华昌公司从法国引进挥发焙烧法炼锑。

随着机械制造业的兴起，锑的用途和需求量扩大，又先后开发了湖南桃江板溪、新邵龙山、桃源沃溪等地锑矿。黔、滇、桂等省区也相继开采锑矿。从1908年以后数十年间，我国锑产量常占世界总产量一半以上。1942年，王宠佑与美国人霍德森共同取得飘浮熔炼－气态还原熔炼的专利权。

（1）锡矿山锑矿。位于湖南省冷水江市东北约15千米处。地处湘中构造盆地南缘，长9千米，宽2千米，面积为18平方千米。赋存于上泥盆统佘田桥组。1915年冬，瑞典人曾进入矿区开展近代地质调查，填制了第一张湖南省矿区地质图——新化县锡矿山锑矿图。1917—1948年，众多地质工作者对矿区进行过地质矿产调查，分别填制过1∶1.5万～1∶5000矿区地质图。1947年曾组建锡矿山探矿队，进行过少量钻探工程。中华人民共和国成立前，对锡矿山锑矿床地质的基本认识是，“矿田地质均为水成岩，约自志留纪以至石炭纪”“锑矿多生于硅化灰岩中，背斜轴部聚集最丰”。各家估算的锑蕴藏量在132万～220万吨之间。锡矿山自1912—1935年间的锑品产量占世界产量的36.6%，占全国的60.9%。

（2）半坡锑矿。位于贵州省独山县城关区新民乡，出露地层以下泥盆统丹林群为主，含锑品位为1.17%～9.92%。矿物成分以辉锑矿为主。自清代起就已发现并不断采冶。1913年出版的《贵州实业杂志》刊载有“独山州紫金城及鸡场产锑”。1928年，乐森璕编著的《贵州南部地质矿产》中载：“独山沿寨之锑，曾亲往调查一次，矿山在城东南三十里沿寨之大甲地方……矿为辉锑矿，常呈柱状晶簇，质尚纯净，……十三年前（1912），有多福利矿厂从事开采”。1935年，经济部地质调查所王曰伦、熊永先、吴希曾等经实地勘查后，于1938年编著的《贵州东部矿产简报》中亦有提及。1940年，张兆瑾编《独山东部锑矿地质简报》刊有“独山锑矿首称苗林”的较详记述。1947年的《贵州经济理设》中文载“得矿量约三万余吨”。

8. 汞

1919—1949年，先后有翁文灏、乐森璕、王曰伦、熊永先、吴希曾、田奇瑞、刘国昌、周德忠等20多位地质学家对贵州、湖南、云南、广西、四川、湖北、甘肃等地的汞矿进行了开创性的地质调查和研究，著有简报或论文。20世纪40年代，资源委员会对一些汞矿产地也进行过探采工作。

（1）铜仁汞矿。位于贵州省东北部铜仁市的东部边境，与湖南省凤凰县相邻。面积约95平方千米。主要产于中寒武统敖溪组，少数产于下寒武统清虚洞组。铜仁汞矿是驰名中外的“汞都”，其发现和开采历史悠久。《新唐书·地理志》中记载：“锦州土贡光明丹砂”“锦州开元贡光明砂、水银”。至明清时期采冶较盛。1935年，实业部地质调查所派人来黔调查东部矿产时，均在本区进行了勘查。1938 年 1 月编著的《贵州东都矿产简报》中，对本区大硐喇汞矿做了论述。抗日战争期间，国内多位地质学者前来进行过勘查与研究，对地层、构造、矿床特征均做了全面论述。

（2）木油厂汞矿田。地处务川汞矿带的中部，南北长 5.4 千米，东西宽 0.6～1.0 千米，面积为 4.3 平方千米。具有明显的“层控”特征，被公认为中国最典型的“层控矿床”。矿石平均品位为 0.147%。据文献记述，隋唐五代时就有“思州产朱砂”的历史记载。唐《元和郡县志》中，也有“思州开元贡朱砂”的记述。乾隆六年（1741 年）《贵州通志》中有“朱砂、水银出务川木悠”的记载。至近现代，该地区老窿星罗棋布，矿渣到处可见。1943—1944 年，我国地质学家赴务川板场、岩峰脚一带进行过矿产地质调查，著有“1∶1 万地质图”及《贵州务川汞矿地质》等资料，首次报道了本区汞矿分布及产出特征，为中华人民共和国成立后开展普查找矿提供了重要信息。

四、贵金属矿产

中国开发黄金的历史悠久，但基本是以采淘沙金为主。直至中华人民共和国成立前，地质工作者对黄金资源的调查活动相对较少。银矿也是如此，中华人民共和国成立前，地质工作者仅对水口山、柴河、澜沧等十几处含银量较高的铅锌矿区进行过银矿储量的概算。

（一）金厂峪金矿

它是清代末年我国三大金厂之一，位于河北省迁西县金厂峪镇，距唐山市 110 千米。矿床位于太古宇迁西群上川组，为石英复脉带型金矿床。矿石矿物成分以黄铁矿为主，为主要含金载体；脉石矿物以石英为主。金矿石以自然金为主，多呈不规则状充填在黄铁矿粒间及其裂隙中。矿床成因为岩浆热液石英脉型金矿床。早在唐代即行开采，清代更盛。1937—1945 年间，日本人在此建 50 吨选矿厂，开采达 4 年之久。

（二）金厂沟梁金矿

位于内蒙古自治区赤峰市东南部与辽宁省接壤的敖汉旗境内，西北距敖汉旗府 65 千米。地层主要为太古宇建平群上部大营子组。矿区总面积为 3.62 平方千米。据

《朝阳县志》记载，清道光十六年、十七年（1836 年、1837 年）民间采金就已经兴盛。1892 年，清政府派道台组建起第一个官办的金厂沟梁金矿山，募集股银 10 万两，雇佣西洋人，仿西洋采掘法，共建起五座竖井，最深的北大井深达 200 多米。至光绪三十年（1904 年），因井深水大，排水困难和经营亏损而停采。1913 年，金厂沟梁金矿由建平矿务局经营，有矿工 100 余名。1938 年前后，日本人进行掠夺开采。1949 年后，敖汉旗总工会组织 20 余人继续在金厂沟梁采金。

（三）夹皮沟金矿

位于吉林省桦何市东 98 千米的夹皮沟境内。长 60 千米，宽 5 千米，金矿产于新太古代花岗岩—绿岩带中，属中温热液裂隙充填含金石英脉型矿床。夹皮沟本区金矿已具有 200 余年的开采史。位于夹皮沟镇南 2 千米的八家子金矿，面积为 1.1 平方千米，发现于 1904 年。位于夹皮沟镇西南 3 千米处的二道沟金矿，面积为 1.2 平方千米，发现于 1909 年，至 1931 年即有 200 多人探采，留有较多的探采遗迹。1938 年前，夹皮沟金矿产金估计为 20 吨。1938—1945 年，日本人在夹皮沟、老牛沟建有两处选矿厂，共产金 2.3 吨。

（四）玲珑金矿

东距烟台市 137 千米，西南距招远县城 16 千米。为石英脉型金矿。相传北宋真宗景德四年（1007 年）派大臣潘美来玲珑督采黄金。1885 年，山东济东泰武临道道台李宗岱在督办平度金矿局的同时，派人来招远探矿。1891 年，李宗岱等人成立“招远矿务公司”。至 1892 年春，挖到玲珑山金矿矿脉，并于 6 月聘请美国矿师查验矿石，认为金矿含金量丰富，适合开采。1897 年 5 月，李宗岱之子李家恺继承矿权。1936 年，国民政府实业部批准由日本投资 65 万元，中方投资 75 万元，成立了“招远玲珑金矿股份有限公司”，建起了日产 150 吨机械化选矿厂。七七事变发生后，国民政府山东省政府主席韩复榘派军队到玲珑，将厂房全部炸毁，物资设备全部损失。1939 年 2 月 27 日，日本侵略军小川支队和汉奸刘桂堂部侵占招远城，叫嚷：“宁失招远城，勿失玲珑矿”。日军盘踞玲珑 6 年半中掠走多少黄金，说法不一。1948 年 7 月，南京国民政府工商部部长陈启天批示山东省建设厅查案核办，提出赔偿黄金 16 万两。

（五）金瓜石金铜矿

位于台湾东北隅，属基隆县管辖。组成矿区的岩石主要为中新生代地层，厚度总计约 4000 米。矿体分为 3 种类型，即脉型金铜矿体、脉型金矿体、角砾岩筒型金铜矿体。据清朝派往台湾的首任诸罗知县季麒光于康熙二十三年（1684 年）所著《台湾杂记》记载："金山。在鸡笼（金基隆）三朝溪后山，土产金，有天如拳者，有长如尺者，蕃人拾金在手，则雷鸣于上，弃之即止。小者亦间有取出。山下水中沙金碎如屑"。1890 年，在建筑台北至基隆铁路时，一工人午餐后以其饭碗在桥底淘洗河沙时，发现了沙金。随之有人开始在附近寻找金矿，并于 1894 年发现了脉状金矿，即小金瓜金矿，进行开采。几年后又发现了大金瓜金矿，至 1905 年发现硫砷铜矿，先进行铜矿开采，后开采金矿。

五、稀有金属矿产

稀有金属矿的发现，是我国老一代地质工作者经历的传奇之事。尽管在中华人民共和国成立前未能得到开发，但其在中国的工业化、现代化进程中写下了浓墨重彩的一笔。

（一）白云鄂博稀有金属矿

地处内蒙古自治区包头市，矿床位于固阳县北 90 千米。出露地层主要为中元古界与海底火山喷发有关的白云鄂博群的都拉哈拉组、尖山组、哈拉霍圪特组和比鲁特组。传统观点认为其矿床类型属于沉积变质—岩浆热液型，较新的观点则认为其属于火山喷气沉积改造型矿床。矿区东西长 16 千米，南北宽 3 千米，面积约 48 平方千米。其发现始于一次科学考察活动。1927 年 7 月 3 日，中瑞西北科学考察团团员，刚从北京大学地质系毕业的丁道衡发现内蒙古百灵庙西北白云鄂博铁矿。他记述说："三日晨，著者负袋趋往，甫至山麓，即见有铁矿矿砂沿沟处散布甚多，愈近矿砂愈富，仰视山巅，巍然屹立，露出处，黑斑烂然，知为矿床所在。至山腰则矿石层累迭出，愈上矿质愈纯。登高俯瞰，则南山壁皆为矿区。"此后他与詹蕃勋对矿区的地质、地形、构造以及矿床成因、矿石成分、铁矿储量、地上水源等进行了初步调查，测制了二万分之一地图，估算铁矿的储量约为 3400 万吨。同年 8 月，另一名中方团员，北京大学地质系教授袁复礼又在喀托克呼都发现了白云鄂博西矿体。1933 年，丁道衡发表了著名的《绥远白云鄂博铁矿报告》，他认定了这是一个蕴藏丰富、远景广阔、极有开采价值的大型铁矿。与此同时，丁道衡甚至考虑到了未来的工业开发。他提出修筑白云鄂博与包头间铁路线的设想。他还断言：“毫无疑义，假如能够对白云鄂博铁矿进行大规模的开采，它必将成为发展工业的主要矿源，并将促使中国的西北地区发达起来。”考察结束后，丁道衡将采集到的铁矿样品交给了他的好友何作霖（时任国立中央研究院地质研究所研究员），何作霖在偏光显微镜下观察萤石型标本时发现，除常见的磁铁矿、磷灰石矿物外，还有两种从未见过、大小仅有 0.1 毫米的矿物，它们被包裹在萤石中，使周围的紫色萤石产生一个个褪色的晕圈。他将两种矿物破碎分选出来后，经钠光源检验，确认一种属于四方晶系，另一种属六方晶系。它们与常见的矿物颜色明显不同，前者为浅黄绿色，后者为浅绿黄色。意识到它们可能是稀土矿物。为确定到底是不是稀土矿物，何作霖从仅有的 1.0394 毫克的萤石粉末中提取到 0.01 毫克的矿物粉末，送到严济慈任所长的国立北平研究院镭学研究所做光谱分析。经钟盛标助理研究员的测定，在弧形光谱图上显示了镧、铈、钇、铒等稀土元素的谱线波长，证明了白云鄂博铁矿石中含有稀土元素。1935 年，何作霖在《绥远白云鄂博稀土类矿物的初步研究》（英文）公布：中国的白云鄂博铁矿中存在着稀土矿物，并预测了近千吨的稀土储量。1944 年，黄春江循着丁道衡的足迹，对白云鄂博进行了再一次的考察，确认了白云鄂博西矿和东矿。

（二）可可托海稀有金属矿

位于新疆富蕴县可可托海镇，距县城 50 余千米。20 世纪 30—40 年代，苏联地质工作者曾到新疆阿尔泰找矿，在路线调查时发现了大量的伟晶岩脉，其中就有可可托海的 1 号脉、2 号脉、3 号脉，并填制了 1∶1 万的地质图 10 平方千米，同时发现了露头矿。1941 年，苏联有色金属委员会第五托拉斯阿尔泰组在 1 号脉、2 号脉、3 号脉上开采绿柱石和铌钽铁矿，并于 1943 年编写了勘探报告。

六、化工非金属矿产

（一）磷

20 世纪 20 年代，刘季辰、谢家荣等对江苏海州磷矿作过地质调查。1927—1928 年，两广地质调查所对西沙群岛的鸟粪作过调查，并编有《西沙群岛鸟粪》调查报告。此外，在进行地质调查或调查其他矿种时也意外地发现了磷矿。例如，1939 年，地质学家在云南作地质调查时发现了昆阳磷矿；1946 年，在调查淮南煤矿时发现了安徽凤台磷矿。

（1）海州磷矿。位于江苏省连云港市大浦—沭阳县华冲一带，绵延60千米。为赋存于中、新元古界海州群中的沉积变质磷灰石矿床。主要为白云石磷灰岩。1917年，沈沛云在海州锦屏山的南山发现磁铁矿和锰矿，于是成立锦屏公司进行开采，因含磷过多，不能冶炼。1919年，将锰矿层上下含磷岩石送日本化验，定为磷灰石。日本人田中馆秀三到锦屏进行调查，确认为磷矿石。1922年2月，刘季辰到锦屏山进行地质调查，著有《东海县朐山磷灰石矿》，为海州式磷矿第一份地质调查报告，对矿层赋存部位、矿体规模进行了简述，同时测有1∶2.5万《江苏省东海县朐山磷矿地质图》。1935年，国立中央研究院地质研究所张祖还来矿山进行地质调查，著有《东海县之磷灰石》，认为矿床成因属热液变质型，估计矿石储量约228万吨。1939年4月，日本人田中馆秀三著有《山东省东海县锦屏山磷矿及锰矿调查报告》。1943年6月，日本华北资源调查局黄春江来锦屏山调查，著有《江苏东海县海州锦屏山磷矿及满俺（锰）矿调查报告》，估算磷矿储量125万吨。1948年6月，资源委员会矿产测勘处赵家骧、董南庭、张有正来锦屏调查，著有《江苏东海锦屏山磷灰石矿》，提出矿床成因属水成变质型，估算矿石储量194万吨。

（2）昆阳磷矿。位于云南省昆明市西南72千米处，面积为20.8平方千米。产于下寒武统中谊村组。矿床类型属于沉积岩富集和沉积改造富集的二次沉积成矿的磷矿床。1939年1月，程裕淇为昆明冶炼厂寻找耐火粘土时，在矿层及夹层中取样，经王学海、黄汉秋进行化学分析，发现含磷甚高。随即填制了中邑村—歪头山一带1∶1万地质图5平方千米，提交《云南昆阳中邑村—歪头山间磷块岩地质简报》。此后，卞美年到矿区采集岩矿标本，研究磷矿成因，于1940年完成《云南昆阳中邑村磷块岩标本采集略图》一文。1939—1940年，王曰伦对矿区做了详细调查，研究了含磷地层和磷矿成因，扩大了矿区范围，于1939年提交《云南磷矿区急救报告》；又于1940年著有《云南昆阳中邑村磷矿》《云南昆阳磷矿成因及时代》两篇文章，估算储量3708万吨。1940年，王鸿祯在谢家荣的安排下到矿区调查，著有《云南昆阳中邑村磷矿》《云南昆阳中邑村磷矿略述》两篇文章。

（二）硼

中华人民共和国成立之前，在柴达木盆地的大柴旦湖滨已开始土法生产硼砂。日本侵占东北期间，已发现东北地区的硼矿资源，但未能得以开采。

二台子硼矿。矿床位于辽宁省凤城市（县）西北直距5千米处，矿床面积4.2平方千米。出露地层为古元古界辽河群里尔峪组、高家岭组、大石桥组。据 1950 年 7 月，东北科学研究所日本人内野敏夫主编的《东北矿产汇编》记载：东北之硼酸盐矿物最早发现于 1941 年 2 月，日本地质学者松田龟三在辽宁复县华铜发现矽卡岩型铜矿床中伴生有黑色纤维状之硼酸镁铁矿。1942 年，日本人浅野五郎在宽甸大西岔、大荒沟一带除发现硼酸镁铁矿外还有针状硼酸镁石，从而引起地质工作者对在辽东地区寻找工业硼矿床的注意。1943 年，日本人佐藤金山首次发现二台子硼矿，并进行矿物学研究，著有《凤城县二台子硼矿调查报告》。

（三）盐、卤水

从清末到北洋军阀统治时期，帝国主义者通过以盐税为抵押进行贷款，从而控制了中国的盐业。因此，直至中华人民共和国成立前，我国制盐工业长期处于落后状态。

自贡岩盐、卤水矿。位于自贡市自流井、贡井和大安区内，断续延长 12 千米，宽 3 千米。本区有卤水和岩盐两种。卤水有黄卤和黑卤两种。黄卤呈微黄色，产于上三叠统；黑卤呈灰 - 灰黑色，产于中下三叠统。岩盐赋存于下三叠统嘉陵江组。自贡地区开采井盐始于汉代。据记载，自流井黄卤制盐始于西晋武帝太康元年（280 年）。11 世纪前的 1000 余年间，井盐生产达到百余米深。至北宋年间（1041—1054 年），由于发明了冲击式顿钻钻井技术，井深达到 200 ~ 500 米。明嘉靖年间（1539—1554 年），开凿出了自喷自流的卤井和天然气井，即自流井。清顺治元年（1644 年）后，卤水及天然气田大量开发。1835 年，凿井首次突破千米纪录，探测到岩系中蕴藏丰富的盐卤和天然气资源。1851—1874 年，以自流井、贡井为主的两大盐场，盐井达到 1700 多眼，煎锅达到 5590 个，年产原盐 15 万 ~ 20 万吨。1892 年，盐商李伯斋的位于大坟堡杨家冲的广发井，至 870 米处发现固体岩盐，以灌水法提卤成功。据 1928 年出版的《中国矿业第三次纪要》记述："四川盐场 26 个，其中以富顺、荣县产出最多，东为自流井，西为贡井，井灶林立，为川省工商重镇"。为适应抗日战争爆发后海盐断绝的新形势，1939 年 9 月成立了省辖的自贡市。1941 年，富顺、荣县产盐 26.4 万吨，产量占全省的 60%。中华人民共和国成立前，我国地质学者多人次到自流井盐矿进行考察，并有专著。其中：1876 年，李榕著《自流井记》；1933 年，谭锡畴、李春昱著《四川盐产概论》；1934 年，刘丹梧著《四川矿产勘查纪要》；1935 年，熊楚著《自贡地质矿产盐业问题》；1937 年，陈秉范著《自流井黑卤及天然气矿床》；1944 年，李悦言、陈赍著《四川盐矿志》；1946 年，袁见齐著《自贡盐区地质调查简报》等。上述论著，从不同角度指出了当地卤水及岩盐产出的地质构造、含矿层位、卤水质量、制盐工艺等，但地质调查均以地面地质和生产井为对象，整个盐矿资源的规模尚不清楚。

（四）芒硝矿

川西钙芒硝矿。川西地区钙芒硝矿主要分布在四川省成都、乐山、雅安三地，全区南北长约 140 千米，东西宽约 70 千米，面积近 10000 平方千米。赋存于白垩系灌口组。清康熙年间，岳家祺在彭山县公义乡黄沟打井取盐时，无意中发现了芒硝。其后乡民纷纷凿井取水熬硝，开采日盛。至民国年间，扩展到眉山县及洪雅县内。所凿硝井深约 10 ~ 50 米，硝水浓度一般约 10 ~ 15 个波美度（计 12.9% ~ 20.1%）。1937 年前，彭山、眉山 2 县年产芒硝 9500 吨，1938 年后减为年产 5500 吨。1938 年，四川省地质调查所侯德封、杨敬之对彭山县公义至谢家一带的芒硝资源做了调查，著有《彭山县芒硝矿地质》，确定了芒硝矿产于白垩纪地层。1940 年 10 月，李悦言在此区重新踏勘，著有《四川彭山、眉山、丹棱一带之芒硝矿》，对芒硝地质、矿产及开发、生产、销售等叙述甚详。认为芒硝矿原生于地层中时只为颗粒细体，经地下水溶解而成为硝卤（硝水）。

七、冶金辅助原料矿产

（一）熔剂石灰石

甘井子熔剂石灰岩矿。位于辽宁省大连市甘井子区。区内出露地层为震旦系石英岩、白云岩、石灰岩、页岩等。矿体延长 5500 米，厚 600 米左右。以黑色、灰黑色石灰岩为主。据《地质调查所三十一年史》一书记载，该矿床是日本于 1929 年在甘井子、大盐屯和营城子等地区进行调查时发现。矶端宗次郎进行了地质调查，认为该矿床矿石品质优良，储量很大。估计 60 米水平标高以上矿石储量 6332 万吨。1929—1936 年，由日本振兴公司开采。所采矿石主要供给鞍山昭和制钢所做熔剂原料，少量供给抚顺做水泥原料。从 1937 年起，振兴公司开始机械化开采。1945 年日本投降至 1949 年中华人民共和国成立，该矿由苏联红军接管并继续采矿。

（二）萤石

杨家萤石矿。位于浙江省武义县东北直距 15 千米处，面积约 3.3 平方千米。矿体赋存于晚侏罗统。矿石氟化钙含量平均为 40% ~ 55%。1940 年前，矿区曾有小规模人工露采。1942—1945年，日军侵华期间，日本人经营的华中矿业公司武义矿业所进行掠夺性露采、平硐采，共采出矿石约30万吨，获萤石块精矿产品约10万吨。为盗运矿石曾修建从浙赣线金华站经杨家至武义县城的简便铁路全线长4千米，在日军战败前被拆除破坏。

（三）菱镁

1914—1924年，20余名日本人先后对辽宁营口、海城、辽阳、丹东、岫岩、本溪、抚顺等40余处菱镁矿矿床（点）作了地质调查。1935年，日本人对山东掖县菱镁矿做了调查。1941—1946年，张丽旭和姜文运等对辽宁和山东的菱镁矿矿床做了进一步的地质调查，并著有调查报告。

海城菱镁矿。主矿区位于辽宁省海城县（市）东南16千米处，矿床长3600米，宽1000米，总面积为3.625平方千米。在其周边的营口、盖县、辽阳等地均有分布。矿体赋存于古元古界辽河群大石桥组。1913年，在大石桥以南约30千米处的转山子（盖县境内），当地村民烧石灰时发现一种质量不好的石灰石，后经日本人吉泽笃二郎鉴定为菱镁矿。1917年，日本人首先对牛心山菱镁矿进行开采。此后日本的资本家纷纷前来投资，马官山、青山怀、平二房、白虎山等矿床相继开采。1921年，新带国太郎来此做了较详细调查，著有《菱镁矿矿床》（1934年出版）一书，建立了所谓“二次热水变质说”。此后，日本地质人员多人次来此地做进一步地质调查，认为菱镁矿为次生富化生成。1925年，日本人西原宽值来此工作，认为该矿区菱镁矿是原生沉积。1929年，日本人新带国太郎等人著《海城县辽阳县菱镁矿分布概查报告》，估算菱镁矿延长11000米，潜在埋藏量为10.16亿吨。1939年，日本人斋藤林次、今村善乡著文《从地质调查结果看奉天省海城及盖平两县菱镁矿用滑石矿企业的将来》一文，认为海城一带菱镁矿埋藏量有100亿吨以上。1939—1945年，日本人上谷庆次估算金家堡子矿段和下房身矿段及其附近产地菱镁矿埋藏量8亿吨。到1943年，日本人建成各种公司17个，焙烧工厂18处，制镁砖工厂3处，轻烧镁工厂11座。直至1945年，先后在盖县、营口、海城、辽阳等地也发现了菱镁矿。据不完全统计，1920—1945年间，日本人累计采出菱镁矿石783万吨。

（四）耐火粘土

太湖石高铝耐火粘土矿。位于山西省阳泉市东北3千米处。矿层赋存于石炭系本溪组下部、中奥陶统灰岩侵蚀面上。矿区面积为5.56平方千米。该地区耐火粘土早在1905年就已开采，当时英商福公司在此开采煤矿，当地民众的私人小窑也开采粘土矿，煅烧成耐火材料。1921—1923年，王竹泉在编绘1∶100万中国地质图太原—榆林幅时曾到过该区做调查。1923年，李四光、王炳章也曾来该区进行调查，著有《获鹿、井陉、阳泉、太原地质旅行报告》，发表于北京大学地质研究会年会会刊第二期。1927—1929年，王景尊、王曰伦来该区进行正太路地质矿产调查，报告发表于《地质汇报》15号，对该区煤及粘土岩亦有所论述。1939—1940年，日本人在阳泉地区进行地质矿产调查，著有《第一次山西省地下资源报告》，对煤和耐火粘土均有论述。

（五）其他非金属矿

1. 石门雄黄矿

位于湖南省石门县城西40千米处。地处扬子地台的东南缘武陵褶皱带内，为低温热液充填雄黄—雌黄矿床。矿石矿物成分有雄黄、少量雌黄，块状矿石含硫化砷大于80%。矿区内有一、二、三、四号老窿，其中一号窿中的矿体最大、最富，延续采掘至20世纪末也未曾停止。据郦道元所著《水经注》记载："黄水出零阳县，西北连巫山，溪出雄黄，颇有神异。"光绪十一年修编的《湖南通志》中，也再次重述郦道元的记述。据《湖南矿业纪要》（1929年报告第六号矿业专报第二册）记载："雄黄及鸡冠石，湖南慈利、石门产额甚丰，石门有商大狮公司，慈利有官矿局"。1913年，除本省外，经长沙、岳阳两关出口者达300余吨。1918年，官矿局停办，产量锐减。自1912—1925年，共生产雄黄12079吨。1928年，省府当局曾派员前往兴工继续开采。1929年3月开始出黄。在《中国矿业纪要》三、四、五、六、七号中都有关于雄黄矿记述。1912—1942年间，产矿石63000吨左右，开采深度达负40米标高。近代地质调查工作始于1920年，是年工业厅杨轮邦及刘文耀到矿区调查，著有《湖南慈利雄黄矿梗概》，刊于《湖南建设月刊》。此后，田奇瑪（1936年）、徐瑞麟（1942年）、靳凤桐（1947年）到矿区做过地质工作。1948年起，黎盛斯到矿区进行了为期3年的全面地质调查，著有《湖南慈利界牌峪雄黄矿》，基本查明了雄黄矿区地层、构造、矿床等情况，并预测了蕴藏量。

2. 矾山明矾石矿

位于浙江省苍南县城东南，直距17.5千米，誉名"矾都"。矿区勘查面积约48平方千米。产于上侏罗统磨石山群和下白垩统朝川组，属受基底构造控制的火山—沉积层控热液交代矿床。明矾石矿的发现时间有宋代、明代西说，其中明代说较具体。相传永嘉县郑、朱两氏曾避难于平阳县东南海边，垒石为灶，石受烧烙，偶因泼水其上，见凹塘里有白色结晶物出露，疑之，重复烙他石试之皆然，尝之有苦涩感，并具净水、治病作用，取名为“明矾”。郑、朱两氏各择一山开采烧炼之，所产明矾畅销国内外，“矾都”美誉日益盛名。今矾山镇仍修有“矾祖”庙。1927—1949 年，浙江省政府矿产调查委员会和国立中央研究院地质研究所曾分别派专家进行过实地考察。宋雪友、屠宝章于 1928 年著有调查报告，提到平阳有 3 处矾矿，制炼数百年至今尚盛。叶良辅、张更、丘捷、陈恺于 1929 年第一次进行详细考察，并于 1931 年在地质所集刊第十号发表题为《浙江平阳之明矾石》的文章，介绍了明矾石矿经济价值及欧美各国明矾石矿床的情况，还在显微镜下对矿区岩矿标本进行详细研究，略估储量 20 亿吨。1934 年 4 月，他们又进行第二次实地考察，测量矿坑、矿层，详估储量，编写了《研究浙江平阳矾矿之经过》的文章，估算储量 2.6 亿吨，富矿占 50%。1949—1950 年 3 月，浙江省地质调查所章人骏、高德芳、孙山河在矿区进行了 1∶7500 地质测绘及剖面测制，著有《浙江平阳矾山街矾石矿》，全面研究了矿床地质，估算储量仅 0.62 亿吨。至今，鸡笼山矿段，一直是重要的明矾产地。

3. 石棉县石棉矿

矿位于四川省石棉县城东南 4 千米处。母岩为中元古代的镁质超基性岩，全蛇纹石化而成蛇纹岩，再经石棉矿化生成蛇纹石石棉。以纤维长，棉质柔软、蕴藏量大为特色。出露面积 3 平方千米。据《四川石棉矿开发史》载：“乾隆年间，四川都督采掘该地石棉以织布，向朝廷进贡，乾隆皇帝见后十分惊喜，并吟诗《吟火浣布》。”1918 年，当地农民在北矿区尖石包重新发现石棉。1928 年，正式兴办矿山，先后有李光明、裕川公司、裕民公司、杨仁安等在此雇工开采，时采时停，产量无可查考。但此事却引起了外国人的关注。英国人从北矿区采走长达 1 米有余的优质石棉，被英国皇家博物馆珍藏。

4. 淅川—内乡蓝石棉矿

矿床、点分布区西起淅川县毛堂乡，东至内乡县庙岗乡，矿带长约 65 千米，宽 8~10 千米。在元古宇毛堂群马头山组基性火山岩系、震旦系陡山沱组沉积变质碎屑岩中多赋存蓝石棉矿，为中、低温热液脉状矿床。1930 年以前，当地机敏将蓝石棉称为“羊毛石”。1930 年，国立中央研究院地质研究所卞美年同法国学者德日进、英国学者巴尔博等来淅川一带调查，发现了石棉矿。1932—1937 年间，英、美、德、日等国商人先后来到淅川、内乡，雇用民工开采，年开采量约 6000 担（1 担为 50 千克），销往英、美、德、法、日、荷等国。1937 年后，仅有少量开采供当地居民糊灶、搪墙壁用。1939 年，曹世禄调查了淅川、内乡石棉矿，定名为角闪石石棉。

5. 黄土窑石墨矿

位于内蒙古自治区乌兰察布盟兴和县店子乡境内，矿区至兴和县城50千米。出露地层为古太古界集宁群沉积变质岩系。1917—1923年间，山西省普晋公司经理阎子安发现了此石墨矿，并在马连沟村周围土法开采，后因社会动乱而停采。1927年、孙健初在绥远及察哈尔一带进行地质调查，著有《绥远、察哈尔西南地质志》，文中提及黄土窑石墨矿。1930年，阎子安在山西省天镇县成立银矿局，再次对该区石墨矿进行考察，择其优良处开采，年产石墨精矿90～100吨。华北沦陷后，日本人曾来此调查，并进行掠夺性开采，平均年产石墨精矿300～400吨。

6. 鲁塘—荷叶石墨矿

位于湖南省郴州市西南40余千米的郴县、桂阳、临武3县交界处。矿区出露有上、下二叠统和中、上石炭统，南北长17千米，东西宽3.1千米，含煤（石墨）盆地面积54平方千米。早在清道光初年（1821），鲁塘、荷叶一带农民挖石墨作煤烧。后经香花岭一带矿商取样鉴定定名为"笔铅"（即石墨）。从此，先后有湘源等17家私人公司在金湘源、桃沙岭竞相开采，最盛时年产量达800吨。后因日军侵华导致石墨滞销而关闭。至1944年，各公司相继恢复生产，同时又有30多家公司于郴县四区等地开采。1947年该区产量已达300吨，产品大部分运往长沙、汉口、上海、天津等地并销往日本。

7. 应城石膏

位于湖北省应城市西北4～10千米处。东西长约15千米，南北宽约2千米，总面积约30平方千米。区内沉积巨厚的老第三系，除盆地边缘局部有露头外，几乎全部被第四系覆盖。据史载，明嘉靖年间（1522—1566年），应城县西北团山庙乡，因崩崖而发现石膏。清咸丰二年（1852年）以前为单一采膏阶段。之后，应城洞商获准破禁制盐，从此进入膏盐兼产阶段。1916年，魏颂唐著《应城膏盐纪要》，其调查详尽，亦颇多参考价值。1917年，湖南省膏盐公司发表了《湖北应城县膏盐矿视察记》。1922年，日本冈村要藏发表了《湖北应城膏盐矿调查报文》（日文）。1924年，农商部地质调查所谢家荣、刘季辰受省实业厅之聘来湖北调查地质矿产后著有《湖北应城膏盐矿报告》。1925年，朱子楠也发表了《湖北应城石膏矿》专文。1932年，省建设厅为改良应城膏盐矿业及开发京山煤，特邀请孟宪民、石充、王野白、周茂柏等前来调查，并编有《湖北应城京山两县膏盐矿调查报告》。1937年，全区膏盐洞达280对。产膏7万吨、盐100万斤。1938年，日军侵占武汉后，膏盐产量锐减。1939年，唐永健发表《湖北应城膏盐矿调查报告》。1948年，王小鲁发表《湖北应城膏盐矿调查报告》。上述文献对应城膏盐矿地质、矿床、开采等方面均做了不同程度的论述。至1949年4月，应城仅余3家洞商生产石膏，年产量约1.6万吨。

8. 范家堡子滑石矿

位于辽宁省海城市东南24千米处。矿床赋存于古元古界辽河群大石桥组。1913年，日本人淳告、松本治发现大石桥、海城附近滑石矿。1914—1916年，东北矿务局在此开采滑石，后因管理不善而停采。1916年以后，日本接管、开采至1941年，因销路不畅而停采。1924—1928年，日本人曾有16人次对海城、盖县18处滑石矿进行学术性考察研究，未见论文登载。1925年10月，日本人填制1∶5万营口幅地质图，在其说明书中提及营口—海城一带有滑石矿床（点）30余处。1938年6月，日本人多次对海城—营口一带菱镁矿及滑石进行过调查，并提交《海城盖县两县菱镁矿及滑石矿企业的将来》的报告，对滑石矿的前景作了粗浅的论述。1945年东北光复后，由原海城矿业公司在矿区东部进行零星开采。

9. 羊角岭水晶矿

矿位于海南省屯昌县城南4千米处。矿区面积3平方千米，水晶矿产于花岗闪长岩与混合岩接触带内的石榴子石矽卡岩中的网脉状石英脉的晶洞中，尚有坡积砂矿和冲积砂矿。1942年，日本侵占海南岛期间，在修建海榆公路（旧线）时通过羊角岭西坡偶然发现水晶矿，继由日本三菱矿业株式会社调查并组织开采。至1945年7月，共采出水晶原矿石138吨，运走93吨。日本投降后，余下的矿石大部分被运至香港销售。

（六）宝玉石及观赏石（原料）矿产

现代矿物学的角度看，宝玉与玉石有着严格的界限。玉石及传统的观赏石是我国特有的文化元素。陶瓷，自唐宋以来便是中国的重要外贸资源。到了近代，中国的宝玉石、观赏石、陶瓷粘土、建筑石材已成为一种特殊的轻工业矿产资源。

1. 岫岩玉矿

岫玉，即蛇纹石玉，因在辽宁岫岩地区同类资源产量最大、质量最好而得名。岫玉多呈淡绿色，半透明—透明，质地细腻，是由微细纤维状蛇纹石集合体构成，叶蛇纹石含量一般大于90%。为中国的四大名玉之一。主矿区位于辽宁省岫岩满族自治县哈达碑镇玉石村。矿床产于古元古界辽河群大石桥组。据当地地方志记载，清末民初岫岩玉的开发利用已具有一定的规模。在瓦沟有采场10余处；采掘面积达到“二万三千七百五十万丈”；“日夜琢磨、尚恐不给”。常年从事采玉者千余人，其中大部分输往外地。光绪末年，年产量及年输出量最多时达六七百吨。早在甲午战争后，日本人就企图染指岫岩玉，曾多次派人去瓦沟、细玉沟一带进行调查，并写出了详尽的报告。日本人池田旱苗在其调查报告中称“岫岩玉外状优美、用途极广，自古以来就是‘满洲’特产之一，著称于世”“极有保存利用价值”。民国初年，年产量下降至150~250吨，年输出量降至100~150吨。1930年，日本人矢志部茂曾到北瓦沟进行地质调查，认为该区为黑云母片岩中的蛇纹石矿脉。20世纪20年代至1931年九一八事变前，岫岩玉开采一度兴盛，当时仅在瓦沟一地采玉业就有百家之多。其中规模最大的是葛岐山父子创办的“宝山确业公司”，有采玉工200多人、护矿警10多人。这一时期岫岩玉年产量达750吨，年输出最多时达700多吨。九一八事变后，日本人石光宪一在瓦沟设“东安公司”，霸占了矿区所有采场，垄断了全部开采权，驱使中国劳工日夜开采，将采出的玉石制成所谓装饰性石材，全部掠往日本。抗日战争胜利后，采玉业不振，多数采场废弃。

2. 南阳独山玉矿

独山玉是古代名玉，也叫南阳玉，主要玉雕材料之一。矿址位于河南省南阳市郊东北之独山，距南阳市区9千米，出露面积2.3平方千米。成分为蚀变斜长岩，矿物成分差异导致色彩变幻，分为白、绿、紫、黄、红、黑等类型。其地质成因独特，举世无双，故而有“独山独玉独天下”之说。独山玉历史悠久，在安阳“殷墟”出土的玉器中，就有独山玉制品。东汉张衡在其所作《南都赋》中盛赞独山玉，至今留存汉代“玉街寺”旧址。宋、元时南阳玉雕已开始向海外销售。明、清时独山玉开采及雕刻业已很兴盛。清光绪年间《新修南阳志》载：“豫山产玉，北居之民、多采玉为生。”独山上古采玉坑密如繁星。最早的地质工作始于1936年，李学清在《地质论评》1卷1期发表了《河南省南阳独山之玉石》。

3. 云盖寺绿松石矿

绿松石是含水的铜铝磷酸盐，多呈天蓝色、淡蓝色、绿蓝色、绿色、蓝色、带蓝的苍白色等。元陶宗仪《辍耕录》卷七载：“荆州石，即襄阳甸子，色变。”所谓甸子即绿松石。襄阳甸子产地，即处于今湖北、陕西、河南三省交界地区，湖北郧阳地区和陕西白河一带。郧阳地区有绿松石产地30多处，其中以郧县云盖寺绿松石质量好、个体大，产量常年不衰。云盖寺绿松石矿位于湖北省西北部郧县鲍峡镇北7千米处。矿区东西长6000米、南北宽500米，面积为3平方千米。绿松石矿赋存于下寒武统水沟口组中。云盖寺绿松石矿自清朝末年开采。郧县县志办公室的资料对其发现和开采的民间传说多有记载。20世纪初，当地人赵斌组织几十人上山抢占矿区，从事绿松石的开采。并在北京开设绿松石玉雕厂。1916年，廖树熏在此调查过绿松石，著有《襄阳道绿松石报告》，其中提到矿山7处，含郧县3处（即云盖寺、华金坡、金龙山）、郧西1处（羊尾山）、竹山3处（龙洞沟、巧眉垭、银洞垭）等。

4. 阿拉玛斯和田玉矿

和田玉质地细腻、具脂肪光泽，硬度为6.5～6.9，韧性大，有白玉、青玉、青白玉等品种。阿拉玛斯和田玉矿位于新疆维吾尔自治区于田县城南约80千米的昆仑山中，海拔约4500米。区内地层为元古宇蓟县系变质的碎屑—碳酸盐岩建造。本矿以优质的白玉著称于世。据有关资料记载，在清代乾隆时期已开采过。1904年，当地维吾尔族牧民托达奎在牧羊时见此地有玉石，拾取一些出售而引起注意。20世纪三四十年代，天津戚春南、戚光涛到此矿组织开采，销往京、津、沪及扬州等地，矿山被称为“戚家坑”，以盛产优质白玉驰名于中国玉器界。

5. 玉岩山鸡血石矿

鸡血石是含粉尘状、云雾状辰砂的高岭石、地开石，用以制作印章和工艺美术品。矿区位于浙江省临安县城之西约57千米，面积约0.10平方千米。鸡血石产于汞矿床内，位于晚侏罗世天目山构造火山盆地西南段的北西缘。古人称鸡血石为“凤血石”。据《昌化县志》记载，玉岩山鸡血石发现和开采于明朝初期，由昌化夏林陈家老祖宗采玉报官进贡而著名。玉岩山“鸡血石”质地细腻、颜色鲜艳、利于雕刻、国内绝无。在故宫博物院现今珍藏的68枚历代帝王印章中，就有1枚是清朝乾隆皇帝在1784年南游天目山时接受天目山禅寺主持文远际月进贡的“羊脂冻”鸡血石。中华人民共和国成立前，本区地质矿产调查成果见于：朱庭祜、孙海寰《浙江地质简报第三号》（1924年）；刘季辰、赵亚曾《浙江西部地质》（1927年）；舒文博《浙江西部之地质矿产》（1929年）；朱庭祜、孙瑞麟、王锡屏《浙江西北部地质》（1930年）；朱庭祜、郝颐寿《浙江之矿产》（1937年）；施昕更《浙江矿产志》（1937年）等。

6. 青田叶蜡石矿

又称山口叶蜡石矿，位于浙江省青田县东南约9千米处。赋存于上侏罗统西山头组，属火山喷发晚期气成—热液交代（充填）蚀变矿床，面积33平方千米。矿石中的质地均匀、致密块状可作为雕刻石材料，极少数质优者称“冻石”。开采历史悠久，青田石作印章石、雕刻石的材料，久负盛名。据《青田县志》记载：六朝（221—589年）时，青田石雕已经问世。浙江博物馆藏有六朝时殉葬的青田石雕小猪多只。青田石雕已闻名国内外，远销海外。在古代，石雕仅取叶蜡石“精品”作原料，其余统称“烂岩”被丢弃。直到1923年，上海瑞和砖瓦厂、上海益丰碾粉厂及日本商人侨沪小村的洋行进行收购，从此叶蜡石开始用于工业。1928年，李学清等对青田叶蜡石做过化学分析。1929年冬，叶良辅、张更、李璜在青田县进行地质调查，著有《浙江青田之印章石》一文，首次对矿区地质进行了详细研究。

7. 寿山叶蜡石矿

位于福建省福州市以北40千米处。矿床赋存于上侏罗统坂头组的酸性火山碎屑岩中。其中寿山村的叶蜡石，以其质佳而得“田黄”美名，自古有“一两田黄三两金”之说。据古人诗文记载，寿山石发现于五代（907—960年）。1915年，梁津在寿山一带进行了地质调查，编有《福建闽侯县属寿山及月洋冻石矿（又曰寿山石）报告书》，详细描述了矿石产出情况及冻石分类，还编有《寿山耐火土》报告。此后，李岐山来寿山至月洋一带进行调查，主要目的是寻找可用来雕刻图章、工艺品的叶蜡石原料，在编写的报告中估计此地三氧化二铝含量达30%以上的叶蜡石储量可达4亿吨，同时对寿山叶蜡石进行了详细分类。

8. 宜兴陶土矿

位于江苏省宜兴市南部山区。含矿地层主要为上泥盆统五通组、下石炭统高骊山组、上二叠统龙潭组，次为中泥盆统茅山组和下二叠统堰桥组。矿石种类有甲泥、白泥、紫砂泥、嫩泥等。宜兴市陶土矿在古代就已发现、开采和利用。经对归泾乡南唐村遗址考证，已有5000余年的历史。在春秋战国时期已烧制原始青瓷。东汉已生产釉陶。宋代开始生产紫砂陶和均陶制品。明代中期起，陶器生产集中在鼎蜀山一带，形成了手工业场，紫砂陶和均陶名匠辈出，产品不仅国内经销，还出口国外。到清代，该地区已发展成为全国日用陶器的重要产区之一。最早记载陶土矿地质情况的文献见于1924年10月，赵汝钧、刘季辰所著《江苏地质志》，文中记述了蜀山、黄龙山志留—泥盆系之上部有白泥、紫泥及青泥。1941年，日本人在其调查报告中也记述了黄龙山及白泥山硬砂岩中分别夹有1.6米、2米厚的粘土。

9. 高岭村高岭土矿

位于江西省东北部，属景德镇市浮梁县鹅湖乡管辖。距瓷都景德镇市约45千米。高岭村是高岭土和高岭石两个地质术语的发源地。该村的高岭土矿自南北朝时期开采，已有1200余年的历史。该村的高岭土矿石有砂状和块状两种。矿体长度为800～1000米，宽度20～200米。据《浮梁县志》记载，明朝万历三十四年（1606年），镇（指景德镇）瓷业所需的“麻仓土”殆尽，以高岭村的粘土取而代之。当时瓷业工人为区别原用的“麻仓土”粘土，按产地名称将高岭村产出的粘土称为高岭土。最早见诸文字记载的是清朝嘉庆二十年刊印的《景德镇陶录》卷四。1712年，法国传教士昂特雷柯尔在给法国朋友写信中介绍景德镇制瓷情况，大意是：把白坯子（瓷石）买回国。试图烧成瓷器，但没有使用高岭土，因而事归失败。1869 年，德国学者李希霍芬考察景德镇并著文将高岭土译成“Kaolin”介绍给欧美矿物学界。高岭村高岭土矿床从发现后未进行过系统的地质工作。中华人民共和国成立前，主要是以见矿挖矿的形式开采利用，仅在 1946 年（或 1947 年）的夏季，江西省地质调查所章人骏先生进行过地质调查，并著有《江西省景德镇瓷用高岭土概述》，对高岭村高岭土的成因和性质作了较详细的描述。

（七）水源地

1. 济南岩溶水源地

济南地区广泛分布着奥陶系石灰岩裂隙岩溶水。济南城在旧城区不足 4 平方千米的面积内即有泉眼百余处，自古以“泉城”闻名中外。其中，“趵突泉”以流量浩大、水量丰沛、水质滑洌为众泉之冠。1930 年 9 月，韩复榘出任山东省政府主席，大张旗鼓地浚湖疏泉，将趵突泉旧有泉池挖深 1 米，并凿新泉 6 眼，喷水高出池面 0.8 米，增加水量每秒 0.4 立方米。1934 年 3 月，韩复榘命刚刚上任的济南市市长闻承烈组织济南市自来水筹备委员会。筹委会提出了《济南市自来水计划概略》。韩复榘指示：“要尽量招商募股，筹集资金，以应急需。”并先行拨款 6000 元。同年 5 月，济南市第一个水厂趵突泉水厂开始兴建。7 月，由天津东方铁工厂承包，在趵突泉池内开凿两眼水井，分别深 9.7 米和 13.3 米，水量丰富，并修建容量 500 吨的蓄水塔。1936 年 8 月，由官商合股成立济南市自来水股份有限公司。同年 12 月 15 日趵突泉水厂建成，正式供水。管道长 38.13 千米，用水户 1700 户，另有 40 多处公用水站零售自来水。20 世纪 30 年代末至 40 年代初，曾有日本人在济南地区进行物探工作，编有“1∶10 万地质构造图”和“济南趵突泉断面模式图”。1939 年，日本人开始对济南市区的趵突泉和黑虎泉进行长期观测，此后绘制有“1939—1947 年的泉流量变化曲线”。1944 年，方鸿慈和日本人藏田延男对济南泉水成因进行过调查。著有《济南市水道水源地下脉调查报告》，查明了市区范围内地下水的埋藏深度和氯离子的分布，对济南涌水成因提出了解释。1946 年，方鸿慈在《地质论评》上发表了题为《济南地下水调查及涌水机构之判断》的论文。

2. 上海市内地下水

上海市于 1860 年凿成第一口深井。1910 年以后在上海洋烛厂（长寿路）、皇冠汽水厂（长阳路）等处先后开凿深井。至 1921 年已有深井 22 眼，其中经常抽水开采的有 12 口，地下水年开采量达到 30 万立方米以上。

3. 天津市内地下水

天津开凿深井作为城市供水水源，开始是在租界内。据1930年调查，当时英租界内有自流井8口，多由上海凿井公司施工；日租界内有自流井1口，由日本大阪布朗凿井水稻株式会社施工。据调查称，“这些井均为公共给水而设”，出水量一般均较稳定，水质也好，溶解性总固体一般在600～800毫克/升，优于现在天津同样深度含水层的地下水水质。1935年，法国人在天津和平路边上的天津洗染厂内钻凿了一口深井，其取水层段埋藏深度为716.5～745.9米，直到1970年，这口井出水一直保持自溢。

4. 南京市内地下水

20世纪20年代后期，南京市共有水井1650余口，其中，公井600余口，其余为私井。井深一般在20～30米。深井仅有3口，分别在鼓楼医院、金陵大学、美国领事馆内。浅井由于距地面近，含水层上面没有隔水层覆盖，水质多受污染。谢家荣于1929年，在《地理杂志》第二卷第一期上发表过《钟山地质与南京井水供给之关系》一文。谢家荣认为：“在南京，具备建自流井的几个必要条件，如地层结构疏松、含水层上下有隔水层且有一定倾斜，因此试凿自流井，开发利用深层地下水，实为解决南京饮水供给问题最妥善之法。”他还指出：“南京市西部及南部有较厚的覆盖层，凿井以北极阁、鸡鸣寺一带最为有利；市郊自中山陵南200～300米，西起明孝陵，东至灵谷寺，皆可凿井汲取石英质砾岩中的水。”以后南京城市取水的实践证实谢家荣的判断是正确的。

主要参考文献

［1］全国政协文史资料研究委员会工商经济组．回忆国民党政府资源委员会［M］．北京：中国文史出版社，1988.

［2］张九辰．地质学与民国社会（1916—1950）［M］．济南：山东教育出版社，2005.

［3］贾兰坡，黄慰文．周口店发掘记［M］．天津：天津科学技术出版社，1984.

［4］李学通．翁文灏年谱［M］．济南：山东教育出版社，2005.

［5］宋广波．丁文江年谱［M］．哈尔滨：黑龙江教育出版社，2009.

［6］马思中，陈星灿．中国之前的中国：安特生、丁文江和中国史前史的发现［M］．斯德哥尔摩：斯德哥尔摩东方博物馆，2004.

［7］刘强．百年地学路，几代开山人——中国地学先驱者之精神及贡献［M］．北京：科学出版社，2015.

［8］中国地质博物馆．中国地质博物馆志（1916—2016年）［M］．北京：地质出版社，2018.

［9］顾晓华．中国地质图书馆史［M］．北京：地质出版社，2011.

［10］王汝成．南京大学地球科学与工程学院百年史［M］．南京：南京大学出版社，2021.

［11］杨丽娟．地质学在中国的传播与发展——以地质学教科书为中心（1853—1937）［M］．杭州：浙江古籍出版社，2022.

［12］杨钟健．杨钟健回忆录［M］．西安：陕西师范大学出版总社，2020.

［13］程裕淇，陈梦熊．前地质调查所（1916—1950）的历史回顾——历史评述与主

要贡献［M］. 北京：地质出版社，1996.

［14］江苏省地质矿产勘查局. 江苏省志：地质矿产志（1993—2010）［M］. 南京：江苏人民出版社，2020.

［15］李学通. 学人本色——翁文灏［M］. 西安：陕西人民出版社，2017.

［16］李学通，刘萍，翁心钧. 翁文灏日记（上、下）［M］. 北京：中华书局，2014.

［17］张立生. 中国石油的丰碑——纪念谢家荣教授诞辰 11 周年［M］. 广州：中山大学出版社，2011.

［18］刘瑞升. 徐霞客丁文江研究文稿［M］. 北京：地质出版社，2011.

［19］费侠莉. 丁文江——科学与中国新文化［M］. 北京：新星出版社，2006.

［20］陈群，段万倜，张祥光，等. 李四光传［M］. 北京：人民出版社，2009.

［21］任继舜. 黄汲清中国地质科学史文选［M］. 北京：科学出版社，2014.

［22］顾琅. 中国十大矿厂调查记［M］. 上海：上海商务印书馆，1916.

［23］翁文灏. 中国矿产志略［J］. 地质专报，乙种第一号，1919（10）.

［24］顾琅，周树人. 中国矿产志、中国矿产全图［M］. 日本：东京并木活版所，1906.

［25］夏湘蓉，王根元. 中国地质学会史（1922—1981）［M］. 北京：地质出版社，1982.

［26］地质老照片编委会. 地质老照片［M］. 北京：地质出版社，2004.

［27］贾兰坡. 周口店记事（1927—1937）［M］. 上海：上海科学技术出版社，1999.

［28］章鸿钊. 中国地质学发展小史［M］. 台北：商务印书馆，1972.

［29］中国矿床发现史·综合卷编委会. 中国矿床发现史·综合卷［M］. 北京：地质出版社，2001.

［30］朱训. 中国矿业史［M］. 北京：地质出版社，2010.

［31］王鸿祯. 中国地质事业早期史［M］. 北京：北京大学出版社，1990.

［32］中国地质学会. 中国地质学学科史［M］. 北京：中国科学技术出版社，2010.

［33］王仰之. 中国地质学简史［M］. 北京：中国科学技术出版社，1994.

［34］北京大学地质系百年历程编委会. 创立·建设·发展——北京大学地质系百年历程（1909—2009）［M］. 北京：北京大学出版社，2009.

［35］陈宝国，其和日格，庄育勋，等. 中国区域地质调查史大事记（1829—2005 年）［M］. 北京：地质出版社，2011.

［36］夏湘蓉，李仲均，王根元. 中国古代矿业开发史［M］. 北京：地质出版社，

1980.
[37] 纪辛. 矿业史话[M]. 北京:社会科学文献出版社,2011.
[38] 张以诚,刘昭民. 中国近代矿业史纲要[M]. 北京:气象出版社,2012.
[39] 王根元,刘昭民,王昶. 中国古代矿物知识[M]. 北京:化学工业出版社,2011.
[40] 杨勤业,杨文衡. 中国地学史(近现代卷)[M]. 南宁:广西教育出版社,2015.
[41] 辽宁省地质矿产勘查局志编纂委员会. 辽宁省地质矿产勘查局志[Z]. 沈阳,2013.
[42] 韩琦. 从矿务顾问、化石采集者到考古学家——安特生在中国的科学活动[C]. 第40届国际地质科学史学术研讨会论文集. 2015.
[43] 吕福堂.《中国矿产志》琐谈[J]. 齐齐哈尔师范学院学报(哲学社会科学版),1982(2).
[44] 郭志坤.《中国矿产志》和鲁迅早期自然科学思想[J]. 杭州大学学报,1978(9).
[45] 唐弢. 鲁迅传——一个伟大的悲剧的灵魂[J]. 鲁迅研究月刊,1992(9).
[46] 黄汲清. 三十年来之中国地质学[J]. 科学,1946,28(6):249-264.
[47] 李学通. 中国地质调查所南京所址建筑经过考[J]. 地质学刊,2009(2).
[48] 马翠凤,王鑫、卢小莉,等. 中国地质学会成立若干史实[J]. 地质论评,67(4),2021.
[49] 杨丽娟,韩琦. 晚清英美地质教科书的引进——以商务印书馆《最新中学教科书·地质学》为例[J]. 中国科技史杂志,2014(3).
[50] 张九辰. 抗日战争前后地质学知识的普及[J]. 自然科学史研究,2016(2).
[51] 孙承晟. 葛利普与北京博物学会[J]. 自然科学史研究,2015(2).
[52] 宋元明. 美国中亚考察团在华地质学、古生物学考察及其影响(1921—1925)[J]. 自然科学史研究,2017(1).
[53] 杨丽娟. 慕维廉《地理全志》与西方地质学在中国的早期传播[J]. 自然科学史研究,2016(1).
[54] 韩琦,丁宏. 新生代研究室的中外合作及其影响——以德日进和杨钟健的两次合作考察为例[J]. 中国科技史杂志,2018(1).
[55] 于洸. 中国高等地质教育概况(1909—1949)[J]. 中国地质教育,1999(3).
[56] 张雷. 梭颇与中国土壤学[J]. 中国科技史杂志,2013(4).
[57] 王岫庐. 中国早期参加国际地质大会史事钩沉——论科学话语权与国族身份的关

系［J］. 自然科学史研究，2020（1）.
［58］陈蜜. 从新生代研究室到地质学古生物学研究所：德日进在北京的科学活动［J］. 科学文化评论，2017（1）.